Die Entstehung von Arten

Douglas Dewar, Frank Finn

Writat

Diese Ausgabe erschien im Jahr 2023

ISBN: 9789359255934

Herausgegeben von
Writat
E-Mail: info@writat.com

Inhalt

VORWORT

Postdarwinistische Bücher über die Evolution lassen sich naturgemäß in vier Klassen einteilen. I. Diejenigen, die den Wallaceismus predigen, wie zum Beispiel Wallaces *Darwinismus* , Poultons *Essays on Evolution* und die umfangreichen Werke von Weismann. II. Diejenigen, die den Lamarckismus befürworten. Zu dieser Klasse gehören Copes „*Factors of Evolution*" und die Schriften von Haeckel. III. Die Schriften von De Vries bilden eine eigenständige Gruppe. Sie vertreten die Theorie, dass Arten plötzlich entstehen; dass neue Arten durch Mutationen aus bereits existierenden Arten entstehen. IV. Die große Anzahl von Büchern eher juristischer Natur, Bücher, die von Männern geschrieben wurden, die sich weigern, sich einem der oben genannten drei Glaubensbekenntnisse anzuschließen. Hervorragende Beispiele für solche Werke sind Kellogs „*Darwinism To-Day*", Locks „ *Recent Progress in the Study of Variation, Heredity, and Evolution* " und TH Morgans „ *Evolution and Adaptation*".

Alle vier Klassen sind durch Mängel gekennzeichnet.

Bücher der beiden ersten Klassen weisen die Fehler glühender Parteilichkeit auf. Sie formulieren Glaubensbekenntnisse, und wie Huxley treffend bemerkte: „Die Wissenschaft begeht Selbstmord, wenn sie ein Glaubensbekenntnis annimmt." Die Bücher, die in die dritte Kategorie fallen, weisen die Mängel extremer Jugend auf. De Vries hat ein neues Prinzip entdeckt, und es ist nur natürlich, dass er dessen Bedeutung übertreibt und darin mehr sieht, als es enthält. Aber mit der Zeit werden diese Fehler verschwinden, und die Theorie der Mutationen wird ihre wahre Form annehmen und an ihren richtigen Platz gelangen, der irgendwo zwischen der Mülltonne, in die die Wallaceianer sie verbannen würden, und der erhabenen Spitze, auf der sie steht, liegt De Vries würde es erhöhen.

Nach unserem derzeitigen Kenntnisstand sind Bücher der Klasse IV. sind für den Studenten am nützlichsten, da sie unvoreingenommen sind und eine gerichtliche Zusammenfassung der Beweise für und gegen die verschiedenen Evolutionstheorien enthalten, die derzeit auf diesem Gebiet vertreten sind. Ihr Hauptfehler besteht darin, dass sie fast ausschließlich destruktiv sind. Sie erschüttern den Glauben des

Lesers, bieten aber nichts als Ersatz für das, was sie zerstört haben. TH Morgans „*Evolution and Adaptation*" enthält jedoch viel konstruktives Material und ist daher das wertvollste Werk dieser Klasse, das es gibt.

Die zoologische Wissenschaft braucht dringend konstruktive Bücher über die Evolution – Bücher, die weder zum Wallaceismus noch zum Lamarckismus noch zum De-Vriesismus tendieren; Bücher , die Tatsachen aller Art darlegen und keine verbergen, nicht einmal solche, die nach dem gegenwärtigen Stand unseres Wissens keine Erklärung zulassen. – Unser Ziel war es, ein Buch dieser Art zu produzieren .

Wir haben versucht zu zeigen, dass weder der reine Lamarckismus noch der reine Wallaceismus eine zufriedenstellende Erklärung der verschiedenen Phänomene der organischen Welt bieten. Darüber hinaus haben wir, obwohl wir den sehr großen Wert der Arbeit von De Vries anerkennen, versucht zu zeigen, dass dieser bedeutende Botaniker sich von seinem Enthusiasmus ein wenig zu weit in den Bereich der Spekulation treiben ließ. Nach der Aufdeckung der Schwachstellen der Theorien, die derzeit auf dem Gebiet vertreten sind, haben wir einige Vorschläge gemacht, die unserer Meinung nach ein neues Licht auf viele biologische Probleme werfen.

Beim Schreiben dieses Buches verfolgten wir zwei Ziele. Erstens haben wir versucht, der breiten Öffentlichkeit in einfacher Sprache eine wahrheitsgetreue Darstellung des gegenwärtigen Stands der biologischen Wissenschaft zu vermitteln. Zweitens haben wir uns bemüht, den damaligen Wissenschaftlern Denkanstöße zu geben.

So wie die britische Nation durch ihren Konservatismus langsam aber sicher die kommerzielle Vormachtstellung zu verlieren scheint, die sie im letzten Jahrhundert erringen durfte, so verliert sie auch durch die mangelnde Bereitschaft vieler unserer Wissenschaftler, mit der Zeit Schritt zu halten , jene wissenschaftliche Vormachtstellung, die wir Mitte des letzten Jahrhunderts durch die Arbeiten von Charles Darwin und Alfred Russell Wallace erlangten. Heutzutage müssen wir nicht bei Engländern, sondern bei Amerikanern und Kontinentalbürgern nach fortgeschrittenen wissenschaftlichen Ideen suchen.

So wie die Ultra-Cobdeniten glauben, dass Freihandel ein Allheilmittel für alle wirtschaftlichen Übel sei, so glauben auch die meisten englischen Wissenschaftler, dass die natürliche Selektion den Schlüssel zu jedem zoologischen Problem bietet. Beide leben in einem Narrenparadies. Ein weiterer Grund dafür, dass Großbritannien seine wissenschaftliche Vormachtstellung verliert, liegt darin, dass der Bionomik, also der Erforschung lebender Tiere, zu wenig Beachtung geschenkt wird. Der Morphologie oder der Wissenschaft toter Organismen wird mehr als die gebührende Aufmerksamkeit geschenkt. Im Freien, nicht im Museum oder im Seziersaal, lässt sich die Natur am besten studieren. Es liegt uns fern, das Studium der Morphologie abzulehnen. Wir möchten lediglich auf der Tatsache bestehen, dass die Leiter der biologischen Wissenschaft notwendigerweise diejenigen Naturforscher sein müssen, die in die Tropen und in andere Teile der Erde reisen, wo die Natur unter den günstigsten Bedingungen studiert werden kann, und diejenigen, die wissenschaftliche Zuchtexperimente durchführen . Die natürliche Selektion – die Idee, die die moderne biologische Wissenschaft revolutioniert hat – kam nicht von Professoren, sondern von einigen Naturforschern, die ihre Forschungen in tropischen Ländern fortsetzten. Es ist absurd zu erwarten, dass diejenigen, die zu Hause bleiben und den Großteil ihres Wissens aus zweiter Hand erwerben, Pioniere der biologischen Wissenschaft sind.

Wir befürchten, dass dieses Buch für viele Wissenschaftler ein herber Schock sein wird. Zum Trost können wir sie daran erinnern, dass sie sich in etwa in der gleichen Lage befinden werden, die die Theologen unmittelbar nach dem Erscheinen des Buches „ *Entstehung der Arten* " *eingenommen haben* .

Damals war das theologische Denken durch Dogmen eingeschränkt. Doch inzwischen haben die Geistlichen ihre Position überdacht, ihre Ansichten geändert und sind so auf der Höhe der Zeit geblieben. Inzwischen sind die Wissenschaftler zurückgeblieben. Der Schandfleck des Dogmas hat sie erfasst. Sie haben ein Glaubensbekenntnis angenommen, dem sich alle anschließen müssen, sonst werden sie als Ketzer verurteilt. Huxley sagte, dass die Annahme eines Glaubensbekenntnisses einem Selbstmord gleichkäme. Wir bemühen uns, die Biologie in England vor dem Selbstmord zu bewahren, sie aus den Händen derer zu retten, in die sie gefallen ist.

Wir möchten betonen, dass wir nicht den Darwinismus angreifen, sondern das, was fälschlicherweise als Neodarwinismus bezeichnet wird. Der Neodarwinismus ist eine pathologische Weiterentwicklung des Darwinismus, die, wie wir befürchten, nur durch einen chirurgischen Eingriff beseitigt werden kann.

Darwin selbst protestierte vergeblich gegen die Länge, mit der einige seiner Anhänger seine Theorie durchsetzten. Auf P. 657 der neuen Ausgabe von „ *Origin of Species* " schrieb er: „Da meine Schlussfolgerungen in letzter Zeit stark falsch dargestellt wurden und da festgestellt wurde, dass ich die Veränderung von Arten ausschließlich der natürlichen Selektion zuschreibe, darf ich dies im … anmerken." Ich habe die erste Ausgabe dieses Werkes veröffentlicht und anschließend an einer besonders auffälligen Stelle – nämlich am Ende der Einleitung – die folgenden Worte platziert: „Ich bin überzeugt, dass die natürliche Selektion das wichtigste, aber nicht das ausschließliche Mittel zur Modifikation war." Dies hat nichts genützt. Groß ist die Macht der ständigen Falschdarstellung; Aber die Geschichte der Wissenschaft zeigt, dass diese Macht nicht lange anhält."

Ungeachtet dieses Protests setzen die Wallaceianer ihren Kurs fort und verbreiten einen falschen Darwinismus in der Welt. Wir glauben, dass, wenn Darwin heute noch leben würde, seine Sympathien bei uns wären und nicht bei denen, die sich seine Anhänger nennen. Es war eine der Stärken Darwins, dass er Fakten nie vermied. Kamen neue Tatsachen ans Licht, die mit einer seiner Theorien nicht vereinbar waren, änderte er umgehend seine Theorie. Seit seinem Tod sind eine Reihe neuer Tatsachen ans Licht gekommen, die unserer Meinung nach eindeutig darauf hinweisen, dass die von Darwin aufgestellte Theorie der natürlichen Auslese einer erheblichen Änderung bedarf.

Wir haben in diesem Buch einige dieser Tatsachen dargelegt und die Richtungen aufgezeigt, in denen die Darwinsche Theorie einer Änderung bedarf.

Dieser Band entstand als Ergebnis mehrerer Gespräche, die wir als Mitautoren letzten Sommer geführt haben. Wir stellten fest, dass wir zum Thema Evolution viele gemeinsame Vorstellungen hatten. Das schien seltsam, wenn man bedenkt, dass unsere Ausbildung nicht in die gleiche Richtung verlief. Einer von uns machte einen Abschluss in Naturwissenschaften in Cambridge und trat anschließend in den indischen Staatsdienst Seiner Majestät ein, setzte aber sein zoologisches Studium in Indien als Hobby fort. Der andere, ein Naturforscher von Kindheit an, absolvierte dennoch einen klassischen Abschluss in Oxford, erhielt dann eine technische zoologische Ausbildung, nahm die Zoologie als Beruf an und hatte einige Jahre lang eine Stelle im Naturhistorischen Museum in Kalkutta inne.

Unsere Gespräche zeigten, dass wir beide der Meinung waren, dass die Biologie, insbesondere in England, in einem ungesunden Zustand ist und dass die Wissenschaft dringend neue Impulse braucht. Keiner von uns hatte die Zeit, im Alleingang den nötigen Anstoß zu geben, aber da einer von uns gerade achtzehn Monate Urlaub zu Hause hatte, dachten wir, wir könnten die Aufgabe gemeinsam angehen.

Wir hatten das Gefühl, dass wir umso erfolgreicher zusammenarbeiten könnten, weil die große Anzahl von Fakten, die einer von uns gesammelt hat, die notwendige Ergänzung zu den philosophischen Studien des anderen darstellt.

Wir haben versucht, Fachbegriffe so weit wie möglich zu vermeiden, und haben besonderen Wert darauf gelegt, soweit möglich, bekannte Tiere als Beispiele zu zitieren, damit das Werk nicht nur den Zoologen, sondern auch den allgemeinen Leser anspricht .

Man könnte uns vielleicht vorwerfen, dass wir zu großzügig aus populären Schriften zitiert haben, auch aus denen, deren Autoren wir sind. Unsere Antwort darauf ist, dass das Studium der Bionomik, der Wissenschaft der lebenden Tiere, in der englischen wissenschaftlichen Literatur einen so geringen Platz einnimmt, dass wir für viele unserer Fakten gezwungen waren, auf populäre Werke zurückzugreifen; und wir möchten darüber hinaus darauf hinweisen, dass ein populäres Werk nicht unbedingt in seinen Informationen ungenau ist.

Abschließend möchten wir den Leser vor der Gefahr warnen, Schlussfolgerungen mit Fakten zu verwechseln. Das Versäumnis, zwischen den beiden zu unterscheiden, hat einen Großteil der Arbeit der Wallaceschen Biologenschule zunichte gemacht.

Tatsachen sind immer zu akzeptieren. Schlussfolgerungen sollten mit größter Sorgfalt geprüft werden.

Bei unseren Schlussfolgerungen haben wir uns bemüht, unvoreingenommen zu handeln. Wir freuen uns daher über alle neuen Fakten, unabhängig davon, ob sie mit unseren Schlussfolgerungen übereinstimmen oder ihnen widersprechen.

TT

FF

KAPITEL I
Aufstieg der Theorie der natürlichen Selektion und ihre nachfolgende Entwicklung

Vordarwinistische Evolutionisten – Ursachen , die zum schnellen Siegeszug der Theorie der natürlichen Auslese führten – Natur des Widerstands, den Darwin überwinden musste – Postdarwinistische Biologie – Üblicherweise akzeptierte Klassifizierung heutiger Biologen als Neo-Lamarckianer und Neo-Darwinisten sind fehlerhaft – Biologen fallen in drei statt in zwei Klassen – Neo -Lamarckismus: seine Mängel – Wallaceismus : seine Mängel – Der Neo -Darwinismus unterscheidet sich vom Neo-Lamarckismus und Wallaceismus – Der Neo -Darwinismus erkennt die Stärke und Schwäche der Theorie der natürlichen Selektion, erkennt die Komplexität der Probleme an, die Biologen zu lösen versuchen.

Darwinismus und Evolution sind keine austauschbaren Begriffe. Auf diese Tatsache kann man nicht genug Wert legen. Charles Darwin war weder der Begründer der Evolutionstheorie noch der erste, der sie in der Neuzeit vertrat. Die Idee, dass alle existierenden Dinge durch natürliche Ursachen aus einem Urmaterial entstanden sind, ist so alt wie Aristoteles. In der geistigen Stagnation des Mittelalters geriet es in Vergessenheit. In dieser dunklen Zeit war die zoologische Wissenschaft völlig untergegangen. Erst als die Menschen die geistige Lethargie abgelegt hatten, die sie viele Generationen lang festgehalten hatte, wurde der Biologie ernsthafte Aufmerksamkeit geschenkt. Von dem Moment an, als Menschen begannen, wissenschaftliche Methoden auf diesen Wissenszweig anzuwenden, fand die Idee der Evolution Anhänger.

Buffon schlug vor, dass Arten nicht festgelegt sind, sondern durch natürliche Ursachen allmählich in andere Arten umgewandelt werden können.

Goethe war ein überzeugter Evolutionist; er behauptete, dass alle Tiere wahrscheinlich von einem gemeinsamen Urtyp abstammen.

Lamarck war der erste Evolutionist, der die Mittel aufzeigen wollte, mit denen die Evolution bewirkt wurde. Er versuchte zu beweisen, dass die Anstrengungen von Tieren die Ursache für

Variationen sind; dass diese Bemühungen im Laufe des Lebens des Individuums zu Formveränderungen führen, die auf seine Nachkommen übertragen werden.

St. Hilaire war ein weiterer Evolutionist, der sich bemühte zu erklären, wie die Evolution stattgefunden hatte. Er glaubte, dass die Transformationen von Tieren durch Veränderungen in ihrer Umgebung bewirkt werden. Man hielt diese Hypothesen zu Recht für unzureichend, um so etwas wie eine allgemeine Evolution zu erklären, so dass sich die Idee eine Zeit lang nicht durchsetzen konnte.

Stärke von Darwins Position

Mit zunehmendem Wissen und der Anhäufung von Fakten verbreitete sich der Glaube an die Evolution immer weiter. Hutton, Lyell, Spencer und Huxley waren alle davon überzeugt, dass Evolution stattgefunden hatte, konnten aber nicht erklären, wie es dazu gekommen war.

Um die Evolution zu einem wissenschaftlichen Glaubensgrundsatz zu machen, war Mitte des letzten Jahrhunderts lediglich die Entdeckung einer Methode erforderlich, mit der sie durchgeführt werden konnte. Dies konnten Darwin und Wallace in Form der Theorie der natürlichen Selektion liefern. Die Entdeckung wurde unabhängig gemacht, aber Darwin war der ältere Mann, der einflussreichere Mann und derjenige, der sich tiefer und sorgfältiger mit der Angelegenheit befasst hatte, und erlangte den Löwenanteil des Verdienstes der Entdeckung. Die Theorie der natürlichen Auslese ist allgemein als Darwins Theorie bekannt, ungeachtet der Tatsache, dass Darwin im Gegensatz zu Wallace immer anerkannte, dass die natürliche Auslese nicht der einzige bestimmende Faktor in der organischen Evolution ist.

Vom Moment der Aufstellung seiner großen Hypothese an war Darwins Position außerordentlich stark. Alles war zu seinen Gunsten.

Wie wir gesehen haben, wurde die Theorie im psychologischen Moment aufgestellt, als die zoologische Wissenschaft dafür reif war. Die meisten der führenden Zoologen waren im Herzen Evolutionisten und waren nur allzu bereit, jede Theorie zu akzeptieren, die eine plausible Erklärung für das lieferte, was ihrer Meinung nach geschehen war.

Daher der begeisterte Empfang, den die fortschrittlicheren Biologen der Theorie der natürlichen Auslese entgegenbrachten.

Ein weiterer Punkt, der für Darwin sprach, war die entzückende Einfachheit seiner Hypothese. Nichts könnte verlockender wahrscheinlich sein. Es basiert auf den unanfechtbaren Tatsachen der Variation, der Vererbung und der Tendenz der Tiere, sich in großer Zahl zu vermehren. Jeder weiß, dass der Züchter durch sorgfältige Züchtung Sorten reparieren kann. Darwin musste lediglich zeigen, dass es in der Natur etwas gibt, das die Rolle übernimmt, die der menschliche Züchter bei domestizierten Tieren spielt. Dies gelang ihm. Da die Artenzahlen gleichbleibend bleiben, ist es offensichtlich, dass nur ein kleiner Teil der geborenen Tiere die Geschlechtsreife erreichen kann. Ein Kind kann erkennen, dass diejenigen Personen, die am besten an ihre Lebensumstände angepasst sind, am wahrscheinlichsten überleben. So wie der Züchter aus seinem Bestand die Geschöpfe aussortiert, die für seinen Zweck nicht geeignet sind, so sterben in der Natur die Ungeeigneten im ewigen Kampf ums Dasein.

In der Natur gibt es eine Selektion, die der des Züchters entspricht.

Es ist sinnlos, die Existenz dieser Selektion in der Natur, dieser natürlichen Selektion, zu leugnen. Der einzige umstrittene Punkt ist, ob eine solche Auswahl alles leisten kann, was Darwin von ihr verlangte.

Der Mann auf der Straße war also in der Lage, die Theorie der natürlichen Auslese zu verstehen. Das war sehr zu seinen Gunsten. Männer sind normalerweise Lehren gegenüber wohlwollend, die sie leicht verstehen können.

Das 19. Jahrhundert war ein oberflächliches Zeitalter. Es mochte Einfachheit in allen Dingen. Wenn Darwin zeigen konnte, dass die natürliche Selektion in der Lage war, eine Art hervorzubringen, waren die Menschen nicht nur bereit, sondern sogar bestrebt zu glauben, dass sie die gesamte organische Evolution erklären könnte.

Die Einfachheit der darwinistischen Theorie hat ihre bösen Seiten. Es hat zweifellos dazu geführt, dass moderne Biologen in ihren Methoden oberflächlich geworden sind. Es hat tatsächlich die Fantasie der Wissenschaftler angeregt; aber nicht in allen Fällen war die Stimulation gesund.

Weit davon entfernt, sich an die von Pasteur aufgestellte solide Regel zu halten, „niemals etwas vorzuschlagen, was nicht auf einfache und entscheidende Weise bewiesen werden kann", lassen viele moderne Naturforscher ihrer Fantasie freien Lauf, formulieren unüberlegte Theorien und bauen sie auf Hypothesen auf den unsichersten Grundlagen. „Eine winzige Wahrheitsinsel", schreibt Archdale Reid, „wird entdeckt, auf der gewaltige und völlig illegitime Hypothesen aufgebaut sind."

Eine weitere Quelle von Darwins Stärke war der enorme Wissensschatz, den er angesammelt hatte. Zwanzig Jahre lang hatte er kontinuierlich Fakten zur Stützung seiner Hypothese zusammengetragen. Er vertrat keine grobe Theorie, er gab sich keinen wilden Spekulationen hin. Er begnügte sich damit, eine Vielzahl von Fakten zusammenzustellen und daraus logische Schlussfolgerungen zu ziehen. Er war bei seinen Schlussfolgerungen ebenso vorsichtig wie bei seinen Fakten. Damit überragte er die Biologen seiner Zeit um Längen. Er war ein Riese unter den Zwergen. Er war so gut ausgerüstet, dass diejenigen, die versuchten, sich ihm zu widersetzen, sich in der Lage von Männern befanden, die mit Pfeil und Bogen bewaffnet waren und versuchten, eine Festung zu stürmen, die von Maxim-Geschützen verteidigt wurde.

Das war noch nicht alles. Die meisten der besten Biologen seiner Zeit versuchten nicht, sich ihm entgegenzustellen. Sie waren, wie wir gesehen haben, bereit, jede Hypothese, die zu erklären schien, wie die Evolution stattgefunden hatte, mit offenen Armen aufzunehmen. Einige von ihnen erkannten, dass die darwinistische Theorie Schwachstellen aufwies, zogen es jedoch vor, diese nicht offenzulegen; Sie waren eher geneigt, das Beste aus der Hypothese zu machen. Es hatte so viele Vorzüge, dass es ihnen nur vernünftig erschien anzunehmen, dass eine spätere Untersuchung beweisen würde, dass die Mängel eher offensichtlich als real waren.

Gegner von Darwin

Wir hören viel von der „Größe der Vorurteile", die Darwin überwinden musste, und von dem gewaltigen Kampf, den Darwin und sein Leutnant Huxley führen mussten, bevor die Theorie der Entstehung der Arten durch natürliche Selektion Akzeptanz fand. Wir wagen zu behaupten, dass solche Aussagen irreführend sind. Wir glauben, mit Sicherheit behaupten zu können, dass kaum jemals eine Theorie, die die vorherrschenden wissenschaftlichen

Überzeugungen grundlegend verändert hat, auf weniger Widerstand gestoßen ist. Es wäre eine gute Sache für die Zoologie gewesen, wenn Darwin nicht einen so leichten Sieg errungen hätte.

Sir Richard Owen, ein angesehener Anatom, hat die Doktrin sicherlich nicht ohne Maß angegriffen, aber sein Angriff war anonym und kann daher nicht als besonders schwerwiegend angesehen werden. Weitaus wichtiger war der Widerstand von Dr. St. George Mivart, dessen Wert als Biologe nie richtig gewürdigt wurde. Sein wichtigstes Werk mit dem Titel „*Genesis of Species*" könnte auch heute noch von vielen unserer modernen Darwinisten mit Nutzen gelesen werden.

Für einige Zeit nach der Veröffentlichung von „Die *Entstehung der Arten*" scheint Mivart fast der einzige Wissenschaftler zu sein, der sich der Schwachstellen der darwinistischen Theorie voll bewusst ist. Die große Mehrheit schien von seiner Brillanz geblendet zu sein.

Der Hauptangriff auf den Darwinismus wurde von den Theologen und ihren Verbündeten geführt, die ihn als subversiv für den mosaischen Schöpfungsbericht betrachteten. Wenn nun jemand, dessen wissenschaftliche Kenntnisse, gelinde gesagt, nicht umfassend sind, einen Mann angreift, der sein Fach jahrelang leidenschaftslos studiert hat und sich ausnahmslos mit äußerster Vorsicht äußert, kann der Angriff nur ein Ergebnis haben – der Angreifer wird es tun mit schweren Verlusten zurückgeschlagen werden, und die Zuschauer werden von seiner Tapferkeit eine höhere Meinung haben als von seinem gesunden Menschenverstand.

Die Theologen befanden sich in der unglücklichen Lage von Kriegern, die nicht wissen, wogegen sie kämpfen; Sie verwechselten natürliche Selektion mit Evolution und richteten die Hauptkraft ihres Angriffs gegen Letztere, in dem Eindruck, dass sie die darwinistische Theorie bekämpften.

Es war das Unglück dieser Theologen, dass es möglich ist zu beweisen, dass Evolution oder zumindest eine Evolution stattgefunden hat; Sie traten also gegen die Stacheln, mit katastrophalen Folgen für sich selbst. Als dieser Angriff abgewehrt worden war, glaubten die Menschen, dass die Theorie der natürlichen Selektion bewiesen sei, dass es sich dabei ebenso um ein Naturgesetz wie das der Gravitation handele. Was tatsächlich geschehen war, war, dass die Tatsache der Evolution bewiesen worden war und die Theorie der natürlichen Auslese die Anerkennung erhielt. Die Menschen dachten, der Darwinismus sei Evolution. Hätten die Theologen die Evolution anerkannt, aber die Fähigkeit der natürlichen Selektion, sie zu erklären, geleugnet, hätte die Darwinsche Theorie aller Wahrscheinlichkeit nach nicht den Vorrang erlangt, den sie heute genießt.

Evolution und natürliche Selektion

Für uns, die wir objektiv auf die biologische Kriegsführung des letzten Jahrhunderts zurückblicken können, erscheinen Darwins Gegner – oder die Mehrheit von ihnen – sehr dumm. Wir müssen jedoch bedenken, dass zum Zeitpunkt der Veröffentlichung von „ *Origin of Species*" sowohl natürliche Selektion als auch Evolution vergleichsweise unbekannte Ideen waren. Darwin musste für beides kämpfen. Er musste sowohl Evolution als auch natürliche Selektion nachweisen. Viele der von ihm angeführten Tatsachen stützten beides. Es ist daher nicht ganz überraschend, dass viele seiner Gegner es versäumten, zwischen ihnen zu unterscheiden.

Ein Blick auf die *Entstehung der Arten* wird ausreichen, um zu zeigen, wie umfangreich der Teil des Buches ist, der sich mit den Beweisen für die Evolution statt für die natürliche Auslese befasst.

Von den vierzehn Kapiteln, aus denen das Buch besteht, sind nicht weniger als neun dem Beweis gewidmet, dass Evolution stattgefunden hat. Es wurde mit Recht gesagt, dass Biologen für jede einzelne Tatsache, die sie zur Stützung der speziellen Theorie der natürlichen Selektion gefunden haben, zehn Tatsachen gefunden haben, die die Evolutionslehre stützen. Darwin befand sich also in der Position eines erfahrenen Anwalts, der einen plausiblen Fall hat und die Einzelheiten seines Mandats kennt, während seine Gegner in der Lage waren, unerfahrene Anwälte zu sein, die ihr Mandat erst kürzlich erhalten hatten und die es noch nicht getan hatten hatte die Zeit, sich mit den Einzelheiten vertraut zu machen. Unter solchen Umständen ist es nicht schwer vorherzusagen, wie das Urteil der Jury ausfallen wird.

Darüber hinaus hatte Darwin eine charmante Persönlichkeit. Niemals war ein Mann mit einer Theorie weniger dogmatisch. Niemals war der Verfechter einer Theorie vorsichtiger mit den von ihm verwendeten Ausdrücken. Nie war ein Wissenschaftler so bereit, seinen Gegnern Gehör zu schenken, ihnen auf halbem Weg entgegenzukommen und, wo nötig, Kompromisse einzugehen. Darwin hatte keine Angst vor Fakten und war immer bereit, seine Ansichten zu ändern, wenn sie den Fakten zu widersprechen schienen. Der durchschnittliche Wissenschaftler von heute passt Fakten in seine Theorie ein; Wenn sie sich weigern, sich daran anzupassen, ignoriert er sie oder lehnt sie ab.

Darwin änderte seine Ansichten ständig; Als er sich in einer schwierigen Situation befand, zögerte er nicht, auf Lamarcksche Faktoren zurückzugreifen, etwa auf die Vererbung der Auswirkungen von Nutzung und Nichtnutzung sowie der Auswirkungen der Umwelt. Er räumte ein, dass die natürliche Selektion nicht ausreichte, um alle Phänomene der organischen Evolution zu erklären, und entwickelte die Theorie der sexuellen Selektion, um Tatsachen zu erklären, die die Haupthypothese seiner Meinung nach nicht erklären konnte.

Darüber hinaus war Darwin, der über ausreichende private Mittel verfügte, nicht gezwungen, für seinen Lebensunterhalt zu arbeiten, und konnte daher seine gesamte Zeit der Forschung widmen. Die Vorteile einer solchen Position können nicht hoch genug eingeschätzt werden und wurden möglicherweise bei der Aufteilung des Lobes zwischen Darwin und Wallace für ihre große Entdeckung nicht ausreichend berücksichtigt.

Huxley

Zu all diesen Faktoren, die für Darwin sprechen, kommt noch sein Glück hinzu, einen so fähigen Leutnant wie Huxley zu haben.

Huxley war ein leidenschaftlicher Evolutionist, ein fähiger Schriftsteller und ein brillanter Debattierer. Ein Mann von seinem geistigen Kaliber war wie ein kluger Anwalt in der Lage, für jede Theorie, die er aufgreifen wollte, eine plausible Begründung zu finden. Obwohl er nominell ein starker Befürworter der darwinistischen Theorie war, kämpfte er in Wirklichkeit für die Abstammungslehre. Wäre *irgendeine* plausible Evolutionstheorie aufgestellt worden, hätte Huxley zweifellos ebenso ernsthaft dafür gekämpft.

Als überzeugter Anhänger der Evolution war Huxley, wie Professor Poulton sagt, mit zwei Schwierigkeiten konfrontiert: erstens mit der Unzulänglichkeit der Beweise für die Evolution und zweitens mit dem Fehlen jeglicher Erklärung dafür, wie das Phänomen stattgefunden hatte. Die *Entstehung der Arten* löste beide Schwierigkeiten. Es lieferte viele gewichtige Beweise für die Evolution und schlug einen *Modus Operandi vor* . Kein Wunder also, dass Huxley ein Verfechter des Darwinismus wurde. Aber

wie Poulton auf Seite 202 von *Essays on Evolution schreibt* :
„Während die natürliche Selektion Huxley somit ermöglichte, die
Evolution frei zu akzeptieren, war er damit keineswegs völlig
zufrieden." „Er glaubte nie vollständig an die natürliche Auslese
und dachte sogar über die Möglichkeit ihres endgültigen
Verschwindens nach." Um Huxleys eigene Worte zu verwenden:
„Ob sich die besondere Form, die die Evolutionslehre in ihrer
Anwendung auf die organische Welt in Darwins Händen annahm,
als endgültig erweisen würde oder nicht, war mir gleichgültig."

Das Ergebnis der zufälligen Kombination der Umstände, die wir
dargelegt haben, war, dass in überraschend kurzer Zeit die
Theorie der natürlichen Auslese als ein den Gesetzen der
Gravitation ebenbürtiges Naturgesetz angesehen wurde. So
paradox es auch erscheinen mag: Durch die Hinzufügung einer
noch unsichereren Theorie wurde einer bis dahin unsicheren
Lehre praktische Gewissheit verliehen.

„Sofort", schreibt Waggett, „sprang die Entwicklungstheorie von
der Position einer obskuren Vermutung zu der einer voll
ausgestatteten Theorie und fast einer Gewissheit."

Darwin wurde so zu einem Diktator, dessen Autorität niemand in
Frage stellen durfte. Um ihn versammelte sich eine Schar
sklavischer Anhänger, eine Herde Männer, denen er eine absolut
unbestreitbare Autorität zu sein schien. Der Darwinismus wurde
zu einem Glaubensbekenntnis, dem sich alle anschließen müssen.
Diese Position behält es im öffentlichen Bewusstsein noch immer
bei.

Wachsender Widerstand gegen den Darwinismus

Die Leichtigkeit, mit der die Theorie der natürlichen Auslese die
Vorherrschaft erlangte, war, wie wir bereits sagten, ein Unglück
für die biologische Wissenschaft. Dies führte eine Zeit lang zu
einer erheblichen geistigen Stagnation unter den Zoologen. Seit
Darwins Tagen hat die Wissenschaft nicht die Fortschritte
gemacht, die man vernünftigerweise hätte erwarten können, weil
die Theorie den Geist der Mehrheit der Biologen so fasziniert hat,
dass sie alles durch die darwinistische Brille sehen. Der Wunsch
war in vielen Fällen der Vater der Beobachtung. Zoologen sind
ständig auf der Suche nach der Wirkung der natürlichen Selektion
und bilden sich daher häufig ein, sie dort zu sehen, wo sie nicht
existiert. Viele Naturforscher dehnen Tatsachen bewusst oder
unbewusst aus, um sie an die darwinistische Theorie anzupassen.
Die Tatsachen , die sich einer solchen Verzerrung widersetzen,

werden, wenn sie nicht aktiv ignoriert oder unterdrückt werden, übersehen, da sie kein Licht auf die Lehre werfen. Das ist keine Übertreibung. Die Lektüre fast aller populären Bücher, die sich mit zoologischer Theorie befassen, hinterlässt den Eindruck, dass es in der Welt der Lebewesen nichts mehr zu erklären gibt, dass es keine Tür mehr gibt, die zu den geheimen Kammern der Natur führt, für die die natürliche Auslese nicht ein „offenes Sesam" ist."

Aber der Siegeszug der natürlichen Auslese war nicht so vollständig, wie ihre enthusiastischeren Befürworter uns glauben machen wollten. Es gibt einige, die nie zugegeben haben, dass die natürliche Auslese völlig ausreichend ist. Auf den Britischen Inseln waren diese nie zahlreich. In den Vereinigten Staaten von Amerika und auf dem Kontinent kommen sie häufiger vor. Die Tendenz scheint darin zu bestehen, dass ihre Zahl zunimmt. Daher die jüngsten Klagen von Dr. Wallace und Sir E. Ray Lankester. Von modernen Biologen wird gemeinhin angenommen, dass sie zwei Denkrichtungen zuzuordnen sind: der Neo-Darwinisten und der Neo-Lamarckschen.

Die ersteren sind die größeren Körperschaften und vertrauen ausschließlich auf die natürliche Auslese. Sie leugnen die Vererbung erworbener Eigenschaften und predigen, dass die natürliche Auslese völlig ausreichend sei, um die vielfältigen Phänomene der Natur zu erklären. Die Neo-Lamarckianer erkennen die Allmacht der natürlichen Selektion nicht an. Einige von ihnen erlauben ihm keine Tugend. Andere betrachten es als eine Kraft, die die Variation innerhalb festgelegter Grenzen hält und jedem Organismus sagt: „Bis hierhin sollst du variieren und nicht weiter." Diese Schule legt großen Wert auf die Vererbung erworbener Eigenschaften, insbesondere auf die Vererbung der Auswirkungen von Gebrauch und Nichtgebrauch.

Die obige Darstellung der jüngsten Entwicklungen des Darwinismus ist unvollständig, da sie diejenigen nicht einbezieht, die eine mittlere Position einnehmen. Wenn es möglich ist, eine große Anzahl von Männern zu klassifizieren, von denen kaum zwei die gleichen Ansichten vertreten, müssen sie in drei statt in zwei Klassen eingeteilt werden.

Im Großen und Ganzen kann man sagen, dass die heutigen Evolutionisten drei unterschiedliche Denkrichtungen vertreten. Zur Klassifizierung können wir sie in drei Schulen einteilen, die wir als Neo-Lamarckianer, Wallaceianer und Neo-Darwinianer bezeichnen können, je nachdem, wie ihre Ansichten denen von Lamarck, Wallace oder Darwin ähneln.

Die Neo-Lamarcksche Schule

Als Anhänger der Neo-Lamarckschen Schule zitieren wir Cope, Spencer, Orr, Eimer, Naegeli, Henslow, Cunningham, Haeckel, Korchinsky und eine Reihe anderer. Von diesen Neo-Lamarckianern könnte man fast sagen, dass jeder eine völlig unterschiedliche Evolutionstheorie vertritt. Ihre Ansichten sind so heterogen, dass es schwierig ist, einen einzigen Artikel zu finden, der den evolutionären Überzeugungen aller gemeinsam ist. Es wird allgemein behauptet, dass alle Neo-Lamarckianer erstens darin übereinstimmen, dass erworbene Charaktere übertragbar sind; und zweitens, dass eine solche Übertragung ein wichtiger Faktor bei der Produktion neuer Arten ist. Diese Behauptung gilt sicherlich für den Großteil der Neo-Lamarckianer, aber sie scheint nicht auf diejenigen zuzutreffen, die glauben, dass Evolution das Ergebnis einer unbekannten inneren Kraft ist. Soweit wir sehen können, ist der Glaube an die Vererbung erworbener Eigenschaften für die Theorien der Orthogenese von Naegeli und Korchinsky nicht notwendig. Aus diesem Grund wäre es möglicherweise richtiger, diejenigen, die solche Ansichten vertreten, einer vierten Schule zuzuordnen. Da jedoch eine Reihe unbestrittener Neo-Lamarckianer, wie zum Beispiel Cope, an eine innere Wachstumskraft glauben, ist es angebracht, Naegeli als Neo-Lamarckianer zu betrachten. Seine Ansichten müssen uns nicht lange aufhalten. Wer sie im Detail studieren möchte, findet sie in seiner *Mechanisch-physiologischen Theorie der Abstammungslehre* .

Naegeli glaubt, dass dem Protoplasma eine Wachstumskraft innewohnt, die jeden Organismus für sich zu einer Kraft macht, die eine fortschreitende Evolution vorantreibt. Er vertritt die Auffassung, dass Tiere und Pflanzen auch dann weitgehend so geworden wären, wie sie jetzt sind, wenn kein Kampf ums Dasein stattgefunden hätte. „An die Gläubigen dieser Art. . . Orthogenese", schreibt Kellog (*Darwinism To-day* , S. 278), „wurde und wird die organische Evolution von unbekannten inneren Kräften beherrscht, die den Organismen innewohnen, und war unabhängig vom Einfluss der Außenwelt." Die Entwicklungslinien sind immanent, unveränderlich und dehnen sich immer langsam auf ein ideales Ziel aus." Es ist leicht, eine solche Theorie aufzustellen, es ist unmöglich, sie zu beweisen, und es ist schwierig, sie zu widerlegen.

Es scheint uns, dass die Tatsache, dass Organismen, sobald sie aus dem Kampf ums Dasein herausgenommen werden, dazu neigen, zu degenerieren, ein ausreichender Grund dafür ist, Theorien der von Naegeli dargelegten Beschreibung abzulehnen. Wirklicher Lamarckianisch ist Eimers Theorie der Orthogenese, nach der es die Umgebung ist, die die Richtung bestimmt, in die die Variation geht; und die durch die Umwelt hervorgerufenen Veränderungen werden an die Nachkommen weitergegeben.

Orrs Ansichten

Spencer und Orr predigen einen nahezu reinen Lamarckismus. Ersterer erkannte zwar die Bedeutung der natürlichen Selektion voll und ganz an, war jedoch der Ansicht, dass den Auswirkungen von Nutzung und Nichtnutzung oder der direkten Einwirkung der Umwelt bei der Bestimmung oder Veränderung von Organismen kein ausreichendes Gewicht beigemessen wurde.

Die Ähnlichkeit der Ansichten von Orr und Lamarck lässt sich am besten erkennen, wenn man ihre jeweiligen Erklärungen zum langen Hals der Giraffe vergleicht. Lamarck glaubte, dass dies das direkte Ergebnis der kontinuierlichen Dehnung sei. Das Tier spannt ständig seinen Hals auf der Suche nach Nahrung an, daher wird er mit zunehmendem Alter des Individuums länger, und dieser verlängerte Hals wird an die Nachkommen weitergegeben. Orr schreibt auf Seite 164 seines Werks „*Development and Heredity*": „Die Giraffe scheint das bemerkenswerteste Beispiel für die Verlängerung der Knochen als Folge der häufigen Wiederholung solcher Erschütterungen zu bieten." Bekanntlich ernährt sich dieses Tier vom Laub der Bäume. Seit der frühesten Jugend der Art und der frühesten Jugend jedes einzelnen Individuums muss es sich nach oben gestreckt haben, um nach Nahrung zu suchen, und wie es bei solchen Vierbeinern Brauch ist, muss es sich ständig von seinen Vorderfüßen erhoben und beim Absenken abgesenkt haben , muss einen Schock erhalten haben, der sich von den Hufen über die Beine und den vertikalen Hals bis zum Kopf auswirkte. In den Hinterbeinen wäre der Schock nicht zu spüren. Es ist unmöglich, sich vorzustellen, dass ein Tier, das während des größten Teils jedes Tages seines Lebens (sowohl seines individuellen als auch seines Rassenlebens) so gleichmäßige und konstante Bewegungen ausführte, dadurch nicht besonders spezialisiert wäre. Die Kräfte, die auf ein solches Tier einwirken, unterscheiden sich stark von den Kräften, die auf ein Tier wirken, das wie ein Ochse das Gras zu seinen Füßen frisst oder wie eine Ziege oder ein Hirsch rennen und klettern muss, und die daraus resultierenden Wachstumsveränderungen mehrere Fälle müssen auch unterschiedlich sein. Das Prinzip des zunehmenden Wachstums in Richtung des Stoßes, das aus der übermäßigen Reparatur der momentanen Kompression resultiert, erklärt, wie die Giraffe die phänomenale Länge der Knochen ihrer Vorderbeine und ihres Halses erlangte; und das Fehlen des Schocks in der Hinterhand zeigt, warum sie unentwickelt blieb und in einem absurden Missverhältnis zum Rest des Körpers stand.“

Vererbung erworbener Charaktere

Es scheint uns, dass ein fataler Einwand gegen all diese Neo-Lamarckschen Evolutionstheorien darin besteht, dass sie auf der Annahme basieren, dass erworbene Eigenschaften vererbt werden, während alle Beweise zeigen, dass solche Eigenschaften nicht vererbt werden . Heutzutage, wo wissenschaftliche Erkenntnisse so weit verbreitet sind, ist es kaum nötig zu sagen, dass alle Eigenschaften, die ein Organismus aufweist, entweder angeboren oder angeboren sind oder vom Organismus im Laufe seines Lebens erworben wurden. So kann ein Mann von Natur aus einen großen Bizepsmuskel haben, und dies ist ein angeborener Charakter; oder er kann durch ständige Übung den Bizeps entwickeln oder stark vergrößern. Der große Bizeps soll, sofern er durch körperliche Betätigung vergrößert wurde, ein erworbener Charakter sein, denn er wurde von seinem Besitzer nicht geerbt, sondern von ihm im Laufe seines Lebens erworben. Wir müssen bedenken, dass der Zeitraum in der Lebensgeschichte eines Organismus, in dem ein Merkmal auftritt, nicht unbedingt ein Test dafür ist, ob es angeboren oder erworben ist, was bei vielen angeborenen Merkmalen, wie beispielsweise dem Bart eines Mannes, nicht der Fall ist treten erst einige Jahre nach der Geburt auf. Wie wir gesehen haben, glauben die Neo-Lamarckianer, dass es einem Organismus möglich ist, Eigenschaften, die er im Laufe seiner Existenz erworben hat, an seine Nachkommen weiterzugeben. Aber wie wir bereits sagten, deuten die Beweise darauf hin, dass solche Charaktere nicht vererbt werden. Beispielsweise ist der Schwanz des jungen Foxterriers nicht kürzer als der anderer Hunderassen, obwohl seinen Vorfahren über Generationen hinweg der größte Teil ihres Schwanzfortsatzes kurz nach der Geburt entfernt wurde.

Wir beabsichtigen nicht, die heikle Frage der Vererbung erworbener Eigenschaften ausführlich zu diskutieren, und zwar aus dem einfachen Grund, dass die Neo-Lamarckianer keinen einzigen Fall angeführt haben, der zweifelsfrei beweist, dass solche Eigenschaften vererbt werden.

Herr JT Cunningham hat in einem Aufsatz von großem Wert und Interesse mit dem Titel „The Heredity of Secondary Sexual Characters in relation to Hormones: a Theory of the Heredity of Somatogene Characters", der in Bd. xxvi., Nr. 3, des *Archivs für Entwicklungsmechanik des Organismen* , heißt es: „Das Dogma, dass erworbene Charaktere nicht vererbt werden können." . . beruht nicht so sehr auf Beweisen oder dem Fehlen von Beweisen, sondern vielmehr auf *apriorischen* Überlegungen, nämlich auf der angeblichen Schwierigkeit oder Unmöglichkeit, sich ein Mittel vorzustellen, mit dem eine solche Vererbung durchgeführt werden könnte." Dies scheint sicherlich auf einige Zoologen zuzutreffen, aber wir vertrauen darauf, dass Herr Cunningham uns die Gerechtigkeit widerfahren lässt, zu glauben, dass unsere Meinung, dass die Vererbung erworbener Merkmale zumindest bei den höheren Tieren keine wichtige Rolle spielt, eine wichtige Rolle spielt , beruht nicht auf *apriorischen* Überlegungen, sondern auf Tatsachen. Alle Beweise scheinen zu zeigen, dass solche Eigenschaften nicht vererbt werden. Wenn, wie Herr Cunningham meint, alle sekundären Geschlechtsmerkmale auf die Vererbung von Gebrauchseffekten usw. zurückzuführen sind, wie kommt es dann, dass kein Neo-Lamarckianer in der Lage ist, einen klaren Fall der Vererbung eines genau definierten Erworbenen anzuführen? Charakter? Wenn solche Eigenschaften gewohnheitsmäßig vererbt werden, dürfte es unzählige Beispiele dafür geben. Züchter „verarzten" in ihren Bemühungen ständig die Tiere, die sie zu Ausstellungszwecken halten; Und es scheint uns sicher, dass, wenn erworbene Merkmale vererbt werden, die Züchter dies schon vor langer Zeit entdeckt und auf die Entdeckung reagiert hätten. Wenn den Neo-Darwinisten vorgeworfen wird, sie weigern sich zu glauben, dass erworbene Charaktere vererbt werden, weil sie „sich nicht vorstellen können, mit welchen Mitteln dies erreicht werden könnte", kann man dann nicht mit gleichem Recht sagen, dass viele Neo-Lamarckianer glauben, dass erworbene Charaktere vererbt werden? nicht auf Beweisen dafür, sondern weil es sehr schwierig ist, viele der von der organischen Welt präsentierten Phänomene zu erklären, wenn solche Merkmale nicht vererbt werden?

Bei vielen niederen Tieren, wie z. B. der Hydra, ist das Keimmaterial durch den Organismus diffundiert, so dass sich aus einem kleinen Teil des Lebewesens ein vollständiges Individuum entwickeln kann. Unter solchen Umständen scheint es nicht unwahrscheinlich, dass die äußere Umgebung direkt auf die Keimsubstanz einwirkt und Veränderungen in ihr hervorruft, die möglicherweise auf die Nachkommen übertragen werden. Wenn dies der Fall ist, scheint es, dass einige erworbene Eigenschaften in solchen Organismen vererbt werden könnten. Sehr viele Pflanzen können durch Stecklinge, Knospen usw. vermehrt werden, so dass wir vernünftigerweise davon ausgehen können, dass einige erworbene Merkmale bei ihnen erblich sind. Die Mehrheit der Botaniker scheint Lamarcksche Ansichten zu vertreten; aber aufgrund der derzeit verfügbaren Beweise ist es zweifelhaft, ob diese Ansichten richtig sind.

Pflanzen sind so plastisch, so vielschichtig und so empfindlich gegenüber ihrer Umwelt, dass ihre äußere Struktur anscheinend ebenso von den äußeren Bedingungen, in denen sie sich befinden, bestimmt wird wie von ihren ererbten Tendenzen. Darin unterscheiden sie sich ganz erheblich von den höheren Tieren. Der Pfau zum Beispiel hat das gleiche äußere Erscheinungsbild [1], egal ob er in Asien oder Europa gezüchtet und aufgezogen wird, in heißem oder kaltem, feuchtem oder trockenem Klima. Andererseits unterscheidet sich dieselbe Pflanze in ihrem äußeren Erscheinungsbild stark, je nachdem, ob sie auf trockenem oder feuchtem Boden, in einem heißen oder kalten Land wächst. In seinem kürzlich erschienenen Buch *„The Heredity of Acquired Characters in Plants“* führt Rev. G. Henslow mehrere Beispiele für die Schnelligkeit an, mit der Pflanzen auf ihre Umgebung reagieren. Auf Seite 32 schreibt er: „Das Folgende ist ein Experiment, das ich mit der wilden Restegge (*Ononis spinosa, L.*) gemacht habe, die in einer sehr trockenen Situation am Straßenrand wuchs. Ich habe einige Samen gesammelt und auch Stecklinge genommen. Diese habe ich in einen Gartenrand gepflanzt und diesen mit einer Handlampe und einer Untertasse mit Wasser gut feucht gehalten, so dass auch die Luft gründlich feucht sein sollte. Seine natürlichen Bedingungen wurden somit völlig umgekehrt. Sie wuchsen alle kräftig. Die neuen Zweige des ersten Wachstumsjahres trugen Stacheln, was ihren erblichen Charakter bewies, aber anstatt lang und kräftig zu sein, waren sie keinen Zentimeter lang und ähnelten Nadeln. Dies bewies, dass die Stacheln ein erbliches Merkmal waren. Im zweiten Jahr gab es überhaupt keine; außerdem blühten die Pflanzen, und insgesamt gab es keinen nennenswerten Unterschied zu *O. repens, L.* "

Aus diesem Experiment zieht Professor Henslow den Schluss, dass erworbene Merkmale bei Pflanzen tendenziell vererbt werden. Unserer Meinung nach liefert das Experiment starke Beweise gegen die Lamarcksche Lehre. Hier haben wir es mit einer Pflanze zu tun, die aufgrund ihrer trockenen Umgebung möglicherweise über Tausende von Generationen hinweg Stacheln entwickelt hat. Wenn erworbene Charaktere vererbt werden, hätten wir erwarten müssen, dass sich dieser stachelige Charakter festsetzt und unter veränderten Bedingungen bestehen bleibt, zumindest für einige Generationen. Aber was finden wir? Im zweiten Jahr sind die Dornen vollständig verschwunden. All die Jahre, in denen die Pflanze einer trockenen Umgebung ausgesetzt war, haben keine Spuren hinterlassen. Die Tatsache, dass die neuen Zweige des ersten Wachstumsjahres kleine Stacheln trugen, ist, wie Professor Henslow behauptet, kein Beweis für ihren erblichen Charakter. Es zeigt lediglich, dass der erste Impuls für ihre Entwicklung erfolgte, während sich die Pflanze noch in ihrer trockenen Umgebung befand.

Ebenso scheitern alle anderen sogenannten Beweise für die Vererbung erworbener Charaktere bei kritischer Prüfung.

Unserer Meinung nach ist „nicht bewiesen" das richtige Urteil über die Frage nach der Möglichkeit der Vererbung erworbener Eigenschaften bei den höheren Tieren. Eines ist sicher: Erworbene Eigenschaften werden bei Organismen, bei denen es eine scharfe Unterscheidung zwischen Keim- und Körperzellen gibt, nicht häufig vererbt.

Es ist geradezu ein Unglück, dass Haeckels *Schöpfungsgeschichte*, die in England offenbar so viel gelesen wird, auf einer falschen Grundlage aufgebaut ist. Es scheint uns, dass diese Arbeit eher dazu gedacht ist, irrezuführen als zu lehren.

Unsere Haltung entspricht nicht ganz der Wallaceschen Schule, die die Möglichkeit der Vererbung erworbener Charaktere leugnet. In der Praxis ist die Haltung, die wir einnehmen, für den Lamarckismus in all seinen Formen jedoch ebenso verhängnisvoll wie die dogmatischen Behauptungen der Wallaceianer. Es spielt keine Rolle, ob erworbene Eigenschaften sehr selten oder nie vererbt werden. In beiden Fällen kann ihre Vererbung keine wichtige Rolle in der Evolution gespielt haben. Alle Theorien, die sich auf die Nutzung und Vererbung als Faktor der Evolution berufen, sind daher unserer Meinung nach wertlos und stehen im Widerspruch zu den Tatsachen. Unsere Einstellung ist also, dass die Vererbung erworbener Eigenschaften, wenn sie überhaupt stattfindet, so selten ist, dass sie in der organischen Evolution eine vernachlässigbare Größe darstellt.

Wir können hinzufügen, dass die Position, die wir einnehmen, nicht beeinträchtigt wird, selbst wenn es den Lamarckianern letztendlich gelingt, zu beweisen, dass einige erworbene Charaktere tatsächlich vererbt werden. Ein solcher Beweis würde lediglich dazu beitragen, einige der Probleme zu klären, mit denen der Biologe konfrontiert ist. Daher ist die Frage der Vererbung erworbener Merkmale zwar von großem Interesse, hat aber keinen sehr wichtigen Einfluss auf die Frage der Entstehung von Arten.

Die Wallaceianische Schule

Die Wallaceianer vertreten die oben dargelegten Lehren als die der neodarwinistischen Schule. Es ist falsch, diejenigen, die an die völlige Genügsamkeit der natürlichen Auslese glauben, als Neo-Darwinisten zu bezeichnen, denn Darwin glaubte zu keinem Zeitpunkt, dass die natürliche Auslese alles erklären würde. Darüber hinaus war Darwin insofern ein Lamarckianer, als er zu der Annahme neigte, dass erworbene Eigenschaften vererbt werden könnten. Seine Theorie der Vererbung durch Gemmules ging von der Annahme aus, dass solche Charaktere vererbt werden. Es ist Wallace, der Darwin übertrifft, der die Allgenügsamkeit der natürlichen Auslese predigt. Aus diesem Grund nennen wir die Schule, die diesen Glaubenssatz vertritt und zu der Weismann, Poulton und offenbar auch Ray Lankester gehören, die Wallaceianische Schule. Weismann hat eine Theorie der Vererbung aufgestellt, die der Kontinuität des Keimplasmas, die diese Vererbung zu einer physikalischen Unmöglichkeit macht. Wir glauben, dass die Wallaceianer ebenso weit von der Wahrheit abgewichen sind wie die Lamarckianer, denn wie wir im Folgenden zeigen werden, können viele der Organe und Strukturen, die Organismen aufweisen, nicht mit der Hypothese der natürlichen Selektion erklärt werden. Wer darauf vertraut, verschärft unnötigerweise die Schwierigkeit des Problems, mit dem er konfrontiert ist.

Bleibt noch die dritte Schule, zu der wir gehören und deren Anhänger Bateson, De Vries, Kellog und TH Morgan zu sein scheinen. Diese Schule steuert einen Kurs zwischen der Skylla der

Gebrauchsvererbung und der Charybdis der Allgenügsamkeit der natürlichen Selektion. Für einige mag es überraschend erscheinen, dass wir De Vries als Neo-Darwinisten einstufen sollten, da er der Begründer der Evolutionstheorie mittels Mutationen ist, die wir in Kapitel III diskutieren werden. dieser Arbeit. Tatsächlich sollte die Theorie der Mutationen nicht als Gegensatz zur Theorie von Darwin betrachtet werden, sondern als eine darauf aufgepfropfte Theorie. De Vries selbst schreibt: „Meine Arbeit erhebt den Anspruch, in voller Übereinstimmung mit den von Darwin festgelegten Prinzipien zu sein." Ähnlich schreibt Hubrecht in der *Contemporary Review* vom November 1908: „So paradox es auch klingen mag, ich bin bereit zu zeigen, dass mein Kollege Hugo de Vries aus Amsterdam, der vor einigen Jahren seine Mutationstheorie auf *die* blühende und sehr gesunde Pflanze aufgepfropft hat Der Vertreter des Darwinismus ist ein viel überzeugterer Darwinist als Dr. Wallace selbst oder die beiden großen Autoritäten der biologischen Wissenschaft, die er erwähnt, Sir William Thistleton Dyer und Professor Poulton."

Komplexität des Problems

Nachdem wir uns selbst klassifiziert haben, bleibt es uns (den Autoren des vorliegenden Werkes) überlassen, unsere Position genauer zu definieren. Wie Darwin begrüßen wir alle Faktoren, die die Evolution beeinflussen können. Wir haben keine Axt, die wir in Form einer Lieblingshypothese schleifen könnten, und folglich werden unsere Leidenschaften nicht geweckt, wenn Männer neue Ideen vorbringen, die scheinbar im Gegensatz zu einigen stehen, die sich bereits auf dem Gebiet befinden. Wir sind uns der extremen Komplexität der Probleme bewusst, mit denen wir konfrontiert sind. Wir sehen den Tatsachen ins Auge und lehnen es ab, sie zu ignorieren, egal wie schlecht sie zu bestehenden Theorien passen. Wir erkennen die Stärke und die Schwäche der darwinistischen Theorie. Wir sehen deutlich, dass es den Mangel der Zeit aufweist, in der es ausgesprochen wurde. Das 18. Jahrhundert war das Zeitalter der Überheblichkeit, das Zeitalter, in dem man glaubte, alle Phänomene seien einfach zu erklären.

Dies wird durch die Lehren der Manchester-Schule in Bezug auf Politik- und Wirtschaftswissenschaften gut veranschaulicht. Die ganze Kunst der Gesetzgebung ließe sich in den Worten „*laissez faire*" zusammenfassen . Der gesamte Bereich der legitimen Regierung sei die Aufrechterhaltung der Ordnung und die Durchsetzung von Verträgen. Die Erfahrung hat gezeigt, dass ein

Staat, der sich ausschließlich an diesen Grundsätzen orientiert, erbärmlich regiert wird. Ein großer Teil der jüngsten Gesetze des Parlaments schränkt die Vertragsfreiheit ein. Solche Beschränkungen sind bei Verträgen zwischen Schwachen und Starken notwendig. In ähnlicher Weise betrachteten die früheren Ökonomen die politische Ökonomie als eine sehr einfache Angelegenheit. Sie behaupteten, dass Männer nur von einem einzigen Motiv angetrieben werden: der Liebe zum Geld. Alle ihre Männer waren Wirtschaftsmänner, Männer ohne jegliche Eigenschaften außer einer intensiven Liebe zum Gold. Die Erfahrung hat gezeigt, dass diese Prämissen nicht korrekt sind. Familienliebe, Rassenstolz und Kastenvorurteile sind bei Männern mehr oder weniger tief verwurzelt, so dass sie selten allein durch die Liebe zum Geld angetrieben werden.

Das Ziel des Biologen

Daher ist die heutige politische Ökonomie, wie sie von Marshall dargelegt wird, weitaus komplexer und weniger dogmatisch als die von Ricardo oder Adam Smith. Ebenso unterscheidet sich die politische Philosophie von Sidgwick stark von der von Herbert Spencer. So ist es auch mit der Theorie der organischen Evolution. Die Theorie der natürlichen Selektion ist ebenso wenig in der Lage, alle vielfältigen Phänomene der Natur zu erklären wie Ricardos Annahme, dass alle Menschen ausschließlich von der Liebe zum Geld angetrieben werden, die in der Lage ist, die vielfältigen existierenden wirtschaftlichen Phänomene zu erklären. So wie die Liebe zum Reichtum ein wichtiges Motiv menschlichen Handelns ist, so ist auch die natürliche Auslese ein wichtiger Faktor in der Evolution. Aber ebenso wie die meisten menschlichen Handlungen das Ergebnis vielfältiger Motive sind, sind auch die meisten existierenden Organismen das Ergebnis eines komplexen Kräftesystems. So wie es die Pflicht des Ökonomen ist, die verschiedenen Motive zu entdecken, die zu menschlichen Handlungen führen, so ist es auch die Pflicht des Biologen, die Faktoren ans Licht zu bringen, die bei der Entstehung von Arten eine Rolle spielen.

KAPITEL II
Einige der wichtigeren Einwände gegen die Theorie der natürlichen Selektion

Kurze Darlegung der Theorie – Einwände gegen die Theorie lassen sich in zwei Klassen einteilen – diejenigen , die die Theorie an der Wurzel treffen – diejenigen , die die Allgenügsamkeit der natürlichen Auslese leugnen – Einwände , die die Theorie an der Wurzel treffen, basieren auf falschen Vorstellungen – Einwände gegen den Wallaceismus – Die Theorie kann den Ursprung von Variationen nicht erklären – Die natürliche Auslese muss zu viel erklären – Die Anfänge neuer Organe können nicht erklärt werden – Die Theorie der Funktionsänderung – Die Koordination von Variationen – Die Fruchtbarkeit von Rassen domestizierter Tiere – Fehlende Verbindungen – Überwältigende Auswirkungen von Kreuzungen – Kleine Variationen können keinen Überlebenswert haben – Rassen , die dasselbe Gebiet bewohnen – Übermäßige Spezialisierung – Zufall und natürliche Selektion – Kampf ums Dasein am schwerwiegendsten bei jungen Tieren – Die natürliche Auslese kann Mimikry und andere Farbphänomene nicht erklären – Schlussfolgerung : Es gibt kaum einen Organismus, der nicht ein Merkmal besitzt, das mit der Theorie der natürlichen Auslese, wie sie von Wallace und seinen Anhängern vertreten wird, unerklärlich ist.

„Die Beweislast liegt bei dem, der etwas behauptet" ist eine Beweisregel, die der Mann der Wissenschaft ebenso streng anwenden sollte wie der Anwalt.

Es liegt daher an uns, unsere Behauptung zu beweisen, dass die Theorie der natürlichen Selektion keine angemessene Erklärung für alle vielfältigen Phänomene liefert, die in der organischen Welt beobachtet werden.

Theorie der natürlichen Selektion

Die Theorie der natürlichen Selektion ist so allgemein verstanden, dass es völlig überflüssig wäre, sie an dieser Stelle im Detail darzulegen.

Man wird sich erinnern, dass Darwin seine große Hypothese auf die folgenden beobachteten Tatsachen stützte:

1. Keine zwei Individuen einer Art sind genau gleich. Dies wird manchmal als Variationsgesetz bezeichnet.

2. Alle Lebewesen neigen im Allgemeinen dazu, ihren Eltern im Aussehen mehr zu ähneln als Individuen, die nicht mit ihnen verwandt sind. Dies kann als das Gesetz der Vererbung bezeichnet werden.

3. Jedes Organismenpaar bringt im Laufe seines Lebens durchschnittlich weit mehr als zwei Junge zur Welt.

4. Im Durchschnitt bleibt die Gesamtzahl jeder Art konstant.

Aus (3) und (4) folgt die Lehre von Malthus, dass nämlich viel mehr Individuen geboren werden, als sie erwachsen werden können.

Darwin wandte diese Lehre auf das gesamte Tier- und Pflanzenreich an.

In seiner Einleitung zu *The Origin of Species* schreibt er: „Es werden so viel mehr Individuen jeder Art geboren, als möglicherweise überleben können; und da es infolgedessen einen häufig wiederkehrenden Kampf ums Dasein gibt, folgt daraus, dass jedes Lebewesen, wenn es unter den komplexen und manchmal variierenden Lebensbedingungen in irgendeiner für sich vorteilhaften Weise variiert, eine bessere Chance hat, zu überleben überleben und daher auf natürliche Weise selektiert werden. Aufgrund des starken Prinzips der Vererbung neigt jede ausgewählte Sorte dazu, ihre neue und modifizierte Form zu verbreiten.“

Mit anderen Worten: Der Existenzkampf aller organischen Lebewesen auf der ganzen Welt, der sich zwangsläufig aus dem hohen geometrischen Verhältnis ihrer Vermehrung ergibt, führt zum Überleben der Stärksten, das heißt derjenigen, die am besten geeignet sind, mit ihren Feinden fertig zu werden und um ihre Nahrung zu sichern. Da Organismen in der Natur also auf natürliche Weise selektiert werden, können wir von einer natürlichen Selektion sprechen, die in etwa auf die gleiche Weise wirkt wie der menschliche Züchter. Darwins Theorie besagt also, dass die gesamte Vielfalt der heute existierenden Organismen durch diesen Prozess der natürlichen Selektion aus einer oder mehreren Formen entstanden ist.

Verschiedene antidarwinistische Ansichten

Die Einwände, die gegen die Theorie der natürlichen Auslese vorgebracht wurden, lassen sich in zwei Klassen einteilen.

I. Diejenigen, die an der Wurzel packen und entweder leugnen, dass es eine natürliche Auslese gibt, oder erklären, dass sie nicht in der Lage ist, eine neue Art hervorzubringen.

II. Diejenigen, die sich gegen die völlig ausreichende natürliche Selektion richten, um die organische Evolution zu erklären.

Diejenigen der ersten Klasse müssen uns nicht lange aufhalten, obwohl sich unter denen, die sie formulieren, einige bedeutende Männer der Wissenschaft befinden.

Delage behauptet, dass die Selektion nicht in der Lage sei, Arten zu bilden, ihre Funktion beschränke sich seiner Meinung nach auf die Unterdrückung radikal schlechter Variationen und auf die Erhaltung einer Art in ihrem normalen Charakter. Es ist somit ein feindlicher Faktor in der Evolution, ein Verzögerer und nicht ein Beschleuniger des Artenwandels. Es dient lediglich der Erhaltung des Typs auf Kosten der Varianten und wirkt so als Bremse für die Evolution.

Obwohl Korschinsky möglicherweise nicht leugnet, dass Selektion in der Natur vorkommt, erklärt er, dass ihr Einfluss auf die Evolution gleich *Null sei* oder, falls sie überhaupt einen Einfluss habe, dass sie einen behindernden Einfluss habe.

Eimer bestreitet ebenfalls jegliche Fähigkeit der natürlichen Selektion, Arten zu schaffen.

Pfeffer erhebt einen ganz anderen Einwand. Er sagt, wenn es eine Kraft wie die natürliche Auslese gäbe, würde sie die Arten viel schneller verändern, als sie es tut!

Damit die oben genannten Einwände überhaupt Gewicht haben, muss eine von zwei Bedingungen erfüllt sein.

Entweder müssen alle Organismen perfekt an ihre Umgebung angepasst sein, und diese Umgebung darf sich niemals ändern, oder es muss jeder Art eine Art Wachstumskraft innewohnen, die die Art dazu drängt, sich in bestimmte festgelegte Richtungen zu entwickeln. In jedem dieser Umstände wird die natürliche Selektion eine hemmende Kraft sein, denn wenn der normale Organismus perfekt an seine Umgebung angepasst ist, müssen alle Abweichungen vom Typ ungünstig sein, und die natürliche

Selektion wird die Individuen aussortieren, die sie aufweisen. Kein sorgfältiger Naturforscher kann behaupten, dass alle Tiere perfekt an ihre Umwelt angepasst sind oder dass sich diese nie ändert. Daher gehen diejenigen, die leugnen, dass die natürliche Selektion ein Faktor bei der Entstehung von Arten ist, von der zweiten Reihe von Bedingungen aus, dass sich Arten in bestimmte festgelegte Richtungen entwickeln und entweder durch innere oder äußere Kräfte angetrieben werden. Inwieweit diese Vorstellungen auf Tatsachen beruhen, werden wir versuchen herauszufinden, wenn wir von Variation sprechen. Zum jetzigen Zeitpunkt muss es genügen zu sagen, dass selbst wenn eine dieser Ansichten über die Orthogenese etabliert werden sollte, die natürliche Selektion sozusagen den Ausschlag geben wird, sie wird darüber entscheiden, welche Reihe von Arten, die sich entlang vorherbestimmter Linien entwickeln, überleben und welche nicht .

Somit gelangen wir mit einer anderen Argumentationslinie zu der Schlussfolgerung, zu der wir im letzten Kapitel gelangt sind: Es besteht nämlich kein Raum für Zweifel daran, dass die natürliche Auslese ein Faktor bei der Entstehung von Arten ist.

Wir müssen nun zur zweiten Klasse von Einwänden übergehen, nämlich jenen, die gegen die völlige Genügsamkeit der natürlichen Zuchtwahl vorgebracht werden. Diese sind so zahlreich, dass es nicht möglich ist, sie alle zu berücksichtigen. Ein kurzer Hinweis auf die wichtigeren Punkte sollte genügen, um jeden unvoreingenommenen Menschen zufriedenzustellen; Erstens ist die natürliche Selektion ein wichtiger Faktor in der Evolution. Zweitens, dass die von Wallace und seinen Anhängern vertretene Position, dass die natürliche Auslese, die auf winzige Variationen einwirkt, der einzige Faktor in der organischen Evolution ist, unhaltbar ist.

Der Darwinismus erklärt keine Variation

1. Es wurde betont, dass die darwinistische Theorie keinen Versuch unternimmt, Variationen zu erklären, und dass wir nicht in der Lage sind, die Evolution zu erklären, solange wir nicht wissen, was Variationen verursacht. Das ist natürlich völlig richtig, aber der Einwand ist kaum berechtigt, da Darwin, wie wir gesehen haben, freimütig zugab, dass seine Theorie keinen Versuch unternahm, den Ursprung von Variationen zu erklären. Es ist nicht vernünftig, Einwände gegen eine Theorie zu erheben, weil sie Phänomene nicht erklärt, mit denen sie sich ausdrücklich

nicht befasst. Andererseits muss mit diesem Einwand gerechnet werden, denn wie wir sehen werden, macht es einen großen Unterschied für die Bedeutung der natürlichen Auslese als Faktor in der Evolution, wenn Variationen wahllos in alle Richtungen auftreten, wie Darwin stillschweigend annahm oder ob sie, wie einige Biologen glauben, richtungsbestimmt sind und das Ergebnis einer allen Organismen innewohnenden Wachstumskraft sind.

2. Dem oben erwähnten Einwand ist derjenige sehr ähnlich, der darauf hinweist, dass es ein langer Weg von der Amöbe zum Menschen ist. Es ist schwer zu glauben, dass dieser lange Entwicklungsverlauf vom Einfachen zum Komplexen auf das Wirken einer blinden Kraft zurückzuführen ist, auf das Überleben derjenigen, deren zufällige Variationen zufällig am besten an die Umwelt angepasst sind. Das Ergebnis scheint in keinem Verhältnis zur Ursache zu stehen. Dem Protoplasma oder hinter den Organismen muss eine starke Kraft innewohnen, die sie nach oben treibt. Dieser Einwand ist ebenso schwer zu widerlegen wie nachzuweisen. Es ist rein spekulativ.

3. Ein sehr schwerwiegender Einwand gegen die darwinistische Theorie besteht darin, dass die Entstehung neuer Organe nicht durch die Wirkung der natürlichen Selektion auf zufällige winzige Variationen erklärt werden kann und dass die natürliche Selektion nur dann auf ein Organ einwirken kann, wenn dieses Organ eine ausreichende Größe erreicht hat, um zu funktionieren praktischer Nutzen für seinen Besitzer. Wenn ein Organ erst einmal entstanden ist, ist es nicht schwer zu verstehen, wie es durch natürliche Selektion verbessert, verändert und weiterentwickelt werden kann. Aber wie können wir den Ursprung eines Organs wie eines Gliedes durch die Wirkung natürlicher Selektion auf winzige Variationen erklären?

Theorie der Funktionsänderung

Die Theorie der Funktionsveränderung trägt der Schwierigkeit einigermaßen Rechnung, denn mit ihr können wir verstehen, wie bestimmte Organe, wie zum Beispiel die Lunge luftatmender Tiere, entstanden sein könnten. Diese soll sich aus der Schwimmblase von Fischen entwickelt haben. Diese Blase ist, um die Worte von Milnes Marshall zu verwenden, „ein geschlossener Sack, der direkt unter der Wirbelsäule liegt." Bei vielen Fischen stellt es über einen Gang eine Verbindung mit einem Teil des Verdauungskanals her. Es wird dann zu einem zusätzlichen

Atmungsorgan, insbesondere bei Fischen, die in der Lage sind, eine Zeit lang außerhalb des Wassers zu leben, *z. B.* beim *Protopterus* of America. Es gibt eine interessante Reihe von Modifikationen, die die Luftblase mit der Lunge der höheren Wirbeltiere verbinden, bei der es sich zweifellos um dasselbe Organ handelt."

Diese Theorie scheint jedoch nicht ausreichend zu sein, um den Ursprung aller Organe zu erklären. Es erklärt beispielsweise nicht, wie sich Gliedmaßen in einem Organismus ohne Gliedmaßen entwickelten. Wallace versuchte, dieser Schwierigkeit aus dem Weg zu gehen, indem er behauptete, es sei unvernünftig, von einer neuen Theorie zu verlangen, dass sie uns genau verrät, was in fernen geologischen Zeitaltern geschah und wie es geschah. Die offensichtliche Antwort darauf lautet erstens, dass wir keiner Evolutionstheorie uneingeschränkt zustimmen sollten, bis sie uns solche Erklärungen liefert, und zweitens, dass die Theorie der Entstehung von Arten durch natürliche Selektion nicht mehr gilt ein neuer.

In letzter Zeit scheint Wallace jedoch alle Hoffnung aufgegeben zu haben, die Entstehung neuer Organe durch natürliche Selektion erklären zu können, denn auf Seite 431 der Ausgabe der Fortnightly Review vom März 1909 heißt es: „Es *folgt* – nicht als Theorie, sondern als Tatsache – dass, wann immer eine vorteilhafte Variante benötigt wird, diese nur in einer Vergrößerung oder Verringerung einer bereits vorhandenen Macht oder Fähigkeit bestehen kann." Damit nun eine Zunahme oder Abnahme stattfinden kann, muss etwas vorhanden sein, das erhöht oder verringert werden kann. Wallace spricht hier zwar nur von Kräften und Fähigkeiten; aber es kann kaum angenommen werden, dass er glaubt, dass Variationen hinsichtlich der Struktur grundsätzlich anders sind als diejenigen, die sich auf Befugnisse und Fähigkeiten beziehen.

4. Als Einwand gegen die Theorie der natürlichen Selektion erhebt Herbert Spencer die Ansicht, dass günstige Variationen in einem Organ wahrscheinlich durch ungünstige Variationen in einem anderen Organ ausgeglichen werden. Er behauptet, dass die Wahrscheinlichkeit enorm sei, dass „viele zufällige und koordinierte Variationen" auftreten, die notwendig sind, um einen über Leben und Tod entscheidenden Vorteil zu schaffen.

Dieser Einwand wurde von einem Autor in der *Edinburgh Review* im Januar 1909 und sogar von Wallace selbst in der *Fortnightly*

Review im März letzten Jahres gegen die Mutationstheorie erhoben. Dieser Einwand, so stark er auch auf dem Papier erscheint, existiert nur in der Vorstellung des Einwanderers.

Diejenigen, die darauf drängen, zeigen ein Missverständnis über die Art und Weise, wie die natürliche Auslese wirkt, und Unwissenheit über das Phänomen der Korrelation von Organen.

Korrelation

Die natürliche Selektion befasst sich mit einem Organismus als Ganzem. Seine Wirkung besteht darin, den Lebewesen das Überleben zu ermöglichen, die insgesamt am besten an ihre Umwelt angepasst sind.

Physiologen betonen immer mehr, dass es mehr oder weniger Korrelationen und Verbindungen zwischen den verschiedenen Teilen eines Organismus gibt.

Die einzelnen Organe eines Tieres sind nicht so viele isolierte Einheiten. Es ist unmöglich, auf ein Organ einzuwirken, ohne einige oder alle anderen zu beeinträchtigen.

Variationen in einer bestimmten Richtung eines Organs gehen normalerweise mit korrelierten Variationen in einigen anderen Organen einher. Wenn Stärke für ein Tier von größter Bedeutung ist, wird die natürliche Selektion dazu tendieren, diejenigen Individuen zu erhalten, die in ausgeprägtem Maße Kraft zeigen, und diese Zurschaustellung von Stärke kann von anderen Besonderheiten begleitet sein, wie zum Beispiel kurzen Beinen oder einer bestimmten Farbe, so dass natürliche Die Selektion wird indirekt dazu führen, dass Individuen mit kurzen Beinen und der betreffenden Farbe entstehen, und es kann vorkommen, dass diese bestimmte Farbe das Tier auffälliger macht als die normale Farbe . Dennoch können aufgrund der damit einhergehenden überaus notwendigen Kraft die so gefärbten Tiere überleben, während die Tiere mit einer schützenderen Farbe zugrunde gehen. So paradox es auch erscheinen mag, die natürliche Selektion kann indirekt für Merkmale verantwortlich sein, die an sich schädlich für das Individuum sind. Dies trifft wahrscheinlich auf das Ziergefieder einiger männlicher Vögel zu. Das Phänomen der Korrelation wurde von Darwin erkannt und hat unserer Meinung nach eine wichtige Rolle bei der Entstehung von Arten gespielt. Wir werden uns in einem späteren Kapitel ausführlicher mit dem Thema befassen.

5. Ein oft vorgebrachter Einwand gegen die Theorie der natürlichen Selektion, der bei Huxley sehr stark vertreten war, ist, dass es den Züchtern bisher nicht gelungen sei, eine Sorte zu züchten, die mit der Elternart unfruchtbar sei. Wenn, fragte Huxley, Züchter so etwas nicht hervorbringen können, wie können wir dann sagen, dass wir es als erwiesen betrachten, dass natürliche Selektion neue Arten in der Natur hervorbringt? Dieser Einwand verliert jedoch viel von seiner Kraft angesichts der Tatsache, dass viele vollkommen unterschiedliche Arten bei gemeinsamer Züchtung recht fruchtbar sind. Wir werden in Kapitel IV darauf zurückkommen.

6. Die Tatsache, dass es der Paläontologie bisher nicht gelungen ist, Verbindungen zwischen vielen existierenden Arten herzustellen, ist ein klassischer Einwand gegen die Theorie der Entstehung von Arten durch allmähliche Evolution.

Fehlende Verbindungen

Wallace führt diesen Einwand auf Seite 376 seines Werks *„Darwinismus"* wie folgt aus: „Viele der Lücken, die noch bestehen, sind so groß, dass es diesen Autoren unglaublich erscheint, dass sie jemals durch eine enge Abfolge von Arten ausgefüllt werden konnten, denn das müssen sie tun." sind über so viele Zeitalter verteilt und in so großer Zahl vorhanden, dass es unmöglich erscheint, ihr völliges Fehlen in Lagerstätten zu erklären, in denen eine große Zahl von Arten, die zu anderen Gruppen gehören, konserviert und entdeckt wurden."

Wallaces Antwort lautet, dass die Paläontologie bei vielen Arten reichlich Beweise für den allmählichen Übergang einer Art in eine andere liefert, wobei der Fuß des Pferdes ein bekannter Fall ist. Die Genealogie dieses edlen Vierbeiners kann vom eozänen vierzehigen *Orohippus* über den *Mesohippus* , den *Miohippus* , den *Protohippus* und den *Pliohippus* bis zum einzehigen *Equus* *zurückverfolgt werden* .

Wallace weist weiter darauf hin, dass für die Erhaltung des Fossils eines Organismus das „Zusammentreffen einer Reihe günstiger Bedingungen" erforderlich ist und die Chancen dafür enorm sind. Schließlich betont er die Unvollkommenheit unseres Wissens über die Dinge, die in der Erdkruste eingebettet sind.

Der Einwand, der auf dem Fehlen „fehlender Verbindungen" beruht, verliert etwas an Kraft, wenn wir die Theorie akzeptieren, dass Arten manchmal als Sportarten entstehen. Angenommen, eine Art mit gut entwickelten Hörnern bringt als Mutation eine hornlose Variante hervor, die schließlich die gehörnte Form ersetzt, dann würden wir vergeblich nach Zwischenformen zwischen der Eltern- und der Tochterart suchen. Andererseits ist es bezeichnend, dass die Links genau dort fehlen, wo sie am meisten benötigt werden. Zum Beispiel hätten uns die Schienenknochen des Pferdes in Verbindung mit den Füßen existierender Tapire, die vier Zehen vorne und drei hinten haben, ohne die Hilfe geologischer Aufzeichnungen zu dem Schluss geführt, dass es sich bei dem Pferd um ein Tier handelte Nachkomme eines polydaktylen Vorfahren. Wenn wir jedoch zum Ursprung von Vögeln, Fledermäusen und Walen kommen, kann uns die Paläontologie nicht weiterhelfen, so dass wir über den Ursprung solch wirklich wichtiger Veränderungen im Dunkeln tappen.

7. Die überwältigenden Auswirkungen der Kreuzung sind ein Einwand, der wiederholt gegen die darwinistische Theorie vorgebracht wurde.

Dieser Einwand ist nicht so schwerwiegend, wie er auf den ersten Blick scheint. Darwin und Wallace behaupten erstens, dass die natürliche Selektion alle Individuen eliminiert, mit Ausnahme derjenigen, die günstige Variationen aufweisen. Nur die wenigen Begünstigten überleben und paaren sich miteinander, so dass hier keine Rede von den überwältigenden Auswirkungen einer Kreuzung ist, da nur gut angepasste Individuen zur Paarung übrig bleiben.

Der Einwand gewinnt an Bedeutung, wenn er sich gegen die Theorie richtet, dass die Evolution in plötzlichen Sprüngen verläuft. Aber in diesem Zusammenhang müssen wir bedenken, dass die Experimente von Mendel und seinen Anhängern gezeigt haben, dass einige der Nachkommen von Kreuzungen ihren reinen Vorfahren ähneln und echte Inter-Se-Züchtungen hervorbringen *können*. Das ist noch nicht alles.

Wiederkehrende Mutationen

Die Erfahrung zeigt, dass sich eine Mutation, ein Sport oder eine diskontinuierliche Variation häufig wiederholt; So kam es beispielsweise mehrfach und in unterschiedlichen Vogelschwärmen zum Schwarzflügelsport der Pfauen. Der Sport oder die Mutation muss einen eindeutigen Grund haben. Es muss etwas im Organismus, etwas in den generativen Zellen, geben, das die Mutation hervorruft; und daher sollten wir *a priori* davon ausgehen, dass die gleiche Mutation bei vielen Individuen etwa zur gleichen Zeit auftritt. Es scheint legitim zu sein, daraus zu schließen, dass sich die Dinge still und leise einem Höhepunkt näherten. Wenn dieser Wert erreicht ist, kommt es zu einer Mutation. Daher ist damit zu rechnen, dass plötzliche Mutationen bei mehreren Individuen gleichzeitig auftreten. Auf dieses wichtige Thema werden wir zurückkommen.

8. Ein fast unüberwindlicher Einwand gegen die Theorie, dass Arten durch die Wirkung natürlicher Selektion auf winzige Variationen entstanden sind, besteht darin, dass solch kleine Unterschiede keinen Wert über Leben oder Tod oder, wie es gewöhnlich genannt wird, einen Überlebenswert haben können an ihren Besitzer. Aber wenn die Evolution das Ergebnis der Erhaltung solch geringfügiger Variationen durch natürliche Selektion ist, ist es absolut notwendig, dass jede dieser Variationen einen Überlebenswert besitzt.

Wie D. Dewar auf Seite 704 von Bd. ii. Laut *The Albany Review* können kleine Abweichungen dieser Eigenschaften nur dann einen Überlebenswert haben, wenn das Raubtier und sein Opfer hinsichtlich Schnelligkeit und Ausdauer gleichwertig sind. Aber im rauen und turbulenten Kampf ums Dasein sind Opfer und Feind nur selten gut aufeinander abgestimmt. Nehmen Sie als Beispiel den Fall eines Fliegenfängers. „Dieser Vogel“, schreibt D. Dewar, „erbeutet manchmal drei oder vier Insekten während eines Fluges; Alle werden mit der gleichen Leichtigkeit gefangen, obwohl die Flügellänge bei jedem Opfer unterschiedlich ist. Die Überlegenheit des Vogels ist so groß, dass er den Unterschied in der Flugkraft seiner kümmerlichen Beute nicht bemerkt.“ Es ist unnötig, diesen Punkt näher zu beleuchten.

9. Arten oder Varietäten, die sich in der Farbe erheblich unterscheiden, können nebeneinander existieren, wie die Nebel- und Aaskrähen, die weiß- und dunkelbrüstigen Formen der Raubmöwe, die blassen und dunklen Formen des Eissturmvogels, die grauen und rötlichen Formen der Zwergohreule (*Megascops asio*).

Es ist wahr, dass das Überwiegen der einen oder anderen Form in bestimmten Bezirken auf einen Vorteil hindeutet, den die eine gegenüber der anderen besitzt, aber soweit wir wissen, kann dies auf Vererbung und auf jeden Fall auf das Nebeneinanderbestehen der beiden Typen zurückzuführen sein in einem Teil ihres

Verbreitungsgebiets oder zu bestimmten Jahreszeiten zeigt, dass die Auswahl überhaupt nicht streng ist.

Das gleiche Argument gilt für die Koexistenz sehr unterschiedlich gefärbter Arten mit im Allgemeinen ähnlichen Gewohnheiten, wie etwa dem Jaguar und dem Puma in Südamerika und den fünf sehr unterschiedlich gefärbten Fliegenschnäppern in den Nilgiri-Hügeln.

Blattschmetterlinge

Kurz gesagt, es gibt zahlreiche Belege dafür, dass erhebliche Farbunterschiede offenbar keinen Einfluss auf die Überlebenschancen derjenigen haben, die sie im Kampf ums Dasein aufweisen. Doch genau das können die Anhänger der darwinistischen Hypothese nicht zugeben, denn dann ist es ihnen unmöglich, den Ursprung einer Form wie *Kallima* , des Blattschmetterlings, durch die Wirkung natürlicher Selektion zu erklären. Wie die meisten Menschen wissen, weist dieses Geschöpf eine bemerkenswerte Ähnlichkeit mit einem verwesenden Blatt auf. „Diese Schmetterlinge" (es gibt mehrere Arten, die diese wunderbare Nachahmung zeigen), schreibt Kellog auf Seite 53 von *Darwinism To-day* , „haben die Unterseiten sowohl der Vorder- als auch der Hinterflügel so gefärbt und gestreift, dass sie, wenn sie über den Rücken gelegt werden, nach innen zeigen Wie bei ruhenden Schmetterlingen üblich, ähneln die vier Flügel mit absurder Genauigkeit einem toten Blatt, das noch mit einem kurzen Blattstiel am Zweig oder Ast befestigt ist. Ich sage absurd, denn mir scheint, dass die Ähnlichkeit zu stark ausgeprägt ist. Sicherheitshalber geht es hier nicht darum, einen bestimmten anderen Organismus oder ein unbelebtes Ding in der Natur nachzuahmen, das Vögel nicht belästigen. Es soll lediglich die Wirkung eines toten Blattes auf einem Ast erzeugt werden. Für diese Illusion sind die Blattform und das allgemeine Farbschema toter Blätter erforderlich. Aber sind diese folgenden Dinge notwendig? nämlich eine außerordentlich getreue Darstellung der Mittelrippen- und Seitenvenen, sogar bis hin zu schwachen, mikroskopisch spitz zulaufenden Venenspitzen; ein perfekter kurzer Blattstiel, der durch die aneinanderliegenden „Schwänze" der Hinterflügel entsteht; ein Verbergen des Kopfes des Schmetterlings, damit er die Umrisse des seitlichen Blattrandes nicht beeinträchtigt; und schließlich zarte kleine Flocken in Violett oder Gelbbraun, die Fäulnisflecken und von Pilzen befallene Stellen im Blatt nachahmen! Und als Höhepunkt ein winziger kreisförmiger klarer Fleck in den Vorderflügeln

(Endteil des Blattes), der ein wurmstichiges Loch oder ein Durchstechen des trockenen Blattes durch herumfliegende Splitter oder den vollständigen Verfall eines kleinen Flecks darstellen soll wegen Pilzbefall! Ein allgemeiner und hinreichender Eindruck eines toten Blattes, Gegenstand des aktiven Interesses eines Vogels, ja, aber kein totes Blatt, das mit der Treue der Wachsfigurenkabinetts in den modernen Naturkundemuseen modelliert wurde. Als die natürliche Auslese Kallima zu dem äußerst wünschenswerten Stadium gebracht hat, in dem es im Allgemeinen so einem toten Blatt ähnelte, dass jeder vorbeifliegende Vogel es nur noch als ein braunes Blatt sah, das unsicher an einem halb abgestreiften Ast festhielt, war es die Pflicht der natürlichen Auslese , in Übereinstimmung mit seinen Verpflichtungen gegenüber seinen Machern, die weitere Modellierung von Kallima zu stoppen und es einfach an seinem kaum erkämpften Vorteil festzuhalten. Aber was passiert? Kallima setzt seinen Weg fort, gezielt und absurderweise tot , bis es heute ein viel zu fragiles Ding ist, als dass es von seinen eher ängstlichen Pflegeeltern, den neodarwinistischen Selektionisten, anders als sehr behutsam gehandhabt werden könnte." Wenn die natürliche Selektion einen so hochspezialisierten Organismus wie den toten Blattschmetterling hervorgebracht hat, ist es offensichtlich, dass jede noch so kleine Variation von Wert sein und von der natürlichen Selektion erfasst worden sein muss.

Ein Dilemma

Somit stehen die Wallaceianer vor einem Dilemma. Wenn sie behaupten, was sie zu tun scheinen, dass jede unendlich kleine Variation einen Überlebenswert hat, fällt es ihnen schwer, die Existenz von Formen wie der Nebelkrähe und der Aaskrähe nebeneinander zu erklären und zu sagen, warum es bei einigen Vogelarten beides gibt Die beiden Geschlechter nehmen genau dann ein auffälliges Hochzeitsgefieder an, wenn sie eine schützende Färbung am meisten benötigen. Deshalb ist der Paradiesschnäpper in den ersten beiden Lebensjahren kastanienbraun und wird dann schneeweiß. Wenn die Wallaceianer andererseits behaupten, dass kleine Variationen unwichtig seien und keinen Überlebenswert hätten, stecken sie, wie Kellog betont, in Schwierigkeiten wegen der großen und detaillierten Ähnlichkeit, die die Kallima-Schmetterlinge mit toten Blättern haben.

10. Ein von Conn, Henslow, D. Dewar und anderen vorgebrachter Einwand gegen die darwinistische Theorie besteht

darin, dass die Selektionstheorie die Auswirkungen des Zufalls nicht berücksichtigt. „Wenn", schreibt D. Dewar auf Seite 707 von *The Albany Review*, Bd. ii. „Der Kampf ums Dasein hätte die Art eines Rennens bei einem gut geregelten Sporttreffen, bei dem die Teilnehmer einen fairen Start erhalten, bei dem es in der Tat keinen Unterschied in den Bedingungen gibt, denen die verschiedenen Läufer ausgesetzt sind." Würde jede Variation es verraten? Ich würde den Kampf ums Dasein eher mit der Eile vergleichen, aus einem überfüllten Theater mit mangelhaften Ausgängen herauszukommen, wenn ein Feueralarm gegeben wird. Die Menschen, die fliehen sollen, sind nicht unbedingt die Stärksten der Anwesenden. Die Nähe zu einer Tür kann ein wertvolleres Gut sein als Stärke."

Oder wir nehmen den imaginären Fall an, dass einige Antilopen von Wölfen verfolgt werden. Die Verfolgung dauert länger und führt die Antilopen an einen Ort, den sie nicht kennen. Der Erste der Herde, der Schnellste und daher das Individuum, das die besten Überlebenschancen haben sollte, findet sich plötzlich auf weichem, sumpfigem Boden wieder, der ihm durch die Tiefe, in die seine Füße in den Boden einsinken, ernsthaft das Fortkommen erschwert . Als seine inzwischen überholten Artgenossen seine missliche Lage erkannten, schlugen sie einen anderen Kurs ein und ließen ihn bald zurück, um eine leichte Beute für seine Feinde zu werden. Hier haben wir es mit dem Untergang der Besten zu tun, was den wichtigen Punkt der Geschwindigkeit betrifft.

Die Auswirkungen des Zufalls

Professor Henslow schreibt über Pflanzen auf Seite 16 von „ *The Heredity of Acquired Characters in Plants* ": „Da das gesamte Tierreich letztlich von der Pflanze lebt, müssen die Pflanzen die gesamte Menge an zugeführter Nahrung liefern, nicht um unzählige pflanzliche Parasiten hinzuzufügen." auch für Jung und Alt. Myriaden keimender Samen gehen dementsprechend zugrunde und werden durch Schnecken und andere Weichtiere, „Mehltau" usw. zerstört. Aber viel mehr Samen und Sporen – etwa 50.000.000 davon können schätzungsweise in einem einzelnen Wurmfarn vorkommen – keimen überhaupt nicht . Sie fallen dort hin, wo die Lebensbedingungen ungünstig sind, und gehen zugrunde. Dieses Unglück ist nicht auf mangelnde Anpassungsfähigkeit an sich zurückzuführen, sondern auf die Umgebungsbedingungen, die sie nicht keimen lassen. So fallen Tausende von Eicheln und anderen Früchten, wie z. B. Holunder, auf den Boden in und neben unseren Hecken, Straßenrändern, Gehölzen und anderswo; aber um die Bäume herum sind kaum oder gar keine Sämlinge zu sehen."

Jedes Jahr sterben Tausende von Vögeln auf dem großen Zugflug, andere erliegen einem Zyklon, einem heftigen tropischen Sturm, einer anhaltenden Dürre oder einem strengen Frost. Hier überfällt der Tod die Massen, alle, die an einem Ort leben, die Schwachen und die Starken, die Schnellen und die Langsamen gleichermaßen.

Diesem Einwand kann entgegnet werden, indem man sagt, dass auf lange Sicht der Stärkste überlebt. Das ist wahr. Der Einwand ist dennoch wichtig, um zu zeigen, wie außerordentlich unsicher die Wirkung der natürlichen Selektion sein muss, wenn sie nur kleine Variationen hat, mit denen man arbeiten kann. Unter solchen Umständen mahlen die Mühlen der natürlichen Auslese zwar sicher, aber sie müssen sehr langsam mahlen.

11. Wir müssen bedenken, dass der Kampf ums Dasein bei jungen Tieren, bei Lebewesen, die noch nicht vollständig entwickelt sind, am heftigsten ist. Die Natur achtet nicht auf Möglichkeiten. Die Schwachen gehen im Konflikt an die Wand, auch wenn sie sich, wenn man ihnen Zeit lässt, zu Wunderkindern der Stärke entwickeln könnten.

Darüber hinaus, und das ist ein wichtiger Punkt, trifft der Tod bei jungen Lebewesen eher Bruten und Familien als einzelne Tiere.

Die oben zitierten Einwände gegen die Theorie, dass Arten durch die Wirkung natürlicher Selektion auf winzige Variationen entstanden sind, sind meist allgemeiner Natur; Lassen Sie uns nun noch kurz auf einige konkretere Einwände eingehen. Wir werden ihnen in diesem Kapitel nicht viel Raum widmen, da wir bei der Behandlung des Themas Tierfärbung immer wieder mit ihnen konfrontiert werden.

Der Ursprung der Mimikry

12. Wie wir sehen werden, erklärt die natürliche Selektion nicht den Ursprung dessen, was als schützende Mimikry bekannt ist. Manche Insekten sehen aus wie unbelebte Objekte, andere ähneln anderen Insekten, von denen man annimmt oder weiß, dass sie ungenießbar sind. Jene Kreaturen, die diese Ähnlichkeit mit anderen Objekten oder Kreaturen aufweisen und daraus Profit ziehen, sollen die Objekte oder Kreaturen, die sie kopieren, „nachahmen". Sie werden auch „Mimics" genannt. Es ist leicht

zu verstehen, welchen Gewinn diese Nachahmer aus ihrer Nachahmung ziehen. Wenn die Tarnung erst einmal angenommen wurde, können wir verstehen, wie die natürliche Selektion dazu tendieren wird, sie zu verbessern, indem sie diejenigen eliminiert, die sich schlecht imitieren; aber es scheint uns, dass die Theorie den Ursprung der Ähnlichkeit überhaupt nicht erklärt.

13. In ähnlicher Weise gelingt es der neodarwinistischen Theorie nicht, die Farben der Eier von Vögeln, die in offene Nester gelegt werden, zu erklären, weshalb beispielsweise die Eier des Akzent- oder Heckensperlings blau und die der Tauben weiß sind.

14. Die Theorie liefert keine zufriedenstellende Erklärung für die Phänomene des Sexualdimorphismus. Warum zum Beispiel bei einigen Tauben- und Entenarten die Geschlechter gleich sind, während sie sich bei anderen Arten mit ähnlichen Gewohnheiten im Aussehen unterscheiden.

15. Es erklärt nicht, warum der Turm schwarz ist und warum die Dohle einen grauen Hals hat.

Auf diese und viele andere Einwände werden wir im Kapitel über die Tierfärbung ausführlicher eingehen. Es muss hier genügen, sie zu erwähnen und zu sagen, dass unsere Erfahrung uns lehrt, dass es kaum eine einzige Vogel- oder Tierart gibt, die nicht ein Merkmal aufweist, das mit der Theorie, dass die natürliche Auslese, die auf kleine Variationen einwirkt, unerklärlich ist, unerklärlich ist und einzige Ursache der organischen Evolution.

KAPITEL III
VARIATION

Die Annahme von Darwin und Wallace, dass Variationen zufälligen Ursprungs und in ihrer Richtung unbestimmt sind – Wenn diese Annahmen nicht korrekt sind, hört die natürliche Selektion auf, der grundlegende Faktor in der Evolution zu sein – **Darwins** Ansichten bezüglich Variationen wurden geändert – Er erkannte schließlich das Unterscheidung zwischen bestimmten und unbestimmten Variationen und zwischen kontinuierlichen und diskontinuierlichen Variationen – Darwin legte weder auf bestimmte noch auf diskontinuierliche Variationen großen Wert – Darwins **Ansichten** über die Ursachen von Variationen – Kritik an Darwins Ansichten – Variationen scheinen so zu sein treten entlang bestimmter, eindeutiger Linien auf. – Es scheint eine Grenze für das Ausmaß zu geben, in dem schwankende Variationen akkumuliert werden können – De Vries ' Experimente – Bateson über „ diskontinuierliche Variation " – Ansichten von De Vries – Unterscheidung zwischen kontinuierlicher und kontinuierlicher Variation Diskontinuierliche Variationen – Die Arbeit von De Vries – Vorteile , die der Botaniker bei Experimenten zur Artenbildung genießt – Schwierigkeiten , denen der Tierzüchter begegnet – Mutationen bei Tieren – Die Unterscheidung zwischen Keim- und somatischen Variationen – Letztere , Obwohl sie nicht an die Nachkommen weitergegeben werden, sind sie für ihren Besitzer im Kampf ums Dasein oft von erheblichem Wert.

Natur der Variation

Wie wir bereits gesehen haben, versucht die Darwinsche Theorie im Gegensatz zu der von Lamarck nicht, den Ursprung von Variationen zu erklären. Sie begnügt sich damit, dass es zu Abweichungen kommt.

Obwohl Darwin nicht versuchte zu erklären, wie es zu Variationen kommen kann, und bei den Ausdrücken, die er dazu verwendete, sehr zurückhaltend war, ging er davon aus, dass Variationen in ihrer Vielfalt unbegrenzt sind und wahllos in alle Richtungen auftreten, wie die folgenden Zitate aus „Origin of Species" *zeigen* wird zeigen: „Aber die Zahl und Vielfalt der vererbbaren Strukturabweichungen ..." . . sind endlos" (Seite 14, Hrsg. 1902). „Die Schwankungen sollen äußerst gering, aber möglichst vielfältig sein." „Ich habe bisher manchmal so gesprochen, als ob die Variationen, die bei organischen Wesen unter Domestizierung und in geringerem Maße auch bei denen in der Natur so häufig und vielfältig sind, auf Zufall zurückzuführen wären. Dies ist natürlich ein völlig falscher Ausdruck, aber er dient dazu, deutlich unsere Unkenntnis über die Ursache jeder einzelnen Variation anzuerkennen" (Seite 164).

Wallace ist in seinem Gesichtsausdruck weitaus weniger zurückhaltend. Auf Seite 82 seines *Darwinismus* spricht er von „der ständigen und großen Variation jedes Teils in alle Richtungen". . . die bei Bedarf einen ausreichenden Vorrat an günstigen Variationen bieten muss."

Die doppelte Annahme, dass Variationen praktisch zufälligen Ursprungs und in ihrer Richtung unbestimmt sind, ist notwendig, wenn die natürliche Selektion der Hauptfaktor in der Evolution sein soll. Denn wenn Variationen nicht zufällig sind, wenn sie eindeutig sind, wenn ihnen eine richtungsweisende Kraft zugrunde liegt, wie das Schicksal hinter den klassischen Göttern, dann ist Selektion nicht die grundlegende Ursache der Evolution. Es kann sich höchstens nicht auf die Entstehung von Arten auswirken, sondern auf das Überleben bestimmter Arten, die als Ergebnis einer anderen Kraft entstanden sind. Seine Position wird geändert; Es ist nicht mehr die Ursache für die Entstehung neuer Organismen, sondern ein Sieb, das bestimmt, welche bestimmten fertigen Formen überleben. Offensichtlich werden wir den Evolutionsprozess erst dann vollständig verstehen können, wenn wir herausgefunden haben, wie es zu Variationen kommt. Mit anderen Worten: Wir müssen wesentlich weiter gehen, als Darwin zu tun versuchte.

Bevor wir uns mit der Untersuchung der wahren Natur von Variationen befassen, sollten wir kurz die Ideen Darwins zu diesem Thema darlegen. Dann werden wir in der Lage sein zu sehen, welche Fortschritte seit den Tagen dieses großen Biologen gemacht wurden.

Es ist gar nicht so einfach, genau herauszufinden, welche Ansichten Darwin zum Thema Variation vertrat. Eine Lektüre seiner Werke offenbart Widersprüche und erweckt den Eindruck, dass er selbst kaum wusste, was er zu diesem Thema dachte. Dies sollte keine Überraschung sein.

Wir müssen uns daran erinnern, dass Darwin Pionierarbeit leisten musste, dass er sich mit völlig neuen Konzepten auseinandersetzen musste. Unter diesen Umständen waren seine Vorstellungen zwangsläufig etwas verschwommen; Sie erfuhren erhebliche Änderungen, als ihm neue Fakten bekannt wurden.

Bestimmte und unbestimmte Variabilität

Gegen Ende seines Lebens erkannte Darwin, dass es zwei Arten von Variabilität gibt – definitiv und unbestimmt. Unbestimmte Variation ist eine wahllose Variation in alle Richtungen um einen Mittelwert, eine Variation, die dem gehorcht, was wir vielleicht das Gesetz des Zufalls nennen könnten. Definitive Variation ist Variation in einer bestimmten Richtung – Variation hauptsächlich auf einer Seite des Mittelwerts. Darwin glaubte, dass diese bestimmten Variationen durch äußere Kräfte verursacht wurden und dass sie vererbt werden. Er akzeptierte somit Lamarcksche Faktoren. „Jede der endlosen Variationen", schreibt er, „die wir im Gefieder unserer Vögel sehen, muss eine wirksame Ursache gehabt haben, und wenn dieselben Ursachen über eine lange Reihe von Generationen hinweg bei vielen Individuen gleichmäßig wirken würden, dann wahrscheinlich sogar." würde in die gleiche Richtung geändert werden."

Aber Darwin war immer der Meinung, dass diese eindeutige Variabilität, diese Variabilität in eine Richtung als Ergebnis einer festen Ursache, aus evolutionärer Sicht weitaus weniger wichtig ist als die unbestimmte Variabilität, dass sie eher die Ausnahme als die Regel ist. dass das übliche Ergebnis veränderter Bedingungen darin besteht, eine Flut unbestimmter Variabilität auszulösen, und dass die natürliche Selektion fast ausschließlich darauf wirkt.

Darwin erkannte auch, dass sich Variationen im Grad unterscheiden, ebenso wie in der Art. Er stellte fest, dass einige Variationen viel ausgeprägter sind als andere. Er erkannte den Unterschied zwischen den sogenannten kontinuierlichen und diskontinuierlichen Variationen. Bei ersteren handelt es sich um leichte Abweichungen vom Normalzustand; Letztere stellen erhebliche Abweichungen vom Mittelwert oder Modus dar; große Sprünge, sozusagen von der Natur übernommen, wie zum Beispiel die Erbsen- und die Rosenwabe der Vögel, die aus der normalen Einzelwabe hervorgegangen sind.

Monstrositäten

„In langen Zeitabständen", schrieb Darwin, „entstehen bei Millionen von Individuen, die im selben Land aufgewachsen sind und sich von fast der gleichen Nahrung ernährt haben, Abweichungen in der Struktur, die so stark ausgeprägt sind, dass sie es verdienen, als Monstrositäten bezeichnet zu werden, aber Monstrositäten können nicht getrennt werden." durch jede deutliche Linie von leichteren Variationen." Daher ist es offensichtlich, dass er den Unterschied zwischen kontinuierlichen und diskontinuierlichen Variationen nicht als einen der Art, sondern lediglich als einen Grad betrachtete. Den diskontinuierlichen Variationen maß Darwin aus evolutionärer Sicht nur sehr geringe Bedeutung bei. Er betrachtete sie als etwas Ungewöhnliches.

„Es kann bezweifelt werden", schrieb er, „ob solche plötzlichen und erheblichen Strukturabweichungen, wie wir sie gelegentlich in unseren heimischen Produktionen, insbesondere bei Pflanzen, sehen, jemals dauerhaft in einem Naturzustand fortgepflanzt werden." Fast jeder Teil jedes organischen Wesens ist so wunderbar mit seinen komplexen Lebensbedingungen verknüpft, dass es ebenso unwahrscheinlich erscheint, dass irgendein Teil plötzlich perfekt hergestellt worden sein könnte, wie dass eine komplexe Maschine von einem Menschen in einem perfekten Zustand erfunden worden sein könnte. Bei der Domestizierung treten manchmal Monstrositäten auf, die bei ganz unterschiedlichen Tieren normale Strukturen aufweisen. So wurden Schweine gelegentlich mit einer Art Rüssel geboren, und wenn irgendeine wilde Art derselben Gattung von Natur aus einen Rüssel besessen hätte, hätte man argumentieren können, dass dieser als Monstrosität erschienen sei; aber es ist mir nach sorgfältiger Suche bisher nicht gelungen, Fälle von Monstrositäten zu finden, die normalen Strukturen in nahezu verwandten Formen ähneln, und diese allein haben Einfluss auf die Frage. Sollten monströse Formen dieser Art jemals in einem Naturzustand auftreten und zur Fortpflanzung fähig sein (was nicht immer der Fall ist), da sie selten und einzeln vorkommen, wäre ihre Erhaltung von ungewöhnlich günstigen Umständen abhängig. Außerdem würden sie sich in der ersten und den folgenden Generationen mit der gewöhnlichen Form kreuzen, und so würde ihr abnormaler Charakter fast unweigerlich verloren gehen." Doch in einer späteren Ausgabe von „ *Origin of Species* " scheint Darwin der obigen Behauptung zu widersprechen: „Es sollte jedoch nicht übersehen werden, dass bestimmte ziemlich stark ausgeprägte Variationen, die niemand als bloße individuelle

Unterschiede einstufen würde, aufgrund von häufig wiederkehren." eine ähnliche Organisation wurde in ähnlicher Weise behandelt – wofür es bei unseren inländischen Produktionen zahlreiche Beispiele gibt. Wenn in solchen Fällen das sich verändernde Individuum seinen neu erworbenen Charakter nicht tatsächlich an seine Nachkommen weitergab, würde es ihnen, solange die bestehenden Bedingungen dieselben blieben, zweifellos eine noch stärkere Tendenz vererben, auf die gleiche Weise zu variieren. Es besteht auch kaum ein Zweifel daran, dass die Tendenz, auf die gleiche Weise zu variieren, oft so stark war, dass alle Individuen derselben Art ohne die Hilfe irgendeiner Form der Selektion in ähnlicher Weise verändert wurden. Oder nur ein Drittel, ein Fünftel oder ein Zehntel der Individuen waren davon betroffen, wofür es mehrere Beispiele geben könnte. So schätzt Graba, dass etwa ein Fünftel der Trottellummen auf den Färöer-Inseln aus einer so ausgeprägten Varietät bestehen, dass sie früher als eigenständige Art unter dem Namen *Uria lacrymans eingestuft wurde* . In Fällen dieser Art würde, wenn die Variation vorteilhafter Natur wäre, die ursprüngliche Form bald durch die modifizierte Form ersetzt werden, und zwar durch das Überleben des Stärkeren." Hier scheinen wir eine klare Aussage über die Entstehung neuer Formen durch Mutation zu haben.

Minutenvariationen

dh den Menschen) nützliche Variationen sind wahrscheinlich plötzlich oder in einem Schritt entstanden; Viele Botaniker glauben zum Beispiel, dass die Fuller-Karde mit ihren Haken, die durch keine mechanische Vorrichtung zu übertreffen sind, nur eine Varietät des wilden Dipsacus ist; und dieses Ausmaß an Veränderung kann bei einem Sämling plötzlich aufgetreten sein. Dies ist bekanntermaßen beim Drehspießhund der Fall." [2] Aber wie wir bereits gesagt haben, hat Darwin diesen Sprüngen der Natur als Faktor der Evolution zu keinem Zeitpunkt große Bedeutung beigemessen. Er hielt seinen Glauben an die winzigen, unbestimmten Variationen, von denen er glaubte, dass sie übereinander gestapelt werden könnten, so dass entweder die Natur oder der menschliche Züchter, wenn genügend Zeit gegeben würde, durch eine kontinuierliche Auswahl dieser winzigen Variationen entstehen könnten jede Art von Organismus. Die Bedeutung der Selektion, schreibt er, „besteht in der großen Wirkung, die durch die Anhäufung von Unterschieden in einer Richtung während aufeinanderfolgender

Generationen erzeugt wird, die für ein ungebildetes Auge absolut nicht wahrnehmbar sind" (Seite 36). Auf Seite 132 schreibt er: „Ich kann keine Grenzen für das Ausmaß der Veränderung, für die Schönheit und Komplexität der Koadaptionen zwischen allen organischen Wesen erkennen." . . was möglicherweise im Laufe der Zeit durch die Selektionskraft der Natur bewirkt wurde [3] ." Er stellt auf Seite 149 ausdrücklich fest, dass er keinen Grund sieht, den Prozess allein auf die Bildung von Gattungen zu beschränken.

Obwohl die Theorie der natürlichen Selektion nicht versucht, die Ursachen der Variation zu erklären, widmete Darwin dem Thema einige Aufmerksamkeit. Er glaubte, dass sowohl interne als auch externe Ursachen zur Variation beitragen und dass Variationen dazu neigen, vererbt zu werden, unabhängig davon, ob sie das Ergebnis von Ursachen innerhalb oder außerhalb des Organismus sind. Er glaubte, dass die vererbte Wirkung von Gebrauch und Nichtgebrauch eine Ursache für Variationen sei, und führte als Beispiele die leichteren Flügelknochen und schwereren Beinknochen der Hausente sowie die herabhängenden Ohren einiger Haustiere an. Er vermutete, dass Tiere während der Domestizierung eine größere Tendenz zur Veränderung zeigten als in ihrem natürlichen Zustand, und führte die angeblich größere Variabilität auf den Überschuss an aufgenommener Nahrung und die veränderten Lebensbedingungen von Haustieren zurück. Dennoch war er sich der Tatsache vollkommen bewusst, dass „nahezu ähnliche Variationen manchmal unter, soweit wir das beurteilen können, unterschiedlichen Bedingungen entstehen; und andererseits entstehen unterschiedliche Variationen unter Bedingungen, die nahezu einheitlich zu sein scheinen." Mit anderen Worten: Die Natur der Organismen schien für Darwin ein wichtigerer Faktor für die Entstehung von Variationen zu sein als äußere Bedingungen. Ein Beweis dafür ist die Tatsache, dass einige Tiere variabler sind als andere. Schließlich gab er offen zu, wie groß seine Unkenntnis über die Ursachen der Variabilität sei. Die Variabilität unterliegt seiner Aussage nach unbekannten Gesetzen, die unendlich komplex sind.

Variationslinien

Es wird sinnvoll sein, jede von Darwins Hauptideen zur Variation separat zu behandeln und zu überlegen, inwieweit sie im Lichte späterer Forschungen einer Modifikation bedürfen.

Erstens glaubte Darwin, dass Variationen auf scheinbar zufällige Weise entstehen, dass sie in alle Richtungen auftreten und denselben Gesetzen wie der Zufall unterliegen. Wir glauben, dass wir jetzt in der Lage sind, eindeutigere Aussagen über Variationen zu machen, als Darwin dazu in der Lage war.

Biologen können nun mit Sicherheit behaupten, dass Variationen nicht immer in alle Richtungen gleichermaßen auftreten. Dies zeigen die Ergebnisse langjähriger Bemühungen praktischer Züchter. Diese Männer waren nicht in der Lage, ein grünes Pferd, eine Taube mit abwechselnd schwarzen und weißen Federn am Schwanz oder eine Katze mit Rüssel hervorzubringen, und zwar aus dem einfachen Grund, dass die Organismen, mit denen sie operierten, sich in der Natur nicht verändert hatten gewünschte Richtung. Man könnte vielleicht einwenden, dass die Züchter keine Lust haben, solche Formen zu erzeugen; Hätten sie es gewollt, wäre es ihnen wahrscheinlich gelungen. Auf diesen Einwand können wir entgegnen, dass es ihnen nicht gelungen ist, viele Organismen hervorzubringen, die aus Züchtersicht sehr wünschenswert wären, wie zum Beispiel eine blaue Rose, Hennen, die braune Eier legen, aber zu bestimmten Jahreszeiten nicht brüten des Jahres oder eine Katze, die nicht kratzen kann.

Wie Mivart auf Seite 118 seiner *Genesis of Species treffend sagt* : „Es scheint nicht nur, dass es Hindernisse gibt, die Veränderungen in bestimmte Richtungen entgegenstehen, sondern auch, dass es positive Tendenzen zur Entwicklung entlang bestimmter spezieller Linien gibt." Bei einem Vogel, der wie die Taube gehalten und untersucht wurde, ist es schwer zu glauben, dass bemerkenswerte spontane Variationen von den Züchtern unbemerkt bleiben würden oder dass sie nicht von irgendeinem Züchter betreut und entwickelt worden wären. Unter der Annahme einer unbestimmten Variabilität ist es dann schwer zu sagen, warum es nie Tauben mit Schnäbeln wie Tukane oder mit bestimmten verlängerten Federn wie denen von Trogonen oder Paradiesvögeln gegeben hat."

Es gibt bestimmte Linien, in denen es scheinbar nie zu Abweichungen kommt. Nehmen wir den Schwanz eines Vogels. Obwohl dieses Organ variabel ist, gibt es bestimmte Schwanzarten, die weder bei Wildarten noch bei domestizierten Rassen vorkommen. Ein Schwanzfortsatz, dessen Federn abwechselnd gefärbt sind, kommt weder bei Wildarten noch bei künstlichen Züchtungen vor. Aus irgendeinem Grund treten Abweichungen in dieser Richtung nicht auf. Ähnlich verhält es sich mit Ausnahme einer oder zweier „Noddy"-Seeschwalben: Immer wenn ein Vogel eine seiner Schwanzfedern erheblich länger als die anderen hat, ist es immer das äußere Paar oder das mittlere Paar, die so verlängert sind. Es scheint daher, dass Variationen, bei denen die anderen Federn besonders verlängert sind, normalerweise nicht vorkommen. Die Tatsache, dass sie bei zwei oder drei wildlebenden Arten verlängert sind, ist umso bedeutsamer, als sie zeigt, dass es offensichtlich nicht schädlich für das Wohlergehen einer Art ist, wenn beispielsweise das dritte Paar Schwanzfedern von der Mitte aus außergewöhnlich verlängert ist.

Prahlereien der Züchter

Dies ist ein äußerst wichtiger Punkt, der von der Mehrheit der Wissenschaftler ignoriert zu werden scheint, da sie sich durch die prahlerischen Reden bestimmter erfolgreicher Züchter in die Irre führen lassen. So zitiert Darwin auf Seite 29 von „Origin of Species" mit Zustimmung Youatts Beschreibung der Selektion als „den Zauberstab des Zauberers, mit dessen Hilfe er jede Form und Gestalt, die ihm gefällt, zum Leben erwecken kann". Darwin zitiert außerdem Sir John Sebright mit den Worten in Bezug auf Tauben, dass er „jede Feder in drei Jahren hervorbringen würde, aber es würde sechs Jahre dauern, bis er Kopf und Schnabel bekommt."

Wenn es absolut möglich wäre, durch Selektion etwas hervorzubringen, würden Gärtner mit ziemlicher Sicherheit vorher eine rein schwarze Blume hervorgebracht haben. Die Tatsache, dass es weder in der Natur noch bei der Domestizierung ein einziges Säugetier mit scharlachrotem, blauem oder grünem Haar gibt, scheint zu zeigen, dass Säugetiere aus irgendeinem Grund in keiner dieser Richtungen variieren.

Die Tatsache, dass so wenige Tiere Greifschwänze entwickelt haben, scheint darauf hinzudeuten, dass Variationen in dieser Richtung nicht oft auftreten, denn offensichtlich ist ein Greifschwanz für seinen Besitzer von größtem Nutzen; so dass es wenig Raum für Zweifel daran geben kann, dass es, wann immer es vorkam, durch natürliche Auslese erfasst und erhalten würde.

Wie EH Aitken ganz treffend sagt: „Eine so frühe und nützliche Erfindung hätte, sollte man meinen, in späterer Zeit weite Verbreitung gefunden haben; Es scheint jedoch einige Schwierigkeiten zu geben, Muskeln am dünnen Ende eines langen

Schwanzes zu entwickeln, denn es gibt nur wenige Tiere, die ihn in ein Greiforgan verwandelt haben, und sie sind weit verstreut. Beispiele sind das Chamäleon unter den Echsen, unsere eigene kleine Zwergmaus und vor allem die amerikanischen Affen" (*Strand Magazine* , November 1908).

So wie es viele Variationen gibt, die in der Natur scheinbar nie vorkommen, gibt es auch andere, die so häufig vorkommen, dass man sie bei jeder Art finden kann. Albinistische Formen treten hin und wieder bei fast allen Säugetier- und Vogelarten auf; während melanistische Sportarten zwar nicht so häufig, aber keineswegs selten sind.

Jedes vollständige Handbuch über Geflügel enthält für jede Rasse einen Hinweis auf die Fehler, die ständig auftreten und auf die der Züchter sorgfältig achten und vor denen er sich hüten muss. Die Tatsache, dass diese „Fehler" bei jeder Rasse so häufig auftreten, zeigt, wie stark die Tendenz ist, in bestimmte Richtungen zu variieren. Es ist wahr, dass einige dieser Fehler in der Natur von Umkehrungen liegen, wie zum Beispiel das Auftreten roter Nackenhaare an den Hähnen schwarzer Geflügelrassen. Andererseits handelt es sich bei einigen sicherlich nicht um Umkehrungen, wie zum Beispiel das Auftreten eines weißen Rings im Hals des Weibchens der Rouen-Ente, das hinsichtlich des Gefieders des Halses der Stockente ähneln dürfte. Auch hier muss die Tendenz der Buff Orpingtons, Weiß an den Flügeln und am Schwanz anzunehmen, als eine Variation angesehen werden, die nicht den Charakter einer Umkehrung hat. Kurz gesagt, die Bemühungen aller Züchter zielen größtenteils darauf ab, die Tendenzen der Tiere zur Variation in bestimmte Richtungen zu bekämpfen.

Albinistische Variationen

Diese Tendenz, in Richtung des Weißgrades zu variieren, könnte für viele der in der Natur vorkommenden weißen Abzeichen verantwortlich sein, wie zum Beispiel für die weißen Schwänze des Seeadlers (Haliaetus albicilla), *der* Nikobarentaube (*Caloenas nicobarica*) und vieler Nashornvögel. Vorausgesetzt, dass solche Variationen für ihre Besitzer im Kampf ums Dasein kein allzu großes Hindernis darstellen, wird ihnen die natürliche Selektion das Fortbestehen ermöglichen.

Es war der auf Erfahrung basierende Glaube von Linné, dass jede blaue oder rot gefärbte Blume wahrscheinlich eine weiße Sorte hervorbringt, weshalb er der Ansicht war, dass es nicht sicher sei, sich bei der Identifizierung einer botanischen Art auf die Farbe zu verlassen.

Andererseits ist es unwahrscheinlich, dass weiße Blüten rote Sorten hervorbringen, und wir glauben, dass wir mit Fug und Recht behaupten können, dass sie niemals eine blaue Sorte hervorbringen. Ebenso scheinen weiße Tiere keine Farbvarietäten hervorzurufen.

Wir sind nie überrascht, wenn wir feststellen, dass eine gewöhnliche aufrechte Pflanze als Sport oder Mutation eine hängende oder fastige Form hervorbringt. Es sei darauf hingewiesen, dass diese abweichenden Varietäten bei Arten vorkommen, die ganz unterschiedlichen Ordnungen angehören.

De Vries weist darauf hin, dass gespaltene Blätter bei so weit voneinander entfernten Bäumen und Sträuchern wie der Walnuss, der Buche, der Haselnuss und der Rübe vorkommen.

Ein weiteres Beispiel für die Eindeutigkeit der Variation ist das, was Grant Allen das „Gesetz der progressiven Färbung" von Blumen nennt.

Auf den Seiten 20 und 21 von *„Die Farben der Blumen"* schreibt er: „Wie wir wissen, weisen alle Blumen leicht ein wenig Farbe auf. Die Frage ist jedoch: Folgen ihre Veränderungen tendenziell einer regelmäßigen und eindeutigen Reihenfolge? Gibt es irgendeinen Grund zu der Annahme, dass die Veränderung von einer Farbe zu einer anderen verläuft? Anscheinend gibt es das. . . . Alle Blumen, so scheint es, waren in ihrer frühesten Form gelb; dann wurden einige von ihnen weiß; danach wurden einige von ihnen rot oder violett; und schließlich erwarb eine vergleichsweise kleine Anzahl die verschiedenen Schattierungen von Flieder, Lila, Violett oder Blau."

Überentwicklung

So gibt es bei Tieren viele Farbmuster und -strukturen, die in ganz unterschiedlichen Gattungen vorkommen, wie zum Beispiel die Elsterfärbung bei Vögeln. Mit diesem Phänomen werden wir uns ausführlicher befassen, wenn wir von der Tierfärbung sprechen. Es gibt sicherlich nicht wenige Beweise, die darauf hindeuten, dass bestimmten Organen aus irgendeinem Grund ein Anstoß gegeben wurde, sich entlang einer bestimmten Linie zu entwickeln. Ein typisches Beispiel dafür ist die Verringerung der Ziffernzahl in mehreren Säugetierfamilien, die nicht annähernd verwandt sind. Dieses Phänomen wird, wie Cope betont, bei

Beuteltieren, Nagetieren, Insektenfressern, Fleischfressern und Huftieren beobachtet. Als Lamarckianer führt er dies auf die ererbten Auswirkungen des Gebrauchs zurück. Die Wallaceianer führen dies ausschließlich auf die Wirkung der natürlichen Selektion zurück. Die Annahme einer Wachstumskraft oder Tendenz zur Entwicklung einer Ziffer auf Kosten der anderen würde das Phänomen ebenso gut erklären. Und es ist bezeichnend, dass viele Paläontologen an eine Art Wachstumskraft glauben. Bei bestimmten ausgestorbenen Tieren scheinen wir Beispiele für die Überentwicklung von Organen zu haben. „Paläontologie", schreibt Kellog auf S. 275 seines *Werks* *„Darwinismus heute "* „zeigt uns die einstige Existenz von Tieren, Tiergruppen und Abstammungslinien, deren Merkmale zum Aussterben führten." Die Unhandlichkeit der riesigen Reptilien aus der Kreidezeit, die feste Lebensweise der Seelilien, das Aufrollen der Ammoniten und Nautilus , das riesige Geweih des irischen Hirsches – all dies sind Beispiele für eine Entwicklung in nachteiliger Richtung oder in nachteiligem Ausmaß. Die statistischen Variationsstudien haben zahlreiche Fälle bekannt gemacht, in denen die leichte, noch nicht signifikante (in einem Kampf um Leben und Tod) Variation im Insektenmuster, in den Abmessungen von Teilen, in den relativen Anteilen oberflächlicher, nicht aktiver Bereiche, sind nicht zufällig, das heißt, sie treten gemäß dem Gesetz des Irrtums nicht gleichmäßig über einen Mittelwert oder Modus verteilt auf, sondern zeigen eine offensichtliche und konsistente Tendenz, entlang bestimmter Linien aufzutreten und sich in bestimmten Richtungen anzuhäufen."

Es scheint uns, dass die einzig richtige Haltung beim gegenwärtigen Stand unseres Wissens nicht darin besteht, eine unbekannte Wachstumskraft zu Hilfe zu rufen, sondern einfach zu sagen, dass es Beweise dafür gibt, dass Variationen entlang bestimmter, definierter Grenzen häufig auftreten Nur Zeilen.

Geschwindigkeit von Rennpferden

Darwins zweite Annahme war, dass es keine Grenze gibt, bis zu der Variationen in jede Richtung akkumuliert werden können; dass durch das Hinzufügen einer winzigen Variation zur anderen über unzählige Generationen hinweg neue Arten, neue Gattungen, neue Familien entstehen können. Diese Annahme scheint, wenn man sie auf kontinuierliche oder schwankende Schwankungen anwendet, den Tatsachen zu widersprechen. Alle verfügbaren Beweise zeigen, dass es eine eindeutige Grenze gibt, bis zu der winzige Schwankungen in einer bestimmten Richtung akkumuliert werden können. Niemandem ist es gelungen, einen Hund so groß wie ein Pferd oder eine Taube mit einem Schnabel so lang wie der einer Bekassine zu züchten. Bei Rennpferden, die über einen langen Zeitraum so sorgfältig ausgewählt wurden, scheinen wir die Grenze der Geschwindigkeit erreicht zu haben, die durch die Vervielfachung unbedeutender Variationen erreicht werden kann. Wir wollen nicht dogmatisieren, aber wir glauben, dass es in den letzten Jahren keine wesentliche Steigerung der Geschwindigkeit unserer Rennpferde gegeben hat.

Herr S. Sidney sagt auf Seite 174 von *Cassells Book of the Horse* : „Was die Form angeht (*Tempo* Admiral Rous), hatte das britische Rennpferd 1770 seine Perfektion erreicht, als ‚Eclipse‘ sechs Jahre alt war.“ Als Beweis dafür führt er die Messungen des Skeletts von „Eclipse“ im Museum des Royal College of Surgeons an. Alle Bemühungen der Züchter, die Form des britischen Rennpferdes im Laufe von über eineinhalb Jahrhunderten zu verbessern, sind also merklich gescheitert.

Experimente von De Vries

De Vries hat einige wichtige Experimente durchgeführt, um festzustellen, ob es eine Grenze für das Ausmaß der Veränderung gibt, die durch die Auswahl schwankender oder kontinuierlicher Variationen im Gegensatz zu Mutationen hervorgerufen werden kann. „Ich habe zufällig zwei Individuen der ‚fünfblättrigen‘ Rasse (des Klees) gefunden“, schreibt er auf Seite 345 von *Species and Varieties: Their Origin by Mutation* . Indem ich sie in meinen Garten verpflanzte, habe ich sie isoliert und sie vor einer gegenseitigen Befruchtung mit der gewöhnlichen Sorte bewahrt. Darüber hinaus habe ich sie unter solche Bedingungen gebracht, die für die volle Entwicklung ihres Charakters notwendig sind; und nicht zuletzt habe ich versucht, ihren Charakter durch eine sehr strenge und sorgfältige Auswahl so weit wie möglich zu verbessern. . . . Durch diese Methode habe ich meine Belastung innerhalb von zwei Jahren auf durchschnittlich fast 90 Prozent gesteigert. der Sämlinge mit einem geteilten Primärblatt (solche Sämlinge haben im Erwachsenenalter durchschnittlich fünf Blätter). . . . Dieser Zustand wurde von der sechsten Generation im Jahr 1894 erreicht und hat sich seitdem als Grenze erwiesen, da die Zahlen in allen nachfolgenden Generationen praktisch gleich blieben. . . . Ich habe seit 1894 fast jedes Jahr eine neue Generation dieser Rasse gezüchtet und dabei immer die strengste Selektion angewendet. Dies hat zu einem einheitlichen Typ geführt, reichte jedoch nicht aus, um weitere Verbesserungen herbeizuführen." In ähnlicher Weise fand De Vries im Knollenhahnenfuß (*Ranunculus Bulbosus*) einen Stamm, der stark in der Anzahl der Blütenblätter variiert; Deshalb versuchte er, durch kontinuierliche Selektion derjenigen Blumen mit der größten Anzahl an Blütenblättern eine gefüllte Blüte zu erzeugen, was ihm jedoch nicht gelang. Es gelang ihm, eine Sorte mit einer durchschnittlichen Anzahl von neun Blütenblättern zu entwickeln, wobei einige Individuen sogar zwanzig oder dreißig hatten; Aber selbst wenn er nur diese letzteren züchtete, konnte er die durchschnittliche Anzahl der Blütenblätter in keiner Generation über neun hinaus steigern. Dies war die Grenze, die durch die strengste Auswahl schwankender Variationen erreicht werden konnte.

Eine auf schwankender Variation beruhende Selektion trägt laut De Vries nicht zur Produktion verbesserter Rassen bei. „Es werden nur vorübergehende Verbesserungen erzielt, und die Auswahl muss jedes Jahr auf die gleiche Weise erfolgen. Darüber hinaus ist die Verbesserung sehr begrenzt und verspricht keine weitere Steigerung." Trotz längerer Bemühungen ist es den Gärtnern bisher nicht gelungen, eine zweijährige Sorte von Roten Beten oder Karotten zu züchten, die nicht ständig nutzlose einjährige Formen hervorbringt. De Vries schreibt über die Rüben: „Unbrauchbare einjährige Sorten werden mit Sicherheit jedes Jahr wiederkommen." Sie sind unausrottbar. Jedes Individuum ist im Besitz dieser latenten Eigenschaft und neigt dazu, sie in Aktivität umzuwandeln, sobald die Umstände ihr Auftreten hervorrufen, wie die Zunahme einjähriger Pflanzen in den frühen Aussaaten beweist" – also unter günstigen Umständen die einjährige Sorte.

Es wird vielleicht darauf hingewiesen, dass diese Experimente, die zu zeigen scheinen, dass es eine Grenze gibt, bis zu der eine Art durch die Anhäufung schwankender Variationen verändert werden kann, nicht ordnungsgemäß durchgeführt werden konnten, weil es so viele verschiedene Rassen von Tauben und anderen Haustieren gibt zeigen deutlich, dass durch die Auswahl solcher Variationen außergewöhnliche Unterschiede nicht nur entstehen können, sondern tatsächlich entstanden sind. Dieser Einwand basiert auf der Annahme, dass Züchter sich in der Vergangenheit nur mit schwankenden Variationen befasst haben. Diese Annahme erscheint nicht gerechtfertigt. Es ist äußerst wahrscheinlich, dass die meisten, wenn nicht alle, domestizierten Tierarten durch Mutationen entstanden sind. Nehmen wir zum

Beispiel die moderne Turbit-Taube; Dies wurde vom alten Court-bec abgeleitet, der vor über zwei Jahrhunderten von Aldrovandus beschrieben und dargestellt wurde.

De Vries geht sogar so weit zu behaupten, dass die verschiedenen Birnenrassen allesamt Mutationen seien; dass jeder einzelne Geschmack eine Mutation ist und dass es unmöglich ist, durch die Auswahl schwankender Variationen einen neuen Geschmack zu erzeugen. Es scheint also, dass in jedem Fall der Erzeugung einer neuen Rasse eine Mutation aufgetreten ist, die die Aufmerksamkeit eines Züchters geweckt hat, und er hat dies aufgegriffen und verewigt.

Alle verfügbaren Beweise deuten darauf hin, dass es eine Grenze gibt – und zwar eine, die schnell erreicht wird – für das Ausmaß der Veränderung, die durch die Auswahl schwankender oder kontinuierlicher Variationen hervorgerufen werden kann. Wir scheinen daher von der Überzeugung getrieben zu sein, dass die Evolution auf der Art von Variation basiert, die Professor Bateson als „diskontinuierliche Variation" und Professor De Vries als „Mutation" bezeichnet.

Bateson über Variation

Bereits 1894 veröffentlichte Bateson seine „ *Materials for the Study of Variation"* , in denen er eine große Anzahl von Fällen diskontinuierlicher Variation darlegte, die er gesammelt hatte. Er wies darauf hin, dass Arten diskontinuierlich sind, dass sie scharf voneinander getrennt sind, während „Umgebungen oft ineinander übergehen und eine kontinuierliche Reihe bilden". Wie also, fragte er, sind diese diskontinuierlichen Arten entstanden, wenn die Variationen winzig und kontinuierlich sind? Könnte sich die Variation nicht als diskontinuierlich erweisen und so deutlich machen, warum Arten diskontinuierlich sind?

Auf Seite 15 des oben zitierten Werks finden wir: „Die vorläufige Frage nach dem Grad der Kontinuität, mit der der Evolutionsprozess abläuft, ist also nie entschieden worden." In Ermangelung einer solchen Entscheidung wurde dennoch allgemein stillschweigend oder ausdrücklich davon ausgegangen, dass es sich um einen kontinuierlichen Prozess handelt. Die enorme Konsequenz, die eine Kenntnis der Wahrheit darüber hat, wird aus einer Betrachtung der unnötigen Schwierigkeiten deutlich, die diese Annahme mit sich bringt. Dazu gehören vor allem die Schwierigkeiten, die im Zusammenhang mit dem Aufbau neuer Organe im Anfangs- und Unvollkommenheitsstadium, der Art der Organumwandlung und ganz allgemein der Auswahl und Aufrechterhaltung winziger Variationen aufgeworfen wurden. Wenn wir also davon ausgehen, dass die Abweichungen geringfügig sind, stoßen wir auf diese bekannte Schwierigkeit. Wir wissen, dass bestimmte Geräte und Mechanismen für ihre Besitzer nützlich sind; Aber unsere Kenntnisse der Naturgeschichte führen uns zu der Annahme, dass ihre Nützlichkeit eine Folge des Grades der Vollkommenheit ist, in der sie existieren, und dass sie, wenn sie überhaupt unvollkommen wären, nicht nützlich wären. Nun ist klar, dass in jedem kontinuierlichen Evolutionsprozess solche Stadien der Unvollkommenheit auftreten müssen, und es wurde der Einwand erhoben, dass die natürliche Auslese solche unvollkommenen Mechanismen nicht schützen kann, um sie zur Vollkommenheit zu bringen. Von den Einwänden, die gegen die Theorie der natürlichen Auslese vorgebracht wurden, ist dies bei weitem der schwerwiegendste."

Bateson wies weiter darauf hin, dass chemische Verbindungen nicht kontinuierlich seien, dass sie nicht allmählich ineinander übergingen, und schlug vor, dass wir ein ähnliches Phänomen in der organischen Welt erwarten könnten.

An anderer Stelle sagt er: „Wer an die Wirksamkeit der auf kontinuierlichen Schwankungen beruhenden Selektion glaubt, soll versuchen, aus einem reinen Stamm schwarz-weißer Ratten eine weiße oder eine schwarze Ratte zu züchten, indem er die weißeste oder die schwärzeste für die Zucht auswählt; oder eine Zwergwicke aus einer großen Rasse zu züchten, indem man die kürzeste wählt. Es wird nicht funktionieren. Variation führt und Auswahl folgt."

Arbeit von Bateson und De Vries

Aber Batesons Ansichten stießen auf steinigen Boden, denn Zoologen sind meist Männer der Theorie und keine praktischen Züchter. Sie litten unter der Illusion, dass Mutationen oder „Sportarten" in der Natur selten sind und dass sie, wenn sie tatsächlich auftreten, zwangsläufig durch Kreuzungen überschwemmt werden müssen.

Die Entdeckung des Berichts von Abbé Mendel über seine Experimente zur Züchtung von Mischlingswicken hat jedoch vielen Zoologen die Augen geöffnet, so dass sie endlich erfahren haben, was praktische Züchter seit unzähligen Jahren wissen – nämlich, dass Sport eine Möglichkeit hat, sich zu verewigen sich. Darüber hinaus konnte Mendel seine Entdeckungen theoretisch erklären, was dazu führte, dass die Zahl der Anhänger der diskontinuierlichen Variation in letzter Zeit stark zugenommen hat.

Obwohl wir nicht in allen Belangen mit Professor Bateson einer Meinung sein können, erkennen wir gerne den immensen Wert seiner Arbeit an. Hätten seine Aussagen von 1894 die ihnen gebührende Aufmerksamkeit erhalten, wäre die zoologische Theorie heute wesentlich weiter fortgeschritten, als sie tatsächlich ist.

Professor De Vries ist weiter gegangen als Bateson, indem er die Theorie der Mutationen auf die Darwinsche Hypothese aufgepfropft hat. Er hat nicht wenig experimentelle Arbeit geleistet und zweifellos viel neues Licht auf die Art und Weise geworfen, wie Arten entstehen. Er ist ein reiner Botaniker, so dass er nur von Pflanzen aus argumentiert. Dennoch glauben wir, dass einige seiner Schlussfolgerungen auf Tiere anwendbar sind. Wir sind weit davon entfernt, seine Mutationstheorie *vollständig zu akzeptieren* . Wir sind jedoch davon überzeugt, dass er, wie Bateson, auf dem richtigen Weg ist. Es kann kein Zweifel darüber bestehen, dass sehr viele neue Formen plötzlich, in Sprüngen und nicht in unmerklich langsamen Schritten entstanden sind. Bevor wir eine Liste mit den Namen einiger Pflanzen- und Tierrassen geben, die plötzlich entstanden zu sein scheinen, wird es von Vorteil sein, einige der wichtigeren Vorstellungen von De Vries kurz zu betrachten.

Sorten und Elementararten

Dieser bedeutende Botaniker besteht, wie wir bereits gesehen haben, auf der Unterscheidung zwischen fluktuierenden Variationen und Mutationen. Die ersteren entsprechen praktisch den kontinuierlichen Variationen von Bateson, und die letzteren scheinen seinen diskontinuierlichen Variationen gleichwertig zu sein.

Laut De Vries weisen alle Pflanzen schwankende Variationen auf, aber nur ein kleiner Prozentsatz weist das Phänomen der Mutation auf. Die gewagteste seiner Vorstellungen ist, dass die Geschichte jeder Art aus abwechselnden Perioden der Inaktivität besteht, in denen nur schwankende Variationen auftreten, und aus Aktivität, in denen durch Mutation „Artenschwärme" entstehen, und von diesen nur wenige die meisten überleben; natürliche Auslese, die De Vries mit einem Sieb vergleicht und bestimmt, wer leben und wer sterben soll.

Wie wir gesehen haben, glaubt De Vries nicht, dass durch die Anhäufung schwankender Variationen neue Arten entstehen können. Dadurch kann das Rennen zwar erheblich verbessert werden, mehr kann aber nicht erreicht werden. Diese Variationen folgen dem Gesetz von Quetelet, das besagt, dass Abweichungen vom Durchschnitt bei biologischen Phänomenen denselben Gesetzen folgen wie die Abweichungen vom Durchschnitt in jedem anderen Fall, wenn sie allein durch Zufall bestimmt werden.

Von ganz unterschiedlichem Charakter sind Mutationen. Dadurch entstehen plötzlich neue Formen, ganz anders als die Elternarten. Laut De Vries gibt es zwei Arten von Mutationen: solche, die Sorten hervorbringen, und solche, die neue elementare Arten hervorbringen.

Laut De Vries sind Pflanzenarten, die sich in einem Zustand der Mutation befinden (er bezieht sich auf die Arten der systematischen Botaniker), zusammengesetzter Natur und bestehen aus einer Sammlung von Sorten und Elementararten. Seine Vorstellung von einer Sorte ist eine Pflanze, die sich von der Mutterpflanze durch den Verlust oder die Unterdrückung eines oder mehrerer Merkmale unterscheidet, während sich eine Elementarart von der Elternform dadurch unterscheidet, dass sie ein neues und zusätzliches Merkmal besitzt. Aber wir erlauben ihm, für sich selbst zu sprechen: „Wir können (Seite 141 *Arten und Varietäten*) Folgendes als den Hauptunterschied zwischen elementaren Arten und Varietäten betrachten: dass die ersteren durch den Erwerb völlig neuer Merkmale entstehen, und die letzteren durch die Verlust bestehender Qualitäten oder durch den Gewinn von Besonderheiten, die bereits bei anderen verwandten Arten zu beobachten sind. Wenn wir davon ausgehen, dass elementare Arten und Varietäten durch plötzliche Sprünge oder Mutationen entstanden sind, dann sind die elementaren Arten in der Progressionslinie mutiert, einige Varietäten sind in der Rückschrittslinie mutiert, während andere in einer Linie von den Elterntypen abgewichen sind als Exkurs oder als Wiederholung. . . . Das System (des Pflanzenreiches) besteht aus Arten; Sorten sind nur lokal und seitlich, nie von wirklicher Bedeutung für die gesamte Struktur."

De Vries behauptet, dass diese elementaren Arten, wenn sie einmal entstanden sind, sich wahrhaft fortpflanzen und kaum oder gar keine Tendenz zeigen, in die angestammte Form zurückzukehren. Wir können, sagt De Vries, nur durch Experimente feststellen, welche Pflanzen sich im mutierten Zustand befinden und welche nicht. Die große Mehrheit befindet sich derzeit jedoch nicht im mutierenden Zustand.

Mutationen

Der Unterschied zwischen schwankender Variation und Mutation wurde grob am Beispiel eines massiven Holzblocks veranschaulicht, der mehrere Facetten aufweist und auf einer davon steht. Wenn der Block leicht geneigt wird, kehrt er nach Wegfall der Kraft, die ihn gekippt hat, in seine alte Position zurück. Eine solche sanfte Neigung kann mit einer schwankenden Variation in einem Organismus verglichen werden. Wenn der Block jedoch in einem solchen Winkel geneigt wird, dass er, wenn er sich selbst überlassen wird, nicht in seine alte Position zurückkehrt, sondern umkippt und auf einer anderen Seite zur Ruhe kommt, haben wir eine Darstellung der Art von Änderung, die durch a angezeigt wird Mutation.

Die Analogie ist alles andere als perfekt, denn sie lässt den Eindruck entstehen, dass die kleinste Mutation zwangsläufig eine größere Abweichung vom Normaltyp mit sich bringen muss als die größte schwankende Variation. Obwohl Mutationen normalerweise in erheblichen Abweichungen vom Mittelwert oder Modus des Typs bestehen, während kontinuierliche Variationen normalerweise geringfügige Abweichungen sind, kommt es manchmal vor, dass die extremen Schwankungen beträchtlicher sind als einige Mutationen. Daher beschreibt „fluktuierend" diese letztere Art der Variation genauer als „kontinuierlich".

Der Test einer Mutation ist also nicht so sehr das Ausmaß der Abweichung, sondern vielmehr der Grad ihrer Vererbung. Mutationen zeigen keine Tendenz zu einer allmählichen Rückkehr zum Mittelwert der Elternart; schwankende Variationen zeigen eine solche Tendenz. Eine Mutation besteht, wie ME East sagt, in der Produktion eines neuen Modus oder Zentrums für lineare Fluktuation; es ist sozusagen eine Schwerpunktverlagerung; das Zentrum, um das herum jene

Schwankungen auftreten, die wir kontinuierliche Variationen nennen.

Da es von erheblicher Bedeutung ist, die wahre Natur von Mutationen oder diskontinuierlichen Variationen gründlich zu verstehen, und da einige Autoren offenbar nicht erkennen, worin der wesentliche Unterschied zwischen den beiden Arten von Variationen besteht, werden wir, auch auf die Gefahr hin, langweilig zu wirken, Folgendes angeben eine weitere Veranschaulichung. Sei A eine Vogelart, deren durchschnittliche Flügellänge 20 Zoll beträgt, und nehmen wir an, dass zu dieser Art gehörende Individuen vorkommen, bei denen die Flügellänge auf jeder Seite des Mittelwerts um bis zu 3 Zoll variiert; Daher ist es möglich, Individuen dieser Art mit einem Flügel von nur 17 Zoll oder bis zu 23 Zoll Länge zu finden. Sei B eine andere Art, deren durchschnittliche Flügellänge 17 Zoll beträgt, und nehmen wir an, dass auf jeder Seite des Mittelwerts eine Abweichung von 3 Zoll auftritt. Es kommen Individuen der Art B vor, deren Flügel nur 14 Zoll oder bis zu 20 Zoll lang sind. Daher haben einige Individuen der kurzflügeligen Art längere Flügel als bestimmte Individuen der langflügeligen Art. Ebenso können bestimmte Individuen einer Art, die eine Mutation aufweisen, eine geringere Abweichung vom Mittelwert aufweisen als einige Individuen, die eine sehr ausgeprägte schwankende Variation aufweisen. Mit anderen Worten: Auch wenn es durch die Messung der Flügellänge im obigen Beispiel nicht immer möglich war, zu sagen, ob ein bestimmtes Individuum zur Art A oder B gehörte, ist es auch nicht immer möglich, durch Betrachtung eines Individuums zu sagen, das a zeigt erhebliche Abweichung vom Mittelwert, unabhängig davon, ob diese Abweichung auf eine Mutation oder eine schwankende Variation zurückzuführen ist.

Gesetz der Regression

Nur indem wir die Wirkung der Besonderheit auf die Nachkommen ihres Besitzers beobachten, können wir die Art der Variation bestimmen. Wenn die Besonderheit auf einer schwankenden Variation beruht, zeigen die Nachkommen die Besonderheit in vermindertem Maße; Wenn die Besonderheit jedoch auf einer Mutation beruht, ist es wahrscheinlich, dass die Nachkommen sie in ebenso ausgeprägtem Maße zeigen wie die Eltern.

Fritz Müller und Galton führten unabhängig voneinander Untersuchungen zum Ausmaß der Regression bei den

Nachkommen von Eltern durch, die durch schwankende Variation vom Durchschnitt abwichen.

Müller experimentierte mit Mais; Galton mit der Duftwicke.

Dabei stellte sich heraus, dass dort, wo die Abweichung der Eltern durch die Zahl 5 dargestellt wird, die Abweichung ihrer Nachkommen in der Regel 2 beträgt, das heißt, dass die Abweichung, die sie aufweisen, im Durchschnitt weniger als halb so groß ist wie die Abweichung ihrer Eltern.

Wendet man diese Regel auf den oben gegebenen hypothetischen Fall an, so werden, wenn zwei Individuen der Art A mit einer Flügellänge von 20 Zoll miteinander gezüchtet werden, ihre Nachkommen im Durchschnitt eine Flügellänge von 20 Zoll haben, da keines der Eltern welche zeigte Abweichung vom Mittelwert. Andererseits würden die Nachkommen von 20-Zoll-Flügel-Individuen der Art B im Durchschnitt eine Flügellänge von nur etwa 18¼ Zoll aufweisen. Sie neigen dazu, zu dem Modus zurückzukehren, von dem ihre Eltern abgewichen waren.

Aber nehmen wir an, dass die Abweichung der Eltern in diesem Fall nicht auf eine schwankende Variation, sondern auf eine Mutation zurückzuführen wäre; Dies würde bedeuten, dass aufgrund einer inneren Veränderung im Ei, aus dem jedes Elternteil hervorging, 20 Zoll die normale Flügellänge wurden; dass sich die normale Flügellänge plötzlich von 17 Zoll auf 20 Zoll verschoben hatte.

Die Folge davon wäre, dass ihre Nachkommen im Durchschnitt eine Flügellänge von 20 Zoll statt 18¼ Zoll hätten, dass sich das Variationszentrum hinsichtlich der Flügellänge plötzlich von 17 auf 20 verschoben hätte, das heißt, in Zukunft alles Schwankende Schwankungen würden auf beiden Seiten von 20 Zoll statt wie bisher auf beiden Seiten von 17 Zoll auftreten.

Somit ist eine Variation eine schwankende Variation oder eine Mutation, je nachdem, ob sie Galtons Regressionsgesetz befolgt oder nicht.

De Vries' Diktum

De Vries sagt, dass es das Wesen von Mutationen ist, dass sie vollständig vererbt werden. Diese Aussage ist zwar im Wesentlichen wahr, berücksichtigt jedoch nicht den Faktor der schwankenden Variation. Wenn zum Beispiel im obigen Fall die beiden Individuen der Art B zu Formen mit einem 20-Zoll-Flügel mutiert wären, würden ihre Nachkommen dennoch *inter se variieren*, einige von ihnen würden Flügel haben, die kürzer als 20 Zoll sind, und andere Flügel, die länger als 20 Zoll sind in der Länge. Aber die durchschnittliche Flügellänge der Nachkommen der beiden mutierten Individuen wird 20 Zoll betragen.

Soviel also zum praktischen Unterschied zwischen einer Mutation und einer schwankenden Variation. In Kapitel V. werden wir die möglichen Ursachen des Unterschieds diskutieren. Als Vorwegnahme können wir sagen, dass die Annahme, die wir machen werden, darin besteht, dass eine Mutation auf einer Neuordnung der Partikel beruht, die den Teil des Organismus in der befruchteten Eizelle darstellen, wohingegen eine schwankende Variation durch Variationen in den Partikeln selbst verursacht wird.

Es sollte angemerkt werden, dass De Vries seine Theorie weitgehend auf experimentellen Beweisen basiert. Sein Diktum lautet: „Die Entstehung der Arten ist Gegenstand experimenteller Beobachtung." Er hat unserer Meinung nach schlüssig bewiesen, dass es bei Pflanzen manchmal zu Mutationen kommt und dass darüber hinaus in einer mutierenden Pflanze die Tendenz besteht, dass dieselbe Mutation immer wieder auftritt. Letzteres ist eine äußerst wichtige Tatsache, denn es trägt in gewisser Weise dazu bei, die von Darwin hervorgehobene Schwierigkeit zu überwinden, dass isolierte Sportarten durch ständige Kreuzung mit der normalen Art überschwemmt werden müssen. Wenn Mutationen in Schwärmen auftreten, wie De Vries behauptet, dann ist es wahrscheinlich, dass sich jede einzelne Mutation früher oder später mit einer ähnlichen Mutation kreuzt und sich so fortbestehen kann.

Mutierende Pflanzen

Das klassische Beispiel einer mutierenden Pflanze ist die Nachtkerze der Art *Oenothera lamarckiana*. De Vries beschreibt sie als eine stattliche Pflanze mit einem kräftigen Stamm, der oft eine Höhe von 1,6 Metern oder mehr erreicht. Die Blüten sind groß und leuchtend gelb und ziehen schon aus der Ferne sofort die Aufmerksamkeit auf sich. „Diese auffällige Art", schreibt er in „*Species and Varieties*" (S. 525), „wurde in einem Ort in der Nähe von Hilversum in der Nähe von Amsterdam gefunden, wo sie in einigen Tausend Individuen wuchs." Normalerweise zweijährig, bildet sie im ersten Jahr Rosetten und im zweiten Jahr Stängel. Es stellte sich heraus, dass sowohl die Stängel als auch die Rosetten sehr variabel waren, und bald konnten verschiedene Sorten zwischen ihnen unterschieden werden.

„Die erste Entdeckung dieses Ortes erfolgte im Jahr 1886. Danach besuchte ich ihn viele Male, oft wöchentlich oder sogar täglich und bis heute immer mindestens einmal im Jahr. Diese stattliche Pflanze zeigte die lang ersehnte Besonderheit, jedes Jahr eine Reihe neuer Arten hervorzubringen. Einige von ihnen wurden direkt im Feld beobachtet, entweder als Stängel oder als Rosetten. Letzteres konnte zur weiteren Beobachtung in meinen Garten verpflanzt werden, und die Stängel lieferten Samen, die unter gleicher Kontrolle ausgesät werden konnten. Andere waren zu schwach, um lange genug im Feld zu leben. Sie wurden durch die Aussaat von Samen gleichgültiger Pflanzen aus der wilden Gegend im Garten entdeckt. Eine dritte und letzte Methode, noch mehr neue Arten aus dem ursprünglichen Stamm zu gewinnen, war die Wiederholung des Aussaatvorgangs, indem der Samen, der auf den eingeführten Pflanzen reifte, aufbewahrt und ausgesät wurde. Diese verschiedenen Methoden haben zur Entdeckung von über einem Dutzend neuer Arten geführt, die noch nie zuvor beobachtet oder beschrieben wurden." Einige davon betrachtet De Vries als Varietäten in dem Sinne, in dem er die Wörter verwendet; andere, so behauptet er, seien wirklich fortschrittliche Arten, von denen einige stark und gesund seien, andere schwächer und offenbar nicht dazu bestimmt, erfolgreich zu sein. Alle diese Typen erwiesen sich von der Aussaat her als absolut konstant. „Hunderttausende Sämlinge mögen entstanden sein, aber sie werden immer wahr und kehren nie zum ursprünglichen *O. lamarckiana*-Typ zurück." Einige von ihnen sind jedoch ebenso wie ihre Elternform anfällig für Mutationen." Der Fall der Nachtkerze ist keineswegs ein Einzelfall. De Vries führt mehrere andere Fälle von Pflanzen in einem mutierten Zustand an. „Der Mohn", sagt er (S. 189), „variiert in der Höhe, in der Farbe der Blätter und Blüten; die letzten sind oft doppelt oder gespalten. Es kann weiße oder bläuliche Samen haben, die Kapseln können sich öffnen oder geschlossen bleiben und so weiter. Aber jede einzelne Sorte ist absolut konstant und stößt nie auf eine andere, wenn die Blüten künstlich bestäubt werden und der Besuch von Insekten ausgeschlossen ist." Auch aus der Gartennelke entsteht manchmal die Weizenährenform. „Bei dieser Sorte", schreibt De Vries (S. 228), „wird die Blüte unterdrückt, und der Verlust geht mit einer entsprechenden Zunahme der Anzahl der Deckblattpaare einher." Diese

Fehlbildung führt zu quadratischen Ähren oder etwas verlängerten Köpfen, die nur aus den grünlichen Hochblättern bestehen. Da es keine Blüten gibt, ist die Sorte ziemlich unfruchtbar, und da sie von Gärtnern nicht als Verbesserung gegenüber den gewöhnlichen hellen Nelken angesehen wird, wird sie selten durch Schichtung vermehrt. Ungeachtet dessen erscheint es von Zeit zu Zeit und wurde in verschiedenen Ländern und zu verschiedenen Zeiten gesehen, und was für uns von großer Bedeutung ist, in verschiedenen Nelkensorten. Obwohl unfruchtbar und offensichtlich so oft aussterbend, wie es entsteht, ist es fast zwei Jahrhunderte alt. Es wurde zu Beginn des 18. Jahrhunderts von Volckamer und später von Jaeger, De Candolle, Weber, Masters, Magnus und vielen anderen Botanikern beschrieben. Ich habe es zweimal zu unterschiedlichen Zeiten und von verschiedenen Züchtern bekommen." Ebenso ist die Langköpfige Grüne Dahlie vor einigen Jahren in der Gärtnerei der Firma Zocher & Co. zweimal aufgetaucht.

Darüber hinaus ist, wie uns De Vries mitteilt, der pelorische Kröten-Lein (*Linaria vulgaris peloria*) „bekanntermaßen zu verschiedenen Zeiten und in verschiedenen Ländern unter mehr oder weniger unterschiedlichen Bedingungen aus der gewöhnlichen Art entstanden." Und da diese Sorte völlig unfruchtbar ist, muss sie in jedem Fall einen unabhängigen Ursprung haben. Schließlich scheint es sich bei der Purpurbuche um eine Mutation zu handeln, die mindestens dreimal entstanden ist.

Mutationstheorie kritisiert

Jeder, der sich für biologische Theorie interessiert, sollte sowohl *„Arten und Sorten"* als auch *„Pflanzenzüchtung"* von De Vries lesen, Werke, die sowohl für den Gärtner und Landwirt als auch für den Biologen von unschätzbarem Wert sind.

Obwohl wir die wirklich großartige Arbeit von De Vries in keiner Weise schmälern möchten, fühlen wir uns gezwungen, mehrere Anklagen gegen ihn zu erheben.

Erstens leidet er unter der Klage, die neun von zehn Urhebern neuer Theorien erfasst. Er treibt seine Theorie aufs Äußerste; er lässt seiner Fantasie freien Lauf. Wir glauben nicht, dass er aufgrund der verfügbaren Beweise berechtigt ist zu behaupten, dass jede Art abwechselnd Perioden relativer Ruhe und Perioden durchläuft, in denen sie als Mutationen Schwärme elementarer

Arten ausstößt. Er behauptet zu Recht, dass diskontinuierliche Variationen keineswegs ein ungewöhnliches Phänomen seien, doch darüber hinauszugehen, scheint derzeit nicht sicher zu sein.

Zweitens sollte er stärker hervorheben, dass es sich bei *Oenothera lamarckiana* um eine Pflanze handelt, die in freier Wildbahn offenbar nicht bekannt ist, und dass es sich daher möglicherweise um eine Hybridpflanze handelt, und zwar um die sogenannte Elementarart, die sie hervorbringt Möglicherweise handelt es sich lediglich um die Sorten, aus denen es aufgebaut wurde. Boulenger und Bailey haben beide diese Pflanze untersucht und konnten nicht alle Mutationen beobachten, von denen De Vries spricht, so dass Ersterer sagt: „Die Tatsache, dass Oenothera lamarckiana ursprünglich von einer in Paris angebauten Gartenblume beschrieben wurde . " *Jardin des Plantes* und die Tatsache, dass es trotz sorgfältiger Suche nirgendwo in Amerika wild entdeckt wurde, sprechen für die Wahrscheinlichkeit, dass es durch Kreuzung verschiedener Formen der polymorphen Oenothera biennis entstanden ist, die zuvor in Europa eingeführt worden war . "

Definition einer Art

Es wurde weiterhin eingewandt, dass, selbst wenn diese verschiedenen Formen, die Lamarcks Nachtkerze abwirft, echte Mutationen seien, sie nicht als neue Arten bezeichnet werden sollten, da sie sich nicht ausreichend von den Elternarten unterscheiden, um den Namen neue Arten zu verdienen. Die Antwort auf diese Kritik lautet, dass De Vries behauptet, dass Mutationen neue Elementararten hervorbringen, die nicht dasselbe sind wie neue Arten im gewöhnlichen Sinne des Wortes. Die meisten Linnæan-Arten unterscheiden sich weitaus stärker voneinander als Elementararten. Es scheint uns völlig klar, dass neue Arten nicht durch eine einzelne Mutation entstehen, sondern durch zwei oder drei aufeinanderfolgende Mutationen, die in verschiedenen Teilen eines Organismus auftreten.

Durch eine einzige Mutation entsteht zunächst eine gut ausgeprägte Sorte. Nachfolgende Mutationen folgen, so dass eine eindeutige Rasse entsteht. Und schließlich kommt es zu neuen Mutationen, so dass schließlich eine neue Art entsteht.

Was De Vries eine Elementarart nennt, würden die meisten Systematiker als gut ausgeprägte Varietät bezeichnen.

Wir können diese Gelegenheit nutzen, um anzumerken, dass sich Naturforscher offenbar nicht auf die Definition einer Art einigen können.

Das Gebiet der Biologie ist so umfangreich, dass Biologen heutzutage gezwungen sind, sich bis zu einem gewissen Grad zu spezialisieren. So haben wir Botaniker, Ornithologen, diejenigen, die sich dem Studium von Säugetieren widmen, diejenigen, die sich auf Reptilien, Insekten, Fische, Krebstiere, Bakterien usw. beschränken.

Nun hat jede Klasse von Systematikern ihr eigenes besonderes Kriterium dafür, was eine Art ausmacht. Ornithologen scheinen nicht sehr anspruchsvoll zu sein. Die meisten von ihnen scheinen einen konstanten Farbunterschied für ausreichend zu halten, um eine Vogelart zu bilden, die eine solche Variation aufweist. Diejenigen, die sich mit Reptilien befassen, gehen hingegen nicht davon aus, dass ein bloßer Farbunterschied ausreicht, um den Besitzer in einen bestimmten Rang zu befördern. Auf diese schönen Fragen können wir nicht eingehen. Für unseren Zweck ist eine Art eine Gruppe von Individuen, die sich von allen anderen Individuen dadurch unterscheiden, dass sie bestimmte deutlich ausgeprägte und einigermaßen konstante Merkmale aufweisen, die sie an ihre Nachkommen weitergeben.

Unsere Behauptung ist also, dass neue Arten im allgemein akzeptierten Gebrauch des Begriffs in der Regel nicht durch einen plötzlichen Sprung entstehen (obwohl dies manchmal der Fall sein kann), sondern das Ergebnis der Anhäufung mehrerer Mutationen oder Mutationen sind diskontinuierliche Variationen. Einige dieser Mutationen sind außerordentlich deutlich ausgeprägt, während andere so klein sind, dass sie von den stärker schwankenden Variationen nicht zu unterscheiden sind. Bevor wir dazu übergehen, einige Fälle ausgeprägter Mutationen zu betrachten, die bei Tieren und Pflanzen aufgetreten sind, möchten wir diese Gelegenheit nutzen, um darauf hinzuweisen, dass der Botaniker in Bezug auf Experimente in der Evolution weitaus günstiger ist als der Zoologe.

Der Botaniker ist in der Lage, viele Arten vegetativ zu vermehren, z. B. durch Stecklinge, und ist so leicht in der Lage, Mutationsbeispiele zu vermehren. Er kann auch die große Mehrheit der Pflanzen durch Selbstbefruchtung vermehren und hat daher keine Schwierigkeiten, eine neue Form zu „fixieren“.

Auch hier sind Pflanzen viel einfacher zu kontrollieren als Tiere; Sie können in der Regel ohne Beeinträchtigung ihrer Fortpflanzungsfähigkeit verpflanzt werden. Darüber hinaus bringen sie eine größere Anzahl von Nachkommen hervor als die produktivsten höheren Tiere. Der Tierzüchter ist somit gegenüber dem Gärtner offensichtlich im Nachteil. Nur mit großer Mühe kann er die in seinem Bestand auftretenden Mutationen beheben.

„Scatliff-Stamm" von Turbit

Die Geschichte der Produktion des Turbit-Stammes „Scatliff" ist ein gutes Beispiel für die Art von Schwierigkeiten, mit denen der Züchter konfrontiert ist.

Taubenzüchter fordern, dass der ideale Turbit unter anderem einen ununterbrochenen „Schwung" aufweist, das heißt, dass die Profillinie von der Schnabelspitze bis zum Hinterkopf einem Kreisbogen entsprechen muss. In der Regel wird diese Linie durch die Überwucherung des Flechtwerks am Schnabelansatz unterbrochen. Herrn Scatliff ist es jedoch gelungen, eine Sorte zu züchten, die das erforderliche Profil aufweist.

„Im Jahr 1895", schreibt Herr HP Scatliff auf Seite 25 von *The Modern Turbit* , „besuchte ich die Schläge von Herrn Houghton und kaufte drei oder vier besonders kräftige und kurzschnäuzige Stockvögel. . . . Im darauffolgenden Jahr verpaarte ich eines davon mit einer meiner eigenen schwarzen Hennen und zog einen der erfolgreichsten Showvögel auf, die je gezüchtet wurden, nämlich: „Champion Ladybird", eine schwarze Henne. . . . Die meisten führenden Preisrichter und viele Turbit-Züchter bemerkten das wunderbare Profil dieser Henne, das sich mit zunehmendem Alter zu verbessern schien, anstatt sich zu verschlechtern, wie es bei Vögeln mit eher grobem Flechtwerk üblich ist. Auch ich hatte dies bemerkt, und es öffnete mir die Augen für einen Punkt in der Turbit-Zucht, den ich noch nie von einem Turbit-Richter oder Züchter erwähnt hatte und auf den ich nun, glaube ich, zum ersten Mal in gedruckter Form hinweise, nämlich: dass die Federn über ihrem Schnabellappen, der ihre Vorderseite bildete, *von der Spitze bis zur Vorderseite ihres Tachels wuchsen und nicht von leicht hinten* , wie bei fast jedem anderen Turbit ihrer Zeit; So entwickelte sich mit der Entwicklung und Vergrößerung des Flechtwerks auch die Vorderseite stärker und machte ihren Kopf größer, ohne dass die

Schwungform des Profils in irgendeiner Weise beeinträchtigt wurde.

„Im selben Jahr, in dem ‚Marienkäfer' gezüchtet wurde, habe ich acht weitere aus demselben Paar gezüchtet, und mit einer Ausnahme stellte sich heraus, dass es sich bei allen um Hühner handelte. Es gab jedoch nur eine andere Henne (eine Falbe), die den gleichen Punkt hatte, aber in geringerem Maße als ‚Marienkäfer', und von diesen beiden Hühnern stammen fast alle meine Schwarzen und einige meiner Blauen ab."

Ein Turbit, der Herrn gehört. HP SCATLIFF

Nachdem Mr. Scatliff diesen Punkt „entdeckt" hatte, sah er sich nach einem anderen Vogel um, der die Besonderheit hatte, mit dem Ziel, wenn möglich, denselben in seinem Stamm zu fixieren. Er entdeckte diesen Punkt bei einer Taube von Herrn Johnston aus Hull und kaufte den Vogel für 20 Pfund. Aber es starb im folgenden Frühjahr, ohne dass Mr. Scatliff ein einziges Junges hervorbrachte. Im nächsten Jahr stellte Scatliff fest, dass ein Vogel, der einem Herrn Brannam gehörte, die erforderliche Besonderheit aufwies, und kaufte ihn für 20 Pfund. Aber auch dieser Hahn starb, bevor irgendetwas von ihm gezüchtet wurde.

Scatliff ließ sich nicht entmutigen und stellte fest, dass ein weiterer Hahn von Brannam die gleiche Besonderheit aufwies, weshalb er ihn 1899 für 15 Pfund kaufte, aber auch er starb, bevor das Jahr um war. In der Zwischenzeit war es Scatliff durch die Verpaarung von „Ladybird" mit den wahrscheinlichsten seiner eigenen Schwänze gelungen, ein oder zwei junge Schwänze mit der gewünschten Spitze zu zeugen. Indem Scatliff diese mit ihrer Mutter „Ladybird" und ihre Nachkommen erneut mit „Ladybird" züchtete, gelang es ihm schließlich, einige Turbits, sowohl Blacks als auch Duns, zu züchten, bei denen die erforderliche Besonderheit vollständig entwickelt war, allerdings nicht bevor er eine weitere Summe von 55 £ ausgegeben hatte auf zwei weitere Hähne, die beide starben, bevor sie mit dem berühmten „Marienkäfer" begattet werden konnten. Trotz all seines Unglücks teilt uns Scatliff jedoch mit, dass er einen Vogel namens „Amazement" gekauft hat, der ihm dabei geholfen hat, seinen Stress zu beheben. So gab Scatliff deutlich über 100 Pfund für Anschaffungen aus und brauchte acht Jahre, um die fragliche Besonderheit zu beheben. Wäre „Marienkäfer" eine Blume gewesen, hätte die Besonderheit wahrscheinlich in einer Generation durch Selbstbefruchtung behoben werden können.

Dies ist ein hervorragendes Beispiel für die Mühe, die Züchter auf sich nehmen, und für die Kosten, die sie aufwenden müssen, um das gewünschte Ergebnis zu erzielen. Dennoch scheint es bei Wissenschaftlern Mode zu sein, die Arbeit des Züchters zu verunglimpfen.

Betrachten wir nun die Fälle von Mutationen, die bekanntermaßen bei Tieren aufgetreten sind.

MUTATIONEN BEI TIEREN

Einige Beispiele großer und plötzlicher Variationen bei domestizierten Tieren sind zu Klassikern geworden und werden in fast allen Arbeiten zur Evolution detailliert beschrieben. Dies sind zum einen die berühmten hornlosen Paraguay-Rinder. Diese hornlose Rasse bzw. der Vorfahre der Rasse entstand ganz plötzlich.

Viele heimische gehörnte Tierrassen, insbesondere Schafe und Ziegen, lehnen hornlose Sportarten ab. Würde man in der Natur eine hornlose Büffelrasse finden, würde man sie zweifellos als neue Art einstufen, und die Wallaceianer würden zweifellos viel

Einfallsreichtum an den Tag legen, um zu erklären, wie die natürliche Selektion zum allmählichen Verschwinden der Hörner geführt hat; und Paläontologen, die bei ihrer Suche nach Vermittlern zwischen den hornlosen Arten und ihren gehörnten Vorfahren ratlos waren, beklagten sich über die Unvollkommenheit der geologischen Aufzeichnungen.

Man kann vielleicht argumentieren, dass diese hornlose Mutation eine direkte Folge der unnatürlichen Bedingungen war, denen die paraguayischen Rinder ausgesetzt waren. Da es in der Natur keine Arten hornloser Rinder gibt, kann man behaupten, dass solche Mutationen unter natürlichen Bedingungen nie aufgetreten sind Bedingungen, und daher beweisen die Paraguay-Rinder nichts. Tatsächlich wissen wir, dass es in der Natur sehr viele Mutationen gibt, die nicht aufrechterhalten werden, weil sie für die Art nicht vorteilhaft sind. Ein hornloses Individuum hätte in freier Wildbahn kaum eine Chance, gegen seine gehörnten Artgenossen um Weibchen zu kämpfen. Wir müssen uns klar vor Augen halten, dass die Mutationstheorie nicht darauf abzielt, die natürliche Selektion abzuschaffen; Es verleiht dieser Kraft lediglich etwas Wesentliches, an dem man arbeiten kann.

Das zweite klassische Beispiel für einen Sprung der Natur ist die Rasse der Franqueiro-Langhornrinder in Brasilien. Diese liefern uns ein Beispiel für eine Mutation in die andere Richtung. Dann gibt es noch die Niata- oder Bulldoggenrasse, die ebenfalls südamerikanisch ist. Diese Fälle scheinen darauf hinzudeuten, dass sich Rinder in diesem Teil der Welt, wie De Vries es nennen würde, „in einem mutierenden Zustand" befinden.

Die anderen klassischen Beispiele großer und plötzlicher Variationen sind das Ancon-Schaf aus Massachusetts, die Mauchamp-Merino-Schafrasse, die Büscheltruthähne und die langhaarige Meerschweinchenrasse.

Die „Wunderpferde", deren Mähnen und Schweife außergewöhnlich lang werden, sodass sie auf dem Boden schleifen, können vielleicht als eine Rasse bezeichnet werden, die aus einer plötzlichen Mutation entstand. Sie sind alle Nachkommen eines einzigen Individuums, Linus I., dessen Mähne und Schweif 18 bzw. 21 Fuß lang waren. In diesem Fall ist jedoch zu beachten, dass die Eltern und Großeltern von Linus I. außergewöhnlich lange Haare hatten.

Mutationen bei Vögeln

Wenn wir uns nun den Vögeln zuwenden, finden wir zweifellos mehrere Beispiele für Mutationen oder neue Formen, die plötzlich entstanden sind.

Ein eindrucksvolles Beispiel für dieses Phänomen sind die Schwarzflügelpfauen, deren Besonderheiten Darwin erläuterte. Diese Vögel vermehren sich bei der Paarung treu und sind bekanntermaßen in nicht weniger als neun Fällen aus Pfauen hervorgegangen. Die Flügel der Hähne sind (mit Ausnahme der primären Federkiele) schwarz mit blauem und grünem Schimmer und die Schenkel sind schwarz, wohingegen beim gewöhnlichen Pfau derselbe Teil des Flügels fast ganz schwarz und hellbraun gesprenkelt ist, ebenso wie die Schenkel sind eintönig. Die Schwarzflügelhenne hingegen ist fast weiß, hat aber einen schwarzen Schwanz und schwarze Sprenkel auf der Oberseite des Körpers, während ihre primären Federkiele zimtfarben sind wie bei männlichen Pfauen und nicht eintönig wie bei den normalen Hühnern . Die Jungen sind beim Schlüpfen weiß, der junge Hahn nimmt mit zunehmender Reife allmählich die dunkle Farbe an.

Diese Mutation, die sich in einem von Darwin zitierten Fall in einem Schwarm Pfauen vermehrte, bis der Pfauenpfau die gewöhnliche Art verdrängte, ist in allen Stadien so deutlich im Aussehen, dass man früher annahm, es handele sich um eine echte Art (Pavo nigripennis) . , dessen wilder Lebensraum unbekannt war.

Der Goldfasan (*Chrysolophus pictus*) bringt bei der Domestizierung die Dunkelkehlform (*C. obscurus*) hervor, bei der der Hahn den Hals rußschwarz statt gelbbraun und die Skapuliere oder Schulterfedern schwarz statt rot hat. Darüber hinaus sind die beiden Mittelschwanzfedern wie die Seitenfedern schwarz und braun gesäumt, während sie bei der gewöhnlichen Form braun auf schwarzem Grund gefleckt sind. Die Hennen haben eine schokoladenbraune Grundfarbe statt gelb-ocker wie beim Normaltyp. Die Küken sind ebenfalls dunkler.

Die gewöhnliche Ente bringt in der Domestizierung, wenn sie wie die wilde Stockente gefärbt ist, manchmal eine Form hervor, bei der die schokoladenbraune Brust und der weiße Kragen des Erpels fehlen und das Bleistiftgrau des Hinterleibs bis zum grünen Hals reicht. Bei dieser Mutation ist der Kopf der Ente gleichmäßig schwarz und braun gesprenkelt und es fehlen die hellen Augenbrauen- und Wangenstreifen, die man bei der normalen Ente findet. Bei beiden Geschlechtern ist der Balken am Flügel mattschwarz statt metallisch blau.

Die Entenküken, die letztendlich dieses Gefieder tragen, sind durchgehend rußschwarz und nicht schwarz und gelb wie normale Entenküken.

Das Phänomen der Mutation ist nicht auf Tiere im domestizierten Zustand beschränkt. Der Steinkauz Europas (*Athene noctua*) hat in freier Wildbahn die Mutation *A. chiaradiæ hervorgebracht*. Dabei sind die Iris dunkel statt gelb wie beim normalen Typ, und das Gefieder auf der Rückseite der Flügel ist in Längsrichtung weiß gestreift statt gestreift. Mehrere Exemplare dieser Art wurden zusammen mit normalen Jungen im Nest eines bestimmten Steinkauzpaares in Italien gefunden, aber die ganze Familie wurde von örtlichen Ornithologen törichterweise ausgerottet.

Die Schilfammer (*Emberiza schœniclus*) gibt es in zwei verschiedenen Formen – eine mit einem viel kräftigeren Schnabel als die andere (*E. pyrrhuloides*). Dies ist wahrscheinlich ein Beispiel für eine Mutation.

Der seltene Gelbrückenfink (*Munia flaviprymna) aus Australien neigt dazu* , sich im Laufe des Lebens des Individuums in den verwandten und weitaus häufigeren Kastanienbrustfink (*M. castaneithorax) zu verwandeln (Avicultural Magazine* , 1907). Umgekehrt wurde festgestellt, dass das Männchen des in Afrika verbreiteten Rotschnabelwebers (*Quelea quelea) im hohen Alter die Merkmale des vergleichsweise seltenen Q. russi* annimmt , wobei sein schwarzer Hals wie bei dieser Form blass-braun wird.

Jeder kennt die gescheckte Variante der Blaufelsentaube, bei der die Flügel regelmäßig schwarz gesprenkelt sind, statt gestreift zu sein. Diese Form kommt gelegentlich bei Wildvögeln vor, so dass sie als eigenständige Art beschrieben wurde. Es ist wichtig zu beachten, dass es neben blauen auch rote, braune und silberne Steine gibt.

Gelbbüschel- und Kastanienbrustfinken, mit Exemplaren im Übergangszustand

Links der Gelbbüschelfink; rechts das Kastanienbrüstige; Vögel im Wandel in der Mitte.

Eine gut ausgeprägte Mutation, die regelmäßig in der Natur vorkommt, ist die rothaarige Variante des wunderschönen Gouldian Finch (*Pöephila mirabilis*) aus Nordaustralien. Normalerweise ist der Kopf des Hahns schwarz, aber bei etwa zehn Prozent ist er schwarz. Bei den Individuen hat der Hahn einen purpurroten Kopf, während der der Henne matt purpurrot und schwarz ist.

Mutationen, die mit solcher Regelmäßigkeit auftreten, sind sicherlich selten. Andererseits gibt es bestimmte Mutationen, von denen wir erwarten können, dass sie bei jeder Pflanzen- oder Tierart auftreten.

Albinistische Formen sind ein typisches Beispiel, und seltener sehen wir weiße Sorten, die keine reinen Albinos sind, weil das Auge zumindest einen Teil des normalen Pigments behält. Als Beispiele können wir weiße Hunde, Katzen, Hühner, Pferde, Enten, Gänse und Java-Spatzen unter den domestizierten Tieren sowie die weißen Formen des Amazonas-Delfins und des Riesensturmvogels der Südsee (Ossifraga gigantea) unter den *Wildtieren* nennen .

Bei einer weißen Mutation verliert das Auge möglicherweise sein gesamtes Pigment, und dann haben wir einen echten Albino. Aufgrund ihres unvollkommenen Sehvermögens können solche Formen im Naturzustand nicht überleben, daher sind keine wilden rosaäugigen Arten bekannt.

Oder das Auge kann einen teilweisen Pigmentverlust aufweisen, wie zum Beispiel bei den weißen Hausformen der Gänse, der Chinesischen Gans und der Barbarie-Ente. Finn sah einen Fall, bei dem sich die Augen eines rosaäugigen Kaninchens nach dem Tod in diese Art von Augen verwandelten – das heißt, die Pupille war schwarz und die Iris blau. Es ist zu beobachten, dass diese Art von Augen manchmal bei farbigen Pferden, Kaninchen und Hunden auftritt. Schließlich haben wir weiße Mutationen, bei denen das Auge kein Pigment verliert. Diese kommen in der Natur häufig vor, und wahrscheinlich sind die meisten weißen Vogelarten – wie zum Beispiel einige Reiher, Schwäne usw. – auf diese Weise entstanden. [4] Reinweiße Arten sind in der Natur vergleichsweise selten, da weiße Lebewesen, außer in schneebedeckten Regionen, von ihren Gegnern leicht gesehen werden können. Die meisten weißen Vögel sind von beträchtlicher Größe und gut in der Lage, für sich selbst zu sorgen.

Ebenso kommen schwarze Mutationen häufig bei Tieren vor, sowohl in der Domestizierung als auch im Naturzustand. Alle kennen schwarze Hunde, Katzen, Pferde, Hühner, Enten und Tauben. Allerdings kommen schwarze Mutationen bei weitem nicht so häufig vor wie weiße. Soweit uns bekannt ist, wurde keine schwarze Mutation bei Kanarienvögeln, Gänsen, Perlhühnern, Frettchen, Java-Spatzen oder Tauben registriert, die alle weiße Mutationen hervorbringen.

Im Wildzustand hingegen kommen schwarze Arten häufiger vor als normaläugige weiße Formen. Dies liegt wahrscheinlich daran, dass solche Kreaturen weniger auffällig sind als weiße. Als Beispiele für schwarze Mutationen, die in der Natur vorkommen, können wir schwarze Leoparden, Wasserratten, Eichhörnchen, Füchse, bellende Hirsche (*Cervulus muntjac*), Habichtsadler, Weihen, Pfefferspanner (*Amphidasys betularia*) usw. nennen.

Dass viele schwarze Arten als plötzliche Mutationen heller gefärbter Tiere entstanden sind, scheint einigermaßen sicher, wenn man bedenkt, dass der schwarze Leopard in Malakka eine lokale Rasse bildet; dass einige der Gibbon-Affen ebenso oft schwarz wie hell sind; dass der amerikanische Schwarzbär manchmal braun ist, während die anderen Bären, wenn sie nicht braun sind, fast ausnahmslos schwarz sind.

Farbmutationen

Nicht selten, wenn auch seltener als schwarze oder melanistische Formen, sind rötliche oder kastanienbraune Sorten. Diese kommen sowohl bei zahmen als auch wilden Tieren vor. Unter den domestizierten Tieren sind Sandkatzen, „rote" Tauben, braune Hühner, Fuchspferde und rote Meerschweinchen Beispiele für diese Mutation. Unter den Wildtieren produzieren viele Eichhörnchenarten, die von Natur aus nicht rot sind, rote Mutationen; und einige der grauen Eulen – wie zum Beispiel die indianische Rasse der Zwergohreulen (*Scops giu*) – werfen eine rote oder kastanienbraune Form ab. Wie jeder weiß, sind manche Arten normalerweise rot.

Grüne oder olivfarbene Arten lösen nicht selten gelbe Mutationen aus. Als Beispiele hierfür können wir gelbe Kanarienvögel, gelbe Wellensittiche (*Melopsittacus undulatus*), Goldfische, goldene Schleien und die goldene Form des Karpfens unter den in Gefangenschaft gehaltenen Tieren nennen; und unter den Tieren im Naturzustand wurden gelbe Formen des Ringelrosenbarschs (*Palæornis torquatus*), des Grünspechts, des Hechts und des Aals registriert. Diese lutinistischen Formen haben normalerweise normal gefärbte Augen. Manchmal, aber nur sehr selten, werfen diese gelben Formen weiße Sportarten ab – wie zum Beispiel die „silberne" Form des Goldfisches. Finn hat eine weiße Variante des Karpfens gesehen. Weiße Kanarienvögel sind äußerst selten, während weiße Wellensittiche unbekannt sind.

Bemerkenswert ist, dass völlig gelbe Vogel- und Fischarten unbekannt sind. Wir vermuten, dass die Erklärung dafür darin besteht, dass die Gelbfärbung mit einer physikalischen Eigenschaft zusammenhängt, die für einen Organismus, der dem Kampf ums Dasein ausgesetzt ist, ungünstig ist; Daher ist es gelben Individuen nicht gestattet, zu überleben. Bei einigen Mottenarten kommen Individuen vor, bei denen die normalerweise roten Teile gelb sind. Laut Bateson ist eine Kreidegrube in Madingly, in der Nähe von Cambridge, Sammlern seit langem als Lebensraum einer gelb markierten Form des Sechspunkt-Burnettenspinners (*Zygæna filipendulæ*) bekannt. Diese lutinistischen Formen sind nicht auf eine Schmetterlingsgattung beschränkt. Darüber hinaus werden beim Pin-tailed Nonpareil Fink (*Eythrura prasina*) des östlichen Archipels der rote Schwanz und andere rote Teile des Gefieders bei wilden Individuen beiderlei Geschlechts und jeden Alters nicht selten durch gelbe ersetzt. Beim Blaustirnamazonenpapagei (*Chrysotis æstiva*) – einem äußerst variablen Vogel – ist der normalerweise rote Rand des Ritzels manchmal gelb. Bateson nennt in seinen *„Materials for the Study of Variation"* weitere Beispiele für diese Art von Variation.

Mutationen bei Wirbellosen

Als weitere Beispiele für Mutationen bei Tieren, die in der Natur beobachtet wurden, können wir die *Valezina-* Form des Weibchens des Silbergrauen Perlmutterfalters (*Argynnis paphia*) und die *Helice* -Form des weiblichen Nebelfalters (*Colias edusa*) nennen.

Die Gewöhnliche Qualle ist ein Organismus, der häufig Sport treibt, und einige Zoologen sind der Meinung, dass die medusoide *Pseudoclytia pentata* durch eine diskontinuierliche Variation von *Epenthesis folleata* oder einer eng verwandten Form entstanden ist. Thomson erörtert diesen speziellen Fall ausführlich auf den Seiten 87–89 von „ *Heredity* " und vertritt die Auffassung, dass die Beweise dafür, dass Letzteres als Mutation entstanden ist, „überaus überzeugend" sind.

Mutierende Arten

Wir gehen davon aus, dass viele in der Natur vorkommende Vogelarten von anderen, noch existierenden Arten abstammen. Da jedoch noch nie jemand beobachtet hat, wie die Mutation stattgefunden hat, können wir keinen Beweis dafür liefern. Wir verlassen uns lediglich auf die Tatsache, dass sich die betreffenden Arten so geringfügig voneinander unterscheiden, dass die Wahrscheinlichkeit groß ist, dass sie plötzlich entstanden sind und es geschafft haben, sich neben den Elternarten zu etablieren.

Die Curassows, *Crax greyi* , *C. hecki* , von denen jeder nur in sehr wenigen Exemplaren bekannt ist, scheinen Mutationen des Weibchens des kugeligen Curassow, *Crax globicera , zu sein* . Die Tatsache, dass bei der Paarung eines weiblichen *Hecki* im London Zoological Gardens mit einem männlichen *Globicera* das einsame Jungtier, das heranwuchs, ein reines *Globicera war* , macht die Annahme nahezu sicher.

Der Chamba-Monaul (*Lophophorus chambanus*) scheint eine Mutation des Männchens des gewöhnlichen Monaul- oder Impeyan-Fasan (*Lophophorus impeyanus*) zu sein, der häufigen Art des Himalaya.

Das Dreifarben-Männchen (*Munia malacca*) aus Südindien ist wahrscheinlich einfach eine weißbäuchige Form des weit verbreiteten Schwarzkopf-Männchens (*M. atricapilla*), dessen Hinterleib wie der Rücken kastanienbraun ist. Es wurden Zwischenformen aus Wildfängen registriert.

der Afrikanische Cordon-bleu (*Estrelda phœnicotis*) und der Blaubauch-Wachsschnabel (*E. cyanogastra*) scheinen Mutationen zu sein, da der einzige Unterschied zwischen ihnen fast darin besteht, dass das Männchen des Erstgenannten einen purpurroten Wangenfleck hat. was im letzteren fehlt.

Der Ringelfink (*Stictoptera annulosa*) von Java und der Bicheno-Fink (*S. bichenovii*) von Australien unterscheiden sich nur dadurch, dass der erstere einen schwarzen Rumpf hat, während er beim letzteren weiß ist, und dieser Unterschied scheint von der Natur eines a zu sein Mutation.

Dies gilt, so könnte man meinen, auch für die reinweiße Brust der männlichen Hochlandgans (*Chloëphaga magellanica*), deren Teil bei der sehr ähnlichen *C. dispar* wie bei den Weibchen abgetrennt ist, wobei die letztere Form wahrscheinlich der Vorfahre ist.

die Unterschiede zwischen dem Silbergrauhals-Kronenkranich vom Kap (*Balearica chrysopelargus*) und den Dunkelhalsarten Westafrikas (*B. regulorum*) scheinen nicht größer zu sein, als durch Mutation erklärt werden könnte.

Anatomen sind auf eigenartige Formen gestoßen, beispielsweise auf ein Kaninchen mit einem gewundenen Gehirn oder eine Maus mit einem besonderen Muster aus Backenzähnen.

Die oben genannten Mutationen sind allesamt sehr beträchtliche Mutationen, und wir geben nicht vor, ein Zehntel der tatsächlich aufgezeichneten Mutationen erwähnt zu haben.

Wir gehen davon aus, dass wir genügend Beweise gesammelt und dargelegt haben, um zu zeigen, dass das Phänomen der diskontinuierlichen Variation ein sehr allgemeines Phänomen ist, und dies scheint gegen die Hypothese von De Vries zu sprechen, dass Arten abwechselnd Perioden vergleichsweiser Stabilität und Perioden mit Schwärmen durchlaufen von Mutationen auftreten. Wir halten es für wahrscheinlicher, dass alle Arten in größeren oder kleineren Abständen diskontinuierliche Variationen hervorrufen und dass die natürliche Selektion auf diese einwirkt.

Wir hoffen weiterhin, dass es uns gelungen ist, deutlich zu machen, was unserer Meinung nach die sehr scharfe Unterscheidung zwischen kontinuierlichen und diskontinuierlichen Variationen ist, selbst wenn letztere, wie es häufig vorkommt, unbedeutend sind.

Somatische und Keimvariationen

Bevor wir das Thema der Variation verlassen, ist es notwendig, die Unterscheidung zwischen somatischen und Keimvariationen zu beachten, die Weismann als erster hervorhob.

Jeder erwachsene Organismus muss als Ergebnis zweier Kräfte betrachtet werden; vererbte Tendenzen oder innere Kräfte und die Wirkung der Umwelt oder äußerer Kräfte. Die Unterschiede, die die verschiedenen Mitglieder einer Familie aufweisen, sind zum Teil auf die anfänglichen Unterschiede im Keimmaterial, aus dem sie bestehen, und zum Teil auf die Unterschiede in ihrer Umgebung zurückzuführen. Die ersteren Unterschiede sind das Ergebnis dessen, was wir Keimvariationen nennen könnten, und die letzteren das Ergebnis somatischer Variationen. Von einer bestimmten Variante lässt sich kaum sagen, dass es sich um eine keimartige oder eine somatische Variante handelt, da ein sich entwickelnder Organismus bereits vor der Geburt Umwelteinflüssen ausgesetzt war. Einer aus einem Wurf hat möglicherweise mehr Nahrung erhalten als die anderen. Dennoch ist jede ausgeprägte Variation, die bei der Geburt auftritt, wahrscheinlich weitgehend keimbedingt. Laut Weismann und der Mehrheit der Zoologen besteht ein grundlegender Unterschied zwischen diesen Keim- und somatischen Variationen darin, dass erstere tendenziell vererbt werden, während letztere nie vererbt werden. Weismann glaubt, dass die Zellen, die die Zeugungsorgane des sich entwickelnden Organismus bilden werden, sehr früh in der Entstehung des Embryos von den Zellen getrennt werden, die den Körper aufbauen, und dass sie von ihnen so isoliert werden, als ob sie eingeschlossen wären in einem hermetisch verschlossenen Kolben, so dass sie von jeglichen Veränderungen, die die Umgebung in den Körperzellen hervorruft, völlig unberührt bleiben. Daher, sagt Weismann, können erworbene Charaktere nicht vererbt werden.

Während die Mehrheit der Zoologen glaubt, dass erworbene Eigenschaften nicht vererbt werden, werden wahrscheinlich nicht viele so weit gehen wie Weismann und behaupten, dass die Umwelt *keinerlei* Einfluss auf die Keimzellen haben kann.

Somatische Variationen

Auch wenn erworbene Charaktere oder Variationen nicht vererbt werden, bedeutet dies nicht, dass sie keine wichtige Rolle in der Evolution spielen. Erworbene Variationen sind das Ergebnis der Art und Weise, wie ein Organismus auf seine Umgebung reagiert. Wenn ein Organismus nicht in der Lage ist, auf seine Umwelt zu reagieren, muss er unweigerlich sterben. Wenn es reaktionsfähig ist, spielt es für die Überlebenschancen des Organismus keine Rolle, ob die Anpassung das Ergebnis einer angeborenen oder einer somatischen Variation ist. Dies soll anhand eines hypothetischen Beispiels verdeutlicht werden. Nehmen wir an, dass ein bestimmtes Säugetier aufgrund der Intensität des Existenzkampfes gezwungen ist, in die arktischen Regionen auszuwandern. Nehmen wir weiter an, dass dieser Organismus von einer Kreatur gejagt wird, die eher nach dem Sehen als nach dem Geruch jagt. Stellen wir uns noch weiter vor, dass diese räuberische Art schneller ist als unser Tier, das sie jagt. Es liegt auf der Hand, dass es bei sonst gleichen Bedingungen umso wahrscheinlicher ist, dass das gejagte Tier der Beobachtung seiner Feinde entgeht, um zu überleben und Nachkommen zur Welt zu bringen, je besser es sich an seine Umgebung anpasst . Nehmen wir nun an, dass der Glanz des schneebedeckten Bodens sein Fell ausbleichen würde. Dieses Aufhellen des Fells ist eine somatische Variation, die durch die Umgebung hervorgerufen wird. Ein solches Tier wird ebenso schwer zu erkennen sein, wenn das Bleichen so erfolgt ist, dass es schneeweiß wird, als ob seine Weiße auf eine Keimvariation zurückzuführen wäre. Für seine Überlebenschancen spielt es also keine Rolle, ob seine Weiße das Ergebnis einer keimbedingten oder somatischen Variation ist. Wenn das Weiß jedoch auf eine somatische Variation zurückzuführen ist, zeigen seine Nachkommen keine Tendenz, die Variation zu erben. Sie müssen sich wiederum dem Bleichprozess unterziehen. Ist das Weiß hingegen auf eine Keimvariation zurückzuführen, neigen die Nachkommen dazu, diese Besonderheit zu erben und weiß zur Welt zu kommen. In einem solchen Fall ist es unwahrscheinlich, dass das Fell eines natürlich gefärbten Organismus durch den Schnee vollständig ausgebleicht wird, und selbst wenn dies der Fall wäre, würde der Bleichvorgang einige Zeit in Anspruch nehmen, während das Tier vergleichsweise auffällig wäre. So dass diejenigen, die von Natur aus weißer als der Durchschnitt sind, das heißt diejenigen, bei denen die Tendenz zum Weiß als Keimvariation auftritt, weniger auffällig sind als diejenigen, die dazu neigen, die gewöhnliche Farbe zu haben. Somit haben die ersteren eine bessere

Überlebenschance und werden wahrscheinlich ihr Weiß an ihre Nachkommen weitergeben, sofern es auf eine keimbedingte oder angeborene Variation zurückzuführen ist.

Auch wenn also nichts von der Weiße aufgrund somatischer Variationen auf die Nachkommen übertragen wird, sind solche Variationen für die Art von erheblicher Bedeutung, da sie ihr das Überleben ermöglichen und Zeit für das Auftreten der Keimvariationen in der erforderlichen Richtung geben.

Dass dieser Fall nicht rein hypothetisch sein muss, zeigt die Tatsache, dass braune Haustauben, die bei frischer Mauser eine erdbraune Farbe haben, in der Sonne bald zu einem matten, cremigen Farbton verblassen. So könnte eine an einen gewöhnlichen Boden angepasste Färbung bald auch für eine Wüstenumgebung geeignet sein. Auch der Brandwurm, normalerweise ein leuchtend kastanienbrauner Vogel, der sich an exponierten, sonnigen Orten aufhält, verblasst in vielen Fällen sehr stark und wird fast strohfarben.

Viele Variationen, die Organismen aufweisen, sind gemischter Art und teilweise das Ergebnis innerer Kräfte und teilweise auf die Einwirkung der Umwelt zurückzuführen. Soweit sie auf Letzteres zurückzuführen sind, scheinen sie nicht vererbt zu sein.

Obwohl wir daher bei vielen Variationen nicht sagen können, ob sie keimbedingter, somatischer oder gemischter Art sind, ist es von großer Wichtigkeit, die grundlegenden Unterschiede zwischen den beiden Arten ständig im Auge zu behalten.

Einige somatische Variationen sind auf die direkte Einwirkung der Umwelt zurückzuführen; Sie sind lediglich Ausdruck der Art und Weise, wie ein Organismus auf äußere Reize reagiert.

Was ist die Ursache für Keimvariationen? Auf diese Frage können wir noch keine zufriedenstellende Antwort geben.

Der Versuch, ihren Ursprung zu erklären, führt uns in den Bereich der Theorie. Dies ist zweifellos ein Reich voller Faszination, aber es ist eine unerforschte Region extremer Dunkelheit, in der es unserer Meinung nach kaum möglich ist, den richtigen Weg einzuschlagen, bis mehr Licht auf die Tatsachen geworfen wird.

Im Kapitel, das sich mit der Vererbung befasst, werden wir aufzeigen, in welche Richtung künftige Fortschritte wahrscheinlich gemacht werden.

- 78 -

KAPITEL IV

HYBRIDISMUS

Die angebliche Sterilität von Hybriden ist ein Stolperstein für Evolutionisten – **Huxleys** Ansichten – Wallace über die Sterilität von Hybriden – Darwin über dasselbe – **Wallaces Theorie, dass die Unfruchtbarkeit von** Hybriden durch natürliche Selektion verursacht wurde um die Übel der Kreuzung zu verhindern – Kreuzungen zwischen verschiedenen Arten, die nicht unbedingt unfruchtbar sind – Fruchtbare Kreuzungen zwischen Pflanzenarten – Sterile Pflanzenhybriden – Fruchtbare Säugetierhybriden – Fruchtbare Vogelhybriden – Fruchtbare Hybriden zwischen Amphibien – Grenzen der Hybridisierung – **Mehrfachhybriden** – Merkmale von Hybriden – Hybridismus scheint keinen großen Einfluss auf die Entstehung neuer Arten gehabt zu haben.

Die angebliche Sterilität der Hybriden, die durch Kreuzung verschiedener Arten entstehen, hat sich seit langem als großes Hindernis für Evolutionisten erwiesen. Vor allem Huxley spürte die Wucht dieses Einwandes gegen die darwinistische Theorie. Wenn die Hybriden zwischen natürlichen Arten unfruchtbar sind, während diejenigen aller Sorten, die der Züchter hervorgebracht hat, vollkommen fruchtbar sind, ist es für Evolutionisten offensichtlich völlig sinnlos, mit Stolz auf die vom Züchter erzielten Ergebnisse zu verweisen und zu erklären, dass seine Produkte unterschiedlich seien in einem größeren Ausmaß voneinander abweichen als viele bekannte Arten.

„Nach reiflicher Überlegung und ohne Voreingenommenheit gegenüber Herrn Darwins Ansichten", schrieb Huxley 1860 an die *Westminster Review* , *„sind wir klar davon überzeugt, dass es nach heutigem Stand der Beweise nicht absolut bewiesen ist, dass eine Gruppe von Tieren alles hat. "* Die Merkmale, die Arten in der Natur aufweisen, sind seit jeher durch Selektion entstanden, sei es natürlich oder künstlich. Gruppen mit der morphologischen Natur von Arten, in der Tat verschiedene und dauerhafte Rassen, sind auf diese Weise immer wieder entstanden; aber es gibt derzeit keine eindeutigen Beweise dafür, dass eine Gruppe von Tieren durch

Variation und selektive Züchtung eine andere Gruppe hervorgebracht hat, die mit der ersten im geringsten unfruchtbar war. Herr Darwin ist sich dieser Schwachstelle vollkommen bewusst und bringt eine Vielzahl genialer und wichtiger Argumente vor, um die Kraft des Einwands abzuschwächen. Wir erkennen den Wert dieser Argumente voll und ganz an; wir werden sogar so weit gehen, unsere Überzeugung zum Ausdruck zu bringen, dass von einem erfahrenen Physiologen durchgeführte Experimente sehr wahrscheinlich in verhältnismäßig wenigen Jahren die gewünschte Produktion gegenseitig mehr oder weniger unfruchtbarer Rassen aus einem gemeinsamen Stamm erreichen würden; Dennoch darf dieser kleine „Riss innerhalb der Laute" beim gegenwärtigen Stand der Dinge weder verschleiert noch übersehen werden."

Angebliche Sterilität von Hybriden

Ähnlich schreibt Wallace zu Beginn von Kapitel VII: seines *Darwinismus* : „Eine der größten, oder vielleicht sagen wir die größte aller Schwierigkeiten bei der Annahme der Theorie der natürlichen Auslese als vollständige Erklärung für den Ursprung der Arten war der bemerkenswerte Unterschied zwischen Varietäten und." Arten hinsichtlich der Fruchtbarkeit bei Kreuzung. Im Allgemeinen kann man sagen, dass die Varietäten einer Art, wie unterschiedlich sie auch im äußeren Erscheinungsbild sein mögen, vollkommen fruchtbar sind, wenn sie gekreuzt werden, und dass ihre gemischten Nachkommen gleichermaßen fruchtbar sind, wenn sie untereinander gezüchtet werden; während andererseits verschiedene Arten, wie sehr sie äußerlich auch einander ähneln mögen, bei Kreuzung gewöhnlich unfruchtbar und ihre Hybridnachkommen absolut unfruchtbar sind. Früher galt dies als festes Naturgesetz, das den absoluten Maßstab und das Kriterium dafür darstellte, ob sich eine Art von einer Sorte unterscheidet; und solange man glaubte, dass Arten getrennte Schöpfungen seien oder zumindest einen Ursprung hätten, der sich von dem der Varietäten völlig unterschiede, konnte dieses Gesetz keine Ausnahmen zulassen, denn wenn sich herausstellte, dass zwei Arten bei der Kreuzung und ihrer Kreuzung fruchtbar waren Wenn die Nachkommen auch fruchtbar wären, hätte man diese Tatsache als Beweis dafür angesehen, dass es sich nicht um Arten, sondern um Sorten handelte. Hätte sich andererseits herausgestellt, dass zwei Varietäten unfruchtbar sind oder ihre gemischten Nachkommen unfruchtbar sind, dann hätte man gesagt: „Das sind keine

Varietäten, sondern echte Arten." So führte die alte Theorie unweigerlich dazu, dass im Zirkel argumentiert wurde, und was möglicherweise nur eine ziemlich allgemeine Tatsache war, wurde zu einem Gesetz erhoben, das keine Ausnahmen kannte."

Somit war die Sterilität von Hybriden ein zoologisches Schreckgespenst, das abgerissen werden musste. Der von Darwin und Wallace verfolgte Kampagnenplan bestand erstens darin, die Behauptung zu widerlegen, dass die Hybriden zwischen verschiedenen Arten immer unfruchtbar seien, und zweitens darin, einen Grund für die angebliche Sterilität dieser Hybriden zu finden.

Fruchtbare Hybriden

Darwin gelang es, einige Beispiele von Kreuzungen zwischen botanischen Arten zu erhalten, die angeblich fruchtbar waren. Diese zitiert er in Kapitel VIII. von *Der Ursprung der Arten* . Bei den Tieren hatte er weniger Erfolg. „Obwohl mir", schreibt er, „keine gänzlich gut authentifizierten Fälle perfekt fruchtbarer Hybridtiere bekannt sind, habe ich Grund zu der Annahme, dass die Hybriden von *Cervulus vaginalis* und *reevesii* sowie von *Phasianus colchicus* und *P. torquatus* und mit ." *P. versicolor* sind vollkommen fruchtbar. Es besteht kein Zweifel, dass diese drei Fasane, nämlich der gemeine Fasan, der echte Ringelhalsfasan und der Japanfasan, sich kreuzen und in den Wäldern mehrerer Teile Englands miteinander verschmelzen. Die Hybriden der Gemeinen Gänse und der Chinesischen Gänse (*A. cygnoides*), Arten, die so unterschiedlich sind, dass sie im Allgemeinen in verschiedene Gattungen eingeordnet werden, wurden in diesem Land oft mit einem reinen Elternteil gezüchtet, und in einem einzigen Fall haben sie sich untereinander *gezüchtet* . Dies wurde von Herrn Eyton erreicht, der zwei Hybriden von denselben Eltern, aber aus unterschiedlichen Schlüpfen züchtete; und von diesen beiden Vögeln zog er nicht weniger als acht Hybriden (Enkel der reinen Gänse) aus einem Nest. In Indien müssen diese Kreuzungsgänse jedoch weitaus fruchtbarer sein; Denn zwei überaus fähige Richter, nämlich Herr Blyth und Kapitän Hutton, versichern mir, dass in verschiedenen Teilen des Landes ganze Herden dieser gekreuzten Gänse gehalten werden; und da sie aus Profitgründen dort gehalten werden, wo keine reinen Elternarten existieren, müssen sie sicherlich sehr fruchtbar sein. [5] . . . Es gibt also wiederum Grund zu der Annahme, dass unser europäisches und das bucklige indische Vieh zusammen recht fruchtbar sind; und aufgrund der mir von Herrn Blyth mitgeteilten Tatsachen denke ich, dass sie als verschiedene Arten betrachtet werden müssen."

Darwin scheint mit den von ihm gesammelten Beweisen nicht sehr zufrieden gewesen zu sein, denn er sagte: „Wenn man sich schließlich alle ermittelten Fakten über die Kreuzung von Pflanzen und Tieren ansieht, kann man zu dem Schluss kommen, dass zunächst beides ein gewisses Maß an Unfruchtbarkeit aufweist." Kreuzungen und in Hybriden ist ein äußerst allgemeines Ergebnis; aber dass es nach unserem gegenwärtigen Wissensstand nicht als absolut universell angesehen werden kann."

In ähnlicher Weise schreibt Wallace: „Dennoch bleibt die Tatsache bestehen, dass die meisten Arten, die bisher gekreuzt wurden, sterile Hybriden hervorbringen, wie im bekannten Fall des Maultiers; während fast alle einheimischen Sorten bei Kreuzung Nachkommen hervorbringen, die untereinander vollkommen fruchtbar sind."

Darwin griff auf viele geniale Argumente zurück, um zu erklären, was seiner Meinung nach die fast universelle Sterilität von Hybriden im Gegensatz zu Mischlingen oder Kreuzungen zwischen Sorten war. Er wies darauf hin, dass veränderte Bedingungen tendenziell zu Unfruchtbarkeit führen, was durch die Tatsache belegt wird, dass sich viele Lebewesen weigern, sich in Gefangenschaft fortzupflanzen, und glaubte, dass die Kreuzung verschiedener Wildarten einen ähnlichen Effekt auf die Geschlechtsorgane habe. Er brachte seine Überzeugung zum Ausdruck, dass der frühe Tod der Embryonen eine sehr häufige Ursache für Unfruchtbarkeit bei Erstkreuzungen sei.

Wallace fasst Darwins Schlussfolgerungen hinsichtlich der Ursache der Sterilität von Hybriden so zusammen: „Die Sterilität oder Unfruchtbarkeit von Arten untereinander, ob sie sich nun in der Schwierigkeit manifestiert, erste Kreuzungen zwischen ihnen zu erhalten, oder in der Sterilität der so erhaltenen Hybriden, ist kein Problem." Es ist ein konstantes oder notwendiges Ergebnis des Artenunterschieds, hängt jedoch von unbekannten Besonderheiten des Fortpflanzungssystems ab. Diese Besonderheiten treten aufgrund der extremen Anfälligkeit dieses Systems ständig unter veränderten Bedingungen auf und sind meist mit Variationen der Form oder der Farbe verbunden. Da feste Unterschiede in Form und Farbe, die durch natürliche Selektion in Anpassung an veränderte Bedingungen langsam gewonnen werden, im Wesentlichen die verschiedenen Arten charakterisieren, ist ein gewisses Maß an Unfruchtbarkeit zwischen den Arten die übliche Folge."

Ein biologisches Schreckgespenst

Aber Wallace gab sich nicht damit zufrieden, die Angelegenheit dort zu belassen, wo Darwin sie verlassen hatte. Er hat mutig versucht, dieses Schreckgespenst der Unfruchtbarkeit der Hybriden zum Verbündeten zu machen. Auf Seite 179 des *Darwinismus* argumentiert er höchst genial, dass die Unfruchtbarkeit von Hybriden tatsächlich durch natürliche Selektion erzeugt wurde, um die Übel der Kreuzung verwandter Arten zu verhindern. Wir werden sein Argument nicht wiedergeben, und zwar aus dem einfachen Grund, dass mittlerweile bekannt ist oder bekannt sein sollte, dass Hybriden zwischen verwandten Arten keineswegs immer unfruchtbar sind. Die Lehre von der Unfruchtbarkeit von Hybriden scheint auf der Tatsache begründet zu sein, dass die den Züchtern am besten bekannten Hybriden, nämlich die Kreuzung zwischen Esel und Pferd sowie die Kreuzung zwischen Kanarienvogel und anderen Finken, unfruchtbar sind.

FRUCHTBARE KREUZUNGEN ZWISCHEN PFLANZENARTEN

Bei Pflanzen ist die Zahl der fruchtbaren Hybriden zwischen den Arten so groß, dass wir nicht versuchen können, sie aufzuzählen. De Vries zitiert mehrere Beispiele in Vorlesung IX von „ *Species and Varieties: Their Origin by Mutation"*.

Eine davon – die Hybride zwischen der violetten und der gelben Luzerne-Art, die Botanikern als *Medicago media bekannt* ist – wird, schreibt De Vries, „in einigen Teilen Deutschlands in großem Umfang angebaut, da sie produktiver ist als die gewöhnliche Luzerne." ." Weitere Beispiele für perfekt fruchtbare Pflanzenhybriden, die De Vries anführt, sind die Kreuzungen zwischen *Anemone magellanica* und *A. sylvestris*, zwischen *Salix alba* und *Salix pentandra*, zwischen *Rhododendron hirsutum* und *R. ferrugineum*.

Er führt ein Beispiel einer Hybride an – *Ægilops speltæformis*, die zwar fruchtbar, aber nicht so fruchtbar ist wie eine normale Art. Es ist erwähnenswert, dass Burbank of California eine Hybride zwischen der Brombeere und der Himbeere erhalten hat, die nicht nur fruchtbar ist, sondern auch sehr beliebt ist, da sie eine neuartige Frucht hervorbringt.

STERILE PFLANZENHYBRIDEN

De Vries führt nicht annähernd so viele Beispiele steriler Hybriden an, vermutlich weil sie nicht so leicht zu finden sind. Er erwähnt die unfruchtbare „Gordon-Johannisbeere", die als Hybride zwischen der kalifornischen und der Missouri-Art gilt. Er gibt *Cytisus adami* auch als absolut unfruchtbare Hybride an, eine Kreuzung zwischen zwei Labernum-Arten – der gewöhnlichen und der violetten.

Bei den Tieren sind die bekannten Hybriden so viel weniger zahlreich, dass wir eine Liste erstellen können, die als ziemlich erschöpfend angesehen werden kann.

FRUCHTBARE SÄUGETIERHYBRIDEN

Wenn wir zunächst die Säugetiere betrachten, stellen wir fest, dass es zusätzlich zu den von Darwin zitierten Fällen mehrere dokumentierte Fälle von Kreuzungen zwischen genau definierten Arten gibt, die fruchtbar sind.

Es gibt die Hybride zwischen Braunbär und Eisbär, die vollkommen fruchtbar ist. Im London Zoological Gardens gibt es ein Exemplar dieser Hybride, ebenfalls eine Nachkommenschaft dieses Individuums von einem reinen Eisbären.

Das Hermelin wurde mit dem Hausfrettchen gekreuzt, einem Nachkommen des Iltis, einer sehr unterschiedlichen Art; Die resultierenden Hybriden erwiesen sich dennoch als fruchtbar.

Der amerikanische Bisonbulle produziert mit den als „Cataloes" bekannten heimischen Kuhhybriden, die fruchtbar sind. Die umgekehrte Kreuzung des Hausbullen mit der Bisonkuh gelingt jedoch überhaupt nicht, was uns an das erinnert, was bei Finkenhybriden geschieht.

Wenn Vogelliebhaber den Kanarienvogel mit wilden Finkenarten kreuzen, verwenden sie fast ausnahmslos einen Kanarienvogel als weibliches Elterntier, da domestizierte weibliche Tiere sich leichter vermehren als in Gefangenschaft gehaltene wilde Tiere.

Der heimische Yak brütet häufig im Himalaya mit der völlig unterschiedlichen Zebu- oder Buckelkuh Indiens, und die

Hybriden sind fruchtbar. Doch der Zebu und der Indische Büffel, die ständig Seite an Seite in den Ebenen Indiens leben, kreuzten sich überhaupt nicht.

Unter den wilden Wiederkäuern dieser Familie der Hohlhörner ist bekannt, dass sich der Himalaya-Argali-Schaf (*Ovis ammon*), ein riesiges Schaf von der Größe eines Esels, eine Herde Mutterschafe des Urial (*O. vignei*) angeeignet hat, einem sehr ausgeprägten Tier Art von der Größe eines Hausschafes. Viele Hybriden wurden geboren und diese wiederum züchteten mit den reinen Urialen der Herde.

In unseren Parks brütet der kleine japanische Sikahirsch (*Cervus sika*), eine Art etwa von der Größe des Damhirschs, mit einem noch deutlicheren saisonalen Farbwechsel und einem Geweih mit nur drei Zinken, mit dem Rotwild und den Hybriden sind fruchtbar.

In bestimmten Teilen Kleinasiens kreuzen die Eingeborenen das weibliche einhöckrige Kamel mit dem Männchen der baktrischen oder zweihöckrigen Art. Die Hybriden (die einhöckrig sind) vermehren sich mit den reinen Arten; aber obwohl die Hybriden stark und nützlich sind, sind die zu drei Vierteln gezüchteten Tiere offenbar von geringem Wert.

FRUCHTBARE VOGELHYBRIDEN

Bei den Vögeln stehen wir vor einer längeren Liste fruchtbarer Hybriden. Dies ist die natürliche Folge der Tatsache, dass eine größere Anzahl von Vogelarten in Gefangenschaft gehalten wird.

Die älteste bekannte fruchtbare Hybride ist die oben erwähnte zwischen der Gemeinen Gänse und der Chinesischen Gänse, aber es wurden seitdem noch viele andere registriert. Sogar unter vergleichsweise so selten gezüchteten Vögeln wie der Familie der Papageien hat sich eine fruchtbare Hybride gebildet, nämlich zwischen dem Australischen Rosellasittich (*Platycercus eximius*) und dem Wimpelsittich (*P. elegans*). Der Hybrid wurde erstmals als eigenständige Art beschrieben, der Rotmantelsittich (*P. erythropeplus*). Obwohl diese beiden Sittiche nahezu verwandt sind, unterscheiden sie sich doch sehr voneinander; Wimpel sind rot, blau und schwarz gefärbt, mit einem ausgeprägten jungen Gefieder von gleichmäßigem, mattem Grün; Die Rosella zeigt zusätzlich zu den oben genannten Farben viel Gelb und etwas Weiß und Grün. Darüber hinaus ist es wesentlich kleiner und weist kein ausgeprägtes jugendliches Kleid auf.

Es ist seit langem bekannt, dass der Amherstfasan (*Chrysolophus amherstiæ*) und der Goldfasan (*C. pictus*) *Hybriden produzieren, die entweder untereinander* oder mit den Eltern fruchtbar sind. Hier sind die Arten noch deutlicher ausgeprägt; Die Hauptfarben des Amherst sind nicht nur Weiß und Grün statt Rot und Gold, sondern er ist auch ein größerer Vogel mit einem größeren Schwanz und einem kleineren Kamm und einer kahlen Stelle um die Augen.

Die Spießente (*Dafila acuta*) und die Stockente oder Wildente und ihre einheimischen Nachkommen (*Anas boscas*) bringen bei gemeinsamer Verpaarung Hybriden hervor, die sich untereinander und mit der reinen Spießente als fruchtbar erwiesen haben. Jeder Sportler oder Besucher unserer Parks kann sich selbst von der Einzigartigkeit der betreffenden Arten überzeugen.

Die Bachstelze (*Motacilla lugubris*) und die Gebirgsstelze (*M. melanope*) haben in Volieren Hybriden hervorgebracht, die sich als fruchtbar erwiesen haben. Wie alle britischen Ornithologen wissen, unterscheiden sich die beiden Arten in jeder Hinsicht.

Der Halsabschneiderfink (*Amadina fasciata*) und der Rotkopffink (*A. erythrocephala*) aus Afrika haben sich in Volieren gekreuzt, und die Früchte haben sich als fruchtbar erwiesen. Der Rotkopffink ist neben anderen Unterschieden viel größer als der Halsabschneider, und bei den Männchen ist der Kopf komplett rot, nicht nur ein Halsband dieser Farbe.

Der Japanische Grünfink (*Ligurinus sinicus*), der nicht grün, sondern braun und grau ist und kräftigere gelbe Flügel- und Schwanzmarkierungen aufweist als unser größerer europäischer Grünfink, hat mit diesem letzteren Vogel fruchtbare Hybriden hervorgebracht.

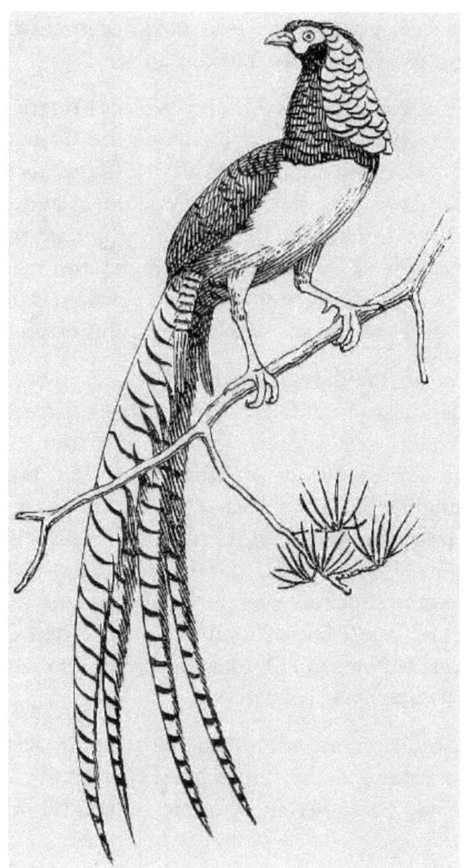

MÄNNLICHER AMHERST-FASAN

Die Hauptfarben dieser Art (*Chrysolophus amherstiæ*) sind weiß
und metallisch grün, so dass sie sich im Aussehen stark von
ihrem nahen Verbündeten, dem Goldfasan, unterscheidet.

Die Rote Taube Indiens (*Oenopopilia tranquebarica*) hat Hybriden
mit der zahmen Türkentaube (*T. risorius*) hervorgebracht und
diese haben sich erneut vermehrt, als sie mit der roten Art gepaart
wurden. *O. tranquebarica* weist zwar eine allgemeine Ähnlichkeit
mit der Türkentaube auf, unterscheidet sich jedoch deutlich von
ihr, da sie viel kleiner ist, einen kürzeren Schwanz hat und einen
deutlichen Geschlechtsunterschied aufweist (das Männchen ist
nur rot und das Weibchen eintönig). Auch seine Stimme

unterscheidet sich völlig von dem bekannten durchdringenden und musikalischen *Gurren* der Türkentaube.

Es gibt eine große Klasse fruchtbarer Wildhybriden, die zwischen Formen entstehen, die sich nur in der Farbe unterscheiden, wie zum Beispiel zwischen der Nebelkrähe (*Corvus cornix*) und der Aaskrähe (*Corvus corone*), den verschiedenen Arten von *Molpastes* Bulbuls und der Indischen Blauracke (*Coracias indica*) .) und Burmesische Roller (*C. affinis*). Tatsächlich kann man sagen, dass überall dort, wo zwei solcher Farbarten aufeinandertreffen, sie hybridisieren und mehr oder weniger verschmelzen.

In diesem Zusammenhang führten Sportler, wie von Darwin erwähnt, unbewusst ein äußerst interessantes Experiment durch, als sie vor mehr als einem Jahrhundert den Chinesischen Ringhalsfasan (Phasianus torquatus) und den Japanischen P. versicolor weitgehend in *ihre* Verstecke *einführten* . Erstgenannter hat sich so frei mit den dort bereits vorkommenden Arten (*Phasianus colchicus*) vermehrt, dass heutzutage fast alle unsere englischen Fasane Spuren des Kreuzes in Form von weißen Federn am Hals oder den grünen Schimmer des Gefieders am unteren Rücken aufweisen . Der Einfluss des Japanischen Grünen Fasans (*P. versicolor*) war sehr gering.

Es steht natürlich jedem offen, zu behaupten, dass es sich bei solchen Kreuzungen nicht um echte Hybriden handelt, da die Arten nicht völlig verschieden, sondern lediglich Farbmutationen sind.

Die Tatsache der Vermischung ist jedoch ein verhängnisvoller Schlag für die Theorie der Erkennungszeichen, da sie zeigt, dass allein eine unterschiedliche Farbgebung kein Mittel zur Verhinderung von Kreuzungen darstellt. Auf diese Angelegenheit werden wir später zurückkommen.

FRUCHTBARE HYBRIDEN UNTER AMPHIBIEN

Unser Kammmolch (*Molge cristata*) und der Kontinentale Marmormolch (*M. marmorata*) kreuzten sich in Frankreich im wilden Zustand, und die resultierende Hybride wurde zunächst als eigenständige Art unter dem Namen *Molge blasii beschrieben* . Diese beiden Molche unterscheiden sich stark im Aussehen. Beim Marmormolch ist die Färbung oben leuchtend grün und schwarz und zeigt unten kein Orange, wodurch sie sich stark von der des Kammmolchs unterscheidet, der oben schwarz und unten orange gesprenkelt ist, während der Kamm des brütenden Männchens dieser Art ist Es fehlen die Kerben, die beim Kammmolch so auffällig sind.

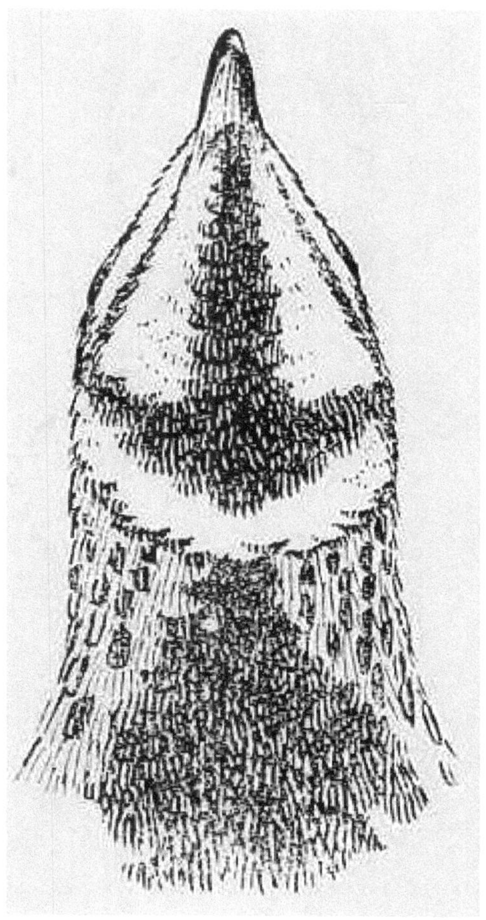

HARLEKIN-WACHTEL
(*Coturnix delegorguei*)

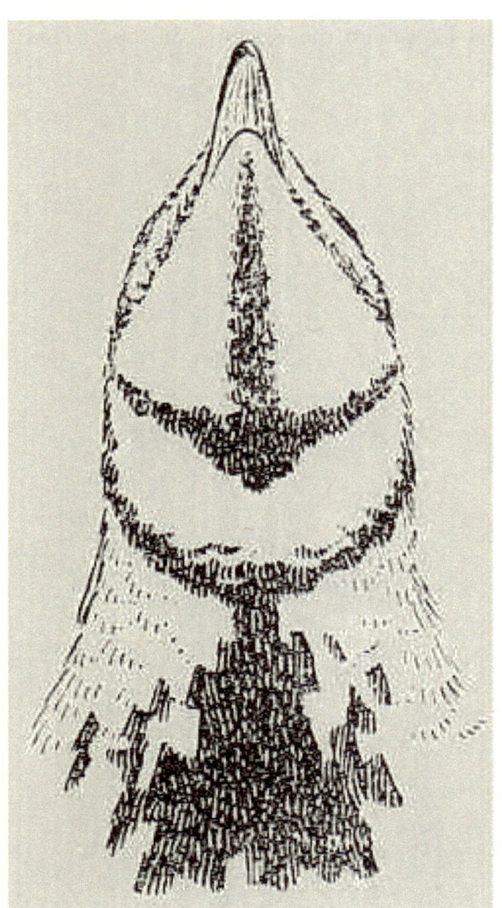

REGENWACHTEL
(*Coturnix coromandelica*)

Die Markierungen auf den Kehlen dieser Wachteln sind von der
Art, die normalerweise als „Erkennungszeichen" bezeichnet
wird, aber da die Harlekinwachtel afrikanisch und die
Regenwachtel indisch ist, können sich die beiden Arten
unmöglich kreuzen. Das Muster kann also keine „Erkennungs"-
Bedeutung haben.

INSEKTEN

Bei den Insekten gibt M. de Quatrefages an, dass die hybriden
Nachkommen der Seidenspinner *Bombyx cynthia* und *B. arrindia*

acht Generationen lang fruchtbar sind, wenn sie *untereinander gezüchtet werden* .

GRENZEN DER MÖGLICHKEITEN DER HYBRIDISIERUNG

Hybriden können offenbar nur zwischen Arten derselben natürlichen Familie entstehen. Die Geschichten von Katzen-Kaninchen, Hirsch-Ponys, Geflügel-Enten und ähnlichen entfernten Kreuzungen scheitern bei näherer Betrachtung immer. Der Glaube an solch entfernte Kreuze prägte die alten „Bestiarien" und hält sich noch immer, wie die oben erwähnten fälschlicherweise angeblichen Kreuze bezeugen.

Dieser Glaube ist zweifellos auf die Tatsache zurückzuführen, dass die Hausrassen von Hunden, Hühnern usw. im Volksmund mit wirklich unterschiedlichen Arten verwechselt werden. Es ist bekannt, dass Mischlinge leicht gezeugt werden können, und daher entsteht die Annahme, dass Hybriden zwischen den am weitesten voneinander entfernten Arten möglich sind.

In der Praxis ist die am weitesten entfernte Kreuzung, von der authentifizierte Exemplare existieren, die zwischen dem Moorschneehuhn und dem Haushuhn (Zwerghahn). Es ist wahr, dass die Auerhühner von Ornithologen allgemein als eine Familie eingestuft werden, die sich von der Familie der Fasane und Rebhühner (*Phasianidae*), zu denen das Geflügel gehört, unterscheidet (*Tetraonidae*); aber die Verwandtschaft ist zugegebenermaßen sehr eng, und wir bezweifeln, dass allgemeine Zoologen die Erhaltung der Familien als unterschiedlich befürworten würden. Ornithologen neigen bekanntermaßen dazu, kleine Unterschiede bei der Erstellung einer Klassifizierung zu überbewerten. Daher kann man nach dem gegenwärtigen Stand unseres Wissens mit Sicherheit sagen, dass Arten, die zu verschiedenen natürlichen Familien gehören, nicht hybridisieren können.

In einigen Fällen wurden mehrere Hybriden hergestellt. So wurde vor vielen Jahren im Zoologischen Garten London eine Hybride zwischen dem Gayal of India (*Bos frontalis*) und der oben erwähnten Indischen Höckerkuh einem amerikanischen Bison ausgesetzt und brachte ein Doppelhybridenkalb hervor.

MG Rogeron aus Angers züchtete viele Hybriden aus einer männlichen Tafelente und einer Ente aus einer Stockente und einer Schnatterente.

Kürzlich ist es Herrn JL Bonhote gelungen, das Blut von fünf Wildentenarten in einem Individuum zu vereinen.

Herr JT Newman hat auch Turteltauben gezüchtet, die das Blut von drei verschiedenen Arten enthalten.

Eine Kreuzung, die normalerweise zu unfruchtbaren Nachkommen führt, kann in sehr seltenen Fällen ein fruchtbares Individuum hervorbringen; So gelang es Herrn A. Suchetet einmal, aus der nicht ungewöhnlichen Hybride aus zahmer Taube und zahmer Türkentaube (*Turtur risorius*), die normalerweise unfruchtbar ist, durch Paarung mit einer Taube einen Dreiviertelvogel zu gewinnen; aber der so erzeugte Vogel war, als er erneut mit einer Taube gepaart wurde, selbst unfruchtbar. Einige der hier aufgeführten Fälle scheinen Darwins Ansicht zu bestärken, dass Domestikation dazu tendiere, die Unfruchtbarkeit zu beseitigen; aber es ist zweifelhaft, ob dies aufrechterhalten werden kann. Die Hybride zwischen der Barbarie-Ente (*Cairina moschata*) und der Gemeinen Ente ist in der Regel auf jeden Fall unfruchtbar, ebenso wie die zwischen der Taube und der Taube; Dennoch sind alle diese Vögel seit langem domestiziert. Auch die Hybride zwischen Geflügel und Perlhuhn ist unfruchtbar, und die lange Domestizierung von Pferd und Esel hat die Unfruchtbarkeit des Maultiers nicht gemindert.

Charaktere von Hybriden

Bezüglich der Charaktere von Hybriden können einige Tatsachen festgestellt werden. Zunächst ist es wichtig zu beachten, dass die Merkmale der Hybride je nach Geschlecht der betreffenden Art variieren; Daher ist das „Hanni", das aus einem Pferd und einer Esel gezüchtet wird, ein anderes Tier als das echte „Maultier", das aus Esel und Stute gezüchtet wird, und diesem unterlegen ist.

In ähnlicher Weise informiert uns Herr GE Weston, ein großer Experte für britische Käfigvögel und ihre Hybriden, dass, wenn Hybriden aus einem männlichen Kanarienvogel und einem Stieglitz oder Zeisig gezüchtet werden – im Gegensatz zu der fast allgemeinen Praxis, den Hühnerkanarienvogel zur Kreuzung zu verwenden – Die Nachkommen sind in Größe und Farbe den auf herkömmliche Weise gewonnenen Hybriden unterlegen.

Hybriden, jedenfalls bei Tieren, unterscheiden sich von Kreuzungen zwischen Mutationen oder Farbvariationen dadurch, dass sie nicht das Phänomen der alternativen Vererbung aufweisen; Sie folgen nicht ausschließlich dem einen oder anderen

Elternteil, sondern weisen immer eine gewisse Vermischung der Merkmale beider auf, was schließlich auch zu erwarten war, da sich genau definierte Arten normalerweise in mehr als einem Merkmal unterscheiden.

So ähnelt die Kreuzung zwischen dem Amherst- und dem Goldfasan hauptsächlich dem letzteren, hat aber eine weiße Halskrause wie beim Amherst, während der Kamm, obwohl er in seiner Form der der Goldart ähnelt, weder gelb noch rot ist wie bei dieser Art wie im Amherst, aber von mittlerer Tönung, leuchtendes Orange.

Das Maultier zwischen Pferd und Esel vereint bekanntlich die Formen der beiden Eltern, orientiert sich jedoch farblich eher am Pferd als am Esel.

Wenn zwei entfernte Arten gekreuzt werden, von denen eine oder jede eine bestimmte strukturelle Besonderheit aufweist, erbt die Hybride solche Punkte nicht. Das Perlhuhn hat einen Helm und ein Paar Kehllappen am Oberkiefer; das gemeine Geflügel einen Kamm und ein Paar Kehllappen am Unterkiefer; aber bei der Hybride sind weder Kamm noch Helm noch Kehllappen vorhanden.

Der Flugenten hat eine nackte rote Augenklappe und das Männchen der Gemeinen Ente hat gekräuselte Mittelschwanzfedern; in der Hybride wird keine dieser Besonderheiten reproduziert.

Bei einer Kreuzung zwischen nahezu verwandten Formen kann die Besonderheit einer Art in der Hybride in veränderter Form reproduziert werden; So kommt zum Beispiel zwischen dem Mönchsgrashuhn (*Tetrao tetrix*) und dem Auerhuhn (*T. urogallus*) der gegabelte Schwanz des ersteren in geringem Maße beim Hybriden wieder zum Vorschein.

Sehr interessant sind die Fälle, in denen die Hybride keinem Elternteil ähnelt, sondern dazu neigt, einer völlig unterschiedlichen Art zu ähneln oder einen eigenen Charakter zu haben. So weisen die Hybriden zwischen dem gescheckten europäischen und dem kastanienbraunen afrikanischen Brandwurm (*Tadorna cornuta* und *Casarca cana*), die sich jetzt im British Museum befinden, eine deutliche Ähnlichkeit mit dem grauen australischen Brandwurm (*C. tadornoides*) auf. Auch bei den Fasanen sind die Kreuzungen zwischen gewöhnlichem Fasan und Goldfasan, gewöhnlichem Fasan und Amherstfasan,

Goldfasan und japanischem Fasan und Goldfasan und
Reevesfasan, die sich in der Färbung aller dieser Vögel stark
unterscheiden, bemerkenswert ähnlich, da es sich bei allen um
kastanienbraune Vögel mit braunem Fell handelt mittlere
Schwanzfedern. Diese können im British Museum besichtigt
werden. Dieses Phänomen ist zusammen mit dem oben
erwähnten Verschwinden spezieller Merkmale bei Hybriden
möglicherweise mit der „Umkehr" vergleichbar, die bei der
Kreuzung weit verbreiteter Hausrassen beobachtet wird, und
kann uns so eine Vorstellung vom Aussehen der Vorfahren der
Gruppen geben der betroffenen Arten.

untereinander gezüchtet wurden , scheint es keine Rückkehr zu den
ursprünglichen reinen Typen gegeben zu haben, wie dies bei der
Kreuzung von Farbformen der Fall ist.

M. Suchetet züchtete vier Generationen lang hybride Gold =
Amherst-Fasane, und sie behielten den Hybridcharakter. Die von
Darwin aus einem Paar gewöhnlicher chinesischer
Gänsehybriden gezüchteten Jungen „ähnelten", sagt er, „in jedem
Detail ihren Hybrideltern."

Wilde Hybriden

Wenn Hybriden – was weitaus häufiger der Fall ist – auf einen der
reinen Bestände zurückgezüchtet wurden, zeigten die
Hybridmerkmale erwartungsgemäß die Tendenz, schnell zu
verschwinden. Der dreiviertel nachgezüchtete Eisbär, der sich
jetzt im London Zoological Gardens befindet, ist bis auf einen
braunen Schimmer auf dem Rücken ein reiner Eisbär. Ein
dreiviertel Amherst = Goldfasan im British Museum ist bis auf
den größeren Kamm und einen roten Fleck auf dem Bauch ein
reiner Amherstfasan. Wenn Dreiviertel-Spießenten-Hybriden mit
Spießenten zurückgezüchtet wurden, verloren die Nachkommen
„jegliche Ähnlichkeit mit der Gemeinen Ente". Im Fall der oben
erwähnten Argali-urial-Wildschafherde vermehrten sich die
Hybriden mit den Urials, nachdem der usurpierende Argali-
Widder von Wölfen getötet worden war, mit dem Ergebnis, dass
die Herde wieder wie reines Urial aussah.

Abgesehen von dem sehr unwahrscheinlichen Fall, dass eine
Familie von Hybriden auszieht und selbst eine Kolonie gründet,
scheint die Auswirkung des Hybridismus auf die Entwicklung der
Arten wahrscheinlich gleich *Null gewesen zu sein* . Es ist jedoch
merkwürdig, dass Tiere, die zu drei Vierteln gezüchtet wurden,

selten, wenn überhaupt, in freier Wildbahn nachgewiesen wurden, obwohl es eine ganze Reihe wild gezüchteter Hybriden gibt.

Dies weist auf eine gewisse Unfähigkeit für den Kampf ums Dasein hin, selbst bei einer fruchtbaren Hybride. Es muss betont werden, dass Wildhybriden als Individuen immer äußerst selten sind, ungeachtet dessen, was über die Anzahl der aufgezeichneten Kreuzungen gesagt wurde.

Bei der Entenfamilie wurden mehr Hybridverbindungen beobachtet als irgendwo sonst im Tierreich. Trotzdem sah Finn kein einziges Mal eine hybride Ente zum Verkauf auf dem Markt in Kalkutta, obwohl er sieben Jahre lang ständig auf der Suche nach solchen Formen war; Hume verzeichnet auch kein solches Exemplar in seinem *Buch Game Birds and Wild Fowl of India* .

Der Hybrid, der als Einzeltier am häufigsten vorkommt, ist der zwischen Birkhuhn und Auerhuhn, der jährlich auf dem Kontinent registriert wird; aber es scheint unfruchtbar zu sein und hat daher keinen Einfluss auf die Art.

Wildhybriden zwischen Säugetieren sind sogar weitaus seltener als Vogelhybriden; die einzigen, die aktenkundig zu sein scheinen, sind die oben erwähnten zwischen den Argali und Urial; die zwischen Feld- und Blauhasen und Feld- und Polarfüchsen.

Eine Betrachtung der Phänomene des Hybridismus führt uns daher zu dem Schluss, dass, obwohl viele Hybriden fruchtbar sind, die Kreuzung verschiedener Arten nur geringe oder keine Auswirkungen auf die Entstehung der Arten hatte. Selbst wenn verwandte Arten wie Spießenten und Stockenten, deren hybride Nachkommen bekanntermaßen fruchtbar sind, im selben Brutgebiet leben und sich gelegentlich in der Natur kreuzen, scheint eine solche Kreuzung aus irgendeinem Grund keinen Einfluss auf die Reinheit dieser Arten zu haben die Arten.

Ganz anders ist natürlich die Wirkung der Kreuzung einer Mutation innerhalb einer Art mit der Elternform; Wie wir sehen werden, ähneln die Nachkommen wahrscheinlich dem einen oder anderen Elternteil. So dass, wenn die Mutation häufig genug auftritt und für die Art günstig ist, die neue Form im Laufe der Zeit die alte ersetzen kann.

KAPITEL V
NACHLASS

Phänomene, die eine vollständige Vererbungstheorie erklären muss – Beim gegenwärtigen Stand unseres Wissens ist es nicht möglich , eine vollständige Vererbungstheorie zu formulieren – Verschiedene Arten der Vererbung – **Mendels** Experimente und Theorie – Der Wert und die Bedeutung von Der Mendelismus wurde übertrieben – Dominanz manchmal unvollkommen – Verhalten des Kerns der Geschlechtszelle – **Chromosomen** – Experimente von Delage und Loeb – Die von Cué nicht an Mäusen und Castle an Meerschweinchen – Vorgeschlagene Modifikation des Allgemeinen - Angenommene Mendelsche Formeln – **Einheitszeichen** – Biologische Isomerie – Biologische Moleküle – Interpretation der Phänomene der Variation und Vererbung auf die Konzeption biologischer Moleküle – **Korrelation** – Zusammenfassung der Konzeption biologischer Moleküle.

Wir haben gesehen, dass Variationen erstens entweder erworben oder angeboren und zweitens schwankend oder diskontinuierlich sein können. Wir haben weiter gesehen, dass erworbene Variationen – jedenfalls bei den höheren Tieren – offenbar nicht vererbt werden und daher in der Evolution der Tierwelt keine sehr wichtige Rolle gespielt haben. Diskontinuierliche angeborene Variationen oder Mutationen sind die üblichen Ausgangspunkte für neue Arten. Es ist nicht unwahrscheinlich, dass schwankende angeborene Variationen, obwohl sie offenbar nicht direkt zur Entstehung neuer Arten führen, eine erhebliche Rolle bei der Entstehung neuer Arten spielen, da sie sozusagen den Weg für Mutationen ebnen können.

Wir sind nun in der Lage, uns mit der überaus schwierigen Frage der Erbschaft zu befassen. Wir wissen, dass Nachkommen dazu neigen, ihren Eltern zu ähneln, sich aber immer ein wenig von beiden Elternteilen und untereinander unterscheiden. Wie sind diese Phänomene zu erklären? Was sind die Gesetze der Vererbung, nach denen ein Kind dazu neigt, die Besonderheiten seiner Eltern zu erben, und was sind die Ursachen für Variationen, die dazu führen, dass sich Kinder *untereinander* und von ihren Eltern unterscheiden?

Zahlreiche Vererbungstheorien wurden entwickelt. Es ist kaum übertrieben zu behaupten, dass fast jeder Biologe, der sich intensiv mit diesem Thema beschäftigt hat, eine Vererbungstheorie hat, die sich mehr oder weniger stark von der Theorie jedes anderen Biologen unterscheidet.

Was die Phänomene der Vererbung betrifft, können wir sagen: *Tot homines tot sententiæ* .

Phänomene der Vererbung

Für diesen Sachverhalt gibt es einen guten und ausreichenden Grund. Wir verfügen noch nicht über genügend Fakten, um eine zufriedenstellende Vererbungstheorie formulieren zu können. Eine vollständige Vererbungstheorie muss unter anderem folgende Phänomene erklären:

1. Warum Lebewesen eine allgemeine Ähnlichkeit mit ihren Eltern aufweisen.

2. Warum sie sich von ihren Eltern unterscheiden.

3. Warum die Mitglieder einer Familie individuelle Unterschiede aufweisen.

4. Warum die Mitglieder einer Familie dazu neigen, einander ähnlicher zu sein als Einzelpersonen, die anderen Familien angehören.

5. Warum es manchmal „Sport" gibt.

6. Warum manche Arten variabler sind als andere.

7. Warum bestimmte Variationen sehr häufig auftreten.

8. Warum es scheinbar nie zu Abweichungen in bestimmte Richtungen kommt.

9. Warum ein Weibchen möglicherweise Nachkommen hervorbringt, wenn es mit einem Männchen seiner Art gepaart wird, und nicht, wenn es mit einem anderen Männchen seiner Art gepaart wird.

10. Warum Organismen, die durch Parthenogenese entstehen, ebenso variabel zu sein scheinen wie diejenigen, die sexuell produziert werden.

11. Warum bestimmte Tiere die Fähigkeit besitzen, verlorene Teile zu regenerieren, während andere diese Fähigkeit nicht haben.

12. Warum die meisten Pflanzen und einige der niederen Tiere ungeschlechtlich aus Stecklingen erzeugt werden können.

13. Warum Verstümmelungen nicht vererbt werden.

14. Warum erworbene Charaktere selten, wenn überhaupt, vererbt werden.

15. Warum die Eizelle die Polkörper hervorbringt.

16. Warum die Mutterzelle der Spermien vier Spermien hervorbringt.

17. Warum Unterschiede in der Art der den Ameisenlarven verabreichten Nahrung darüber entscheiden, ob sich diese zu geschlechtlichen oder neutralen Formen entwickeln.

18. Warum die Anwendung von Hitze, Kälte usw. auf bestimmte Larven die Natur der Imago oder des perfekten Insekts beeinflusst, die sie hervorbringen.

19. Warum die Weibchen einiger Arten Eier legen, aus denen ohne Befruchtung Junge hervorgehen können.

20. Warum einige Arten das Phänomen des Sexualdimorphismus aufweisen, andere jedoch nicht.

21. Zusätzlich zu all dem oben Gesagten muss eine zufriedenstellende Vererbungstheorie alle vielfältigen Phänomene berücksichtigen, die mit dem Namen Mendel verbunden sind. Es muss die verschiedenen Tatsachen erklären, mit denen wir uns im Kapitel über Hybridismus befasst haben, warum einige Arten bei Kreuzung unfruchtbare Hybriden hervorbringen, während andere fruchtbare Hybriden hervorbringen und wieder andere bei Kreuzung keine Nachkommen bilden; warum sich der Maulesel im Aussehen vom Maultier unterscheidet usw.

22. Es muss alle Tatsachen erklären, die den sogenannten Atavismus ausmachen.

23. Es muss das Phänomen der Vormachtstellung berücksichtigen.

24. Es muss das Warum und Warum der Korrelation erklären.

25. Es muss uns die Bedeutung der Ergebnisse der Experimente von Driesch, Roux und anderen erklären.

26. Es muss die Auswirkungen der Kastration auf Tiere verständlich machen.

Bestehende Theorien unbefriedigend

Nun kann keine bestehende Theorie der Vererbung auch nur annähernd eine zufriedenstellende Erklärung all dieser Phänomene geben.

Aus diesem Grund verzichten wir darauf, sie kritisch zu hinterfragen oder gar zu benennen.

Wir sind davon überzeugt, dass es beim gegenwärtigen Stand unseres Wissens nicht möglich ist, mehr als eine vorläufige Hypothese zu formulieren.

Man darf nicht glauben, dass wir die verschiedenen Theorien, die aufgestellt wurden, für wertlos halten. Falsche Hypothesen sind oft von größtem Nutzen für die Wissenschaft, denn sie regen Menschen zum Nachdenken an und regen Experimente an, durch die wichtige Wissenszuwächse erzielt werden.

Wir schlagen nun vor, bestimmte Tatsachen der Vererbung darzulegen und daraus einige Schlussfolgerungen zu ziehen – Schlussfolgerungen, die uns aufgezwungen zu sein scheinen.

Wir möchten unsere Leser bitten, sorgfältig zwischen den von uns dargelegten Fakten und den Schlussfolgerungen, die wir daraus ziehen, zu unterscheiden. Ersteres muss als Tatsache akzeptiert werden.

Die von uns vorgeschlagenen Interpretationen sollten streng geprüft, wir würden sagen, mit Argwohn betrachtet und alle möglichen Einwände erhoben werden. Nur so kann ein Wissensfortschritt erzielt werden.

Unter Vererbung verstehen wir das, was ein Organismus von seinen Eltern und anderen Vorfahren erhält – alle Eigenschaften, ob offensichtlich oder ruhend, die er von seinen Eltern erbt oder erhält. Professor Thomsons Definition – „alle Eigenschaften oder Charaktere, die ihren ursprünglichen Sitz, ihre physische Grundlage in der befruchteten Eizelle haben" – scheint alle Fälle abzudecken, mit Ausnahme derjenigen, bei denen Eier parthenogenetisch entwickelt werden.

Die erste Tatsache der Vererbung, die wir beachten müssen, ist, dass die Vererbung verschiedene Formen annehmen kann. Dies geht aus dem hervor, was im Kapitel über Hybriden dargelegt wurde.

Arten von Kreuzen

Bei der Betrachtung der Vererbungsphänomene ist es zweckmäßig, sich mit Kreuzen zu befassen, bei denen die Eltern einander nicht sehr ähnlich sind, weil wir so leicht in der Lage sind, den verschiedenen Charakteren jedes Elternteils zu folgen. Man kann vielleicht behaupten, dass solche Kreuzungen in der Natur nur selten vorkommen. Das ist wahr. Aber wir sollten bedenken, dass jede Vererbungstheorie die verschiedenen Tatsachen der Kreuzung erklären muss, sodass Kreuzungen aus der Sicht einer Vererbungstheorie genauso wichtig sind wie das, was wir als normale Nachkommen bezeichnen könnten. Da die Vererbung bei ersteren so viel einfacher zu beobachten ist , ist es nur natürlich, dass wir mit ihnen beginnen. Unsere Schlussfolgerungen müssen, wenn sie gültig sind, für alle Fälle gewöhnlicher Vererbung gelten, *dh* für alle Fälle, in denen die Nachkommen aus der Verbindung von Eltern hervorgehen, die einander sehr ähnlich sind. Wenn sich nun zwei ungleiche Formen kreuzen, fallen ihre Nachkommen in eine von sechs Klassen.

I. Sie ähneln möglicherweise genau einem Elternteil oder vielmehr dem Typus eines Elternteils, denn natürlich werden sie niemals einem Elternteil genau ähneln; sie müssen zwangsläufig schwankende Variationen aufweisen. Die Fälle, in denen die Nachkommen in allen Belangen genau einem Elterntyp ähneln, sind vergleichsweise selten. Sie treten nur dann auf, wenn sich die Eltern in einem, zwei oder höchstens drei Merkmalen voneinander unterscheiden. Wenn also eine gewöhnliche graue Maus mit einer weißen Maus gekreuzt wird, sind die Nachkommen alle grau, das heißt, sie ähneln dem grauen Elterntyp. Obwohl es sich um Mischlinge oder Hybriden handelt, sehen sie aus wie rein graue Mäuse. Dies wird als einseitige Vererbung bezeichnet.

II. Der Nachwuchs kann in einigen Charakteren einem Elternteil ähneln und in anderen Charakteren dem anderen. Sie können beispielsweise die Farbe eines Elternteils, die Form des anderen und so weiter haben. Wenn also ein reinrassiges, langhaariges und rauhaariges männliches Meerschweinchen mit Albino und einem farbigen, kurzhaarigen und glatthaarigen weiblichen Meerschweinchen gekreuzt wird, sind alle Nachkommen gefärbt, kurzhaarig und rauhaarig. Das heißt, sie ähneln dem Vater in puncto Rauhaar, der Mutter hingegen in puncto Pigmentierung und Kurzhaar. Diese Form der Vererbung kommt meist nur bei Kreuzungen zwischen zwei Arten vor, die sich nur in wenigen Merkmalen unterscheiden.

III. Der Nachwuchs kann eine Mischung aus den Charakteren der beiden Elternteile aufweisen. Sie können vom Typ mittelmäßig sein. Sie stehen nicht unbedingt in der Mitte zwischen den beiden Eltern; Einer der Elternteile könnte präpotent sein. Die Kreuzungen zwischen Pferd und Esel zeigen dies gut. Sowohl das Maultier, bei dem der Esel der Vater ist, als auch das Maultier, bei dem das Pferd der Vater ist, ähneln eher dem Esel als dem Pferd; aber der Maulesel ist weniger arschartig als das Maultier. Die Nachkommenschaft zwischen einem Europäer und einem Eingeborenen aus Indien ist ein gutes Beispiel für eine gemischte Vererbung; Eurasier sind weder so dunkel wie die Asiaten noch so hell wie die Europäer.

IV. Der Nachwuchs kann in einigen Körperteilen eine Besonderheit des einen Elternteils und in anderen Körperteilen die Besonderheit des anderen Elternteils aufweisen. Dies wird als partikuläre Vererbung bezeichnet. Ein gutes Beispiel für eine solche Vererbung ist das gescheckte Fohlen, das aus der Kreuzung eines schwarzen Vaters und einer weißen Stute hervorgegangen ist . Dies scheint keine übliche Form der Vererbung zu sein.

V. Die übliche Art der Vererbung ist vielleicht eine Kombination zwischen den Formen II. und III. In solchen Fällen zeigen die Nachkommen einige väterliche und einige mütterliche Charaktere sowie einige Charaktere, in denen die mütterlichen und väterlichen Besonderheiten vermischt sind. Ein Beispiel für die Vererbung dieser Beschreibung ist eine Kreuzung zwischen dem Goldfasan und dem Amherstfasan.

VI. Der Nachwuchs kann sich von beiden Elternteilen deutlich unterscheiden. Cuénot fand beispielsweise heraus, dass eine graue Maus, wenn sie mit einem Albino gekreuzt wird, manchmal schwarze Nachkommen hervorbringt.

Mendels Experimente

Die ersten beiden Erbarten wurden von Gregor Johann Mendel, Abt von Brunn, sorgfältig untersucht. Die Ergebnisse seiner Experimente wurden 1854 in den Proceedings of the Natural History Society of Brunn veröffentlicht, fanden jedoch damals kaum Beachtung.

Mendel experimentierte mit Erbsen, von denen es viele Sorten gibt. Er nahm eine Reihe von Sorten oder Unterarten, die sich in klar definierten Merkmalen voneinander unterschieden, wie etwa der Farbe der Samenschale, der Länge des Stiels usw. Er kreuzte die verschiedenen Sorten sorgfältig und kreuzte sie jeweils nur einen Charakter zu untersuchen. Er fand heraus, dass die Nachkommen solcher Kreuzungen in diesem besonderen Charakter nur einem der Elternteile ähnelten, während der andere Elternteil offenbar keinen Einfluss darauf ausübte. Mendel bezeichnete den Charakter, der bei den Nachkommen auftrat, als dominant und den Charakter, der unterdrückt wurde, als rezessiv. Wenn also große und kleine Sorten gekreuzt wurden, waren die Nachkommen alle groß. Daher sagte Mendel, dass Größe ein dominanter Charakter und Kleinheit ein rezessiver Charakter sei. Mendel kreuzte diese Kreuzungen dann untereinander und stellte fest, dass einige der Nachkommen einem Großelternteil in Bezug auf den betreffenden Charakter ähnelten, während andere dem anderen ähnelten, und er stellte fest, dass diejenigen, die den dominanten Charakter zeigten, dreimal so zahlreich waren wie diejenigen, die diesen zeigten rezessiver Charakter. Er fand außerdem heraus, dass alle Kreuzungen der zweiten Generation, die den rezessiven Charakter zeigten, sich rezessiv fortpflanzten; das heißt, als sie zusammen gezüchtet wurden, zeigten alle ihre Nachkommen dieses Merkmal. Die vorherrschenden Formen zeugten jedoch nicht alle rein; Einige von ihnen brachten Nachkommen hervor, die nur diesen dominanten Charakter zeigten, andere führten bei der Kreuzung zu einigen Formen mit dominantem Charakter und einigen mit rezessivem Charakter.

Es ist daher offensichtlich, dass Organismen völlig unterschiedlicher Abstammung einander im äußeren Erscheinungsbild ähneln können. Mit anderen Worten: Ein Teil des Materials, aus dem sich ein Organismus entwickelt, kann ruhen.

Mendelismus

Aus den obigen Ergebnissen folgerte Mendel im Fall der von ihm als alternierend bezeichneten Charaktere, dass bei den

Nachkommen nur das eine oder das andere des Paares auftauchen kann und dass sie nicht miteinander verschmelzen. Wenn beide Eltern einen der gegensätzlichen Charaktere aufweisen, zeigt dies der Nachwuchs natürlich auch. Wenn jedoch ein Elternteil einen Charakter zeigt und der andere den Gegencharakter, zeigt der Hybridnachwuchs nur einen, und zwar den dominanten. Der andere Charakter wird vorerst unterdrückt. Wenn diese Hybriden jedoch *untereinander gezüchtet* werden, zerfallen ihre Gameten oder Sexualzellen in ihre Bestandteile, und dann können sich die rezessiven Pflanzen mit anderen rezessiven Pflanzen vereinigen und so Nachkommen hervorbringen, die den rezessiven Charakter zeigen.

Seine Ergebnisse lassen sich in Symbolen darstellen.

Es sei T für die hohe Form und D für die Zwergform. Da die Nachkommen sowohl aus dem väterlichen als auch dem mütterlichen Gameten bestehen, können wir sie als TD darstellen. Aber Zwergwuchs ist, wie wir gesehen haben, rezessiv, so dass die Nachkommen alle so aussehen, als wären sie reine T-Menschen. Wenn wir diese TDs jedoch *inter se* züchten , zerfällt der Gamet oder die Geschlechtszelle jedes gekreuzten Individuums in seine Bestandteile T und D, die sich mit anderen freien T- oder D-Einheiten vereinigen, um TDs, TTs oder DDs zu bilden. Welche Kombinationsmöglichkeiten gibt es? AD eines Elternteils kann sich mit einem D des anderen Elternteils treffen und vereinigen, so dass die resultierenden Zellen reines D, *also DD*, sind und reine Zwergnachkommen hervorbringen. Oder der D-Gamet eines Elternteils kann sich mit einem T-Gameten des anderen Elternteils vereinigen, und das Ergebnis wird eine TD-Kreuzung sein, die aber, wie wir gesehen haben, wie ein reines T aussieht, also *groß* wird Organismus. In ähnlicher Weise kann sich ein T-Gamet eines Elternteils mit einem T-Gameten des anderen Elternteils vereinigen und eine reine Hochform erzeugen, oder er kann sich mit einem D-Gameten vereinigen und einen Hybrid-TD erzeugen, der eine Hochform hervorbringt. Somit sind die möglichen Nachkommenkombinationen DD, DT, TD, TT, aber alle diese drei letzteren enthalten den dominanten T-Gameten und entwickeln sich so zu großen Nachkommen; Daher werden wir *ex Hypothese* drei große Formen haben, die zu einer Zwergform hervorgebracht werden, aber von diesen drei großen Formen sind zwei nicht rein und vermehren sich nicht rein. Mendels experimentelle Ergebnisse stimmten mit dem überein, was wir erwarten würden, wenn die obige Erklärung korrekt wäre. Daher erscheint die Schlussfolgerung, dass es beim Geschlechtsakt zu einer solchen Aufspaltung der Gameten kommt, berechtigt.

Mendels Experimente sind von großer Bedeutung, denn sie geben uns einen Einblick in die Natur des Sexualakts. Aber wie es in solchen Fällen üblich ist, haben Mendels Schüler den Wert und die Bedeutung seines Werkes stark übertrieben. Man muss bedenken, dass Mendels Ergebnisse nur auf eine begrenzte Anzahl von Fällen anwendbar sind – auf das, was wir als ausgeglichene Charaktere bezeichnen könnten. Bei Charakteren, die sich nicht ausgleichen, die einander sozusagen nicht diametral gegenüberstehen, gilt das Mendelsche Gesetz nicht. Ein zweiter wichtiger Punkt ist, dass die Dominanz in vielen Fällen nicht annähernd so vollständig ist, wie sie sein sollte, wenn die Mendelsche Formel korrekt wiedergeben würde, was tatsächlich in der Natur geschieht. Darüber hinaus scheint die Trennung der Gameten nicht so vollständig zu sein, wie es die obige Hypothese erfordert. Die Phänomene der Vererbung scheinen weitaus komplexer zu sein, als der gründliche Mendelianer uns glauben machen möchte.

Es sei darauf hingewiesen, dass wir nicht die Tatsachen des Mendelismus, sondern einige Teile dessen, was wir die Mendelsche Theorie nennen könnten, beanstanden.

Reifung der Keimzellen

Bevor wir mit der Betrachtung einiger späterer Entwicklungen des Mendelismus fortfahren, müssen wir kurz einige der wichtigeren Tatsachen darlegen, die das Mikroskop über den Sexualakt ans Licht gebracht hat. Wir schlagen vor, diese nur in groben Zügen darzulegen. Diejenigen, die das Thema weiter verfolgen möchten, werden auf Professor Thomsons *Heredity verwiesen*.

Die Keimzellen bestehen wie alle anderen Zellen aus einem Zellkern, der in einer Zytoplasmamasse liegt. Der Zellkern besteht aus einer Reihe stäbchenförmiger Körper, die Chromosomen genannt werden, weil sie leicht anfärbbar sind.

Unter normalen Umständen scheinen diese Chromosomen Ende an Ende miteinander verbunden zu sein und sehen dann aus wie ein Seil in einem Gewirr.

Wenn eine Zelle im Begriff ist, sich in zwei Teile zu teilen, werden diese Chromosomen getrennt und können dann gezählt werden. Dabei stellt sich heraus, dass jede Zelle jeder Tier- oder Pflanzenart eine feste Anzahl dieser Chromosomen hat. So haben die Maus und die Lilie vierundzwanzig Chromosomen in jeder Zelle, während der Ochse angeblich sechzehn davon pro Zelle hat.

Wenn sich eine Zelle in zwei Teile teilt, teilt sich jedes dieser Chromosomen durch einen *Längsriss* in zwei Hälften, die scheinbar genau gleich sind. Die Hälfte jedes Chromosoms geht in jede Tochterzelle über, so dass jede von ihnen genau die Hälfte jedes einzelnen Stäbchenchromosoms besitzt. Bei der Zellteilung, die unmittelbar vor der Begegnung des männlichen Gameten bzw. der generativen Zelle mit dem weiblichen Gameten stattfindet, teilen sich die Chromosomen nicht wie üblich in gleiche Hälften. Bei dieser Teilung gelangt die Hälfte davon in die eine Tochterzelle und die andere Hälfte in die andere Tochterzelle, sodass sowohl die männlichen als auch die weiblichen Gameten vor der Befruchtung nur die Hälfte der normalen Chromosomenzahl enthalten. Beim Geschlechtsakt vereinen sich die männlichen und weiblichen Chromosomen und dann wird wieder die normale Anzahl gebildet, wobei jeder Elternteil genau die Hälfte beisteuert.

Experimente von Delage und Loeb

Bis auf wenige Ausnahmen scheinen sich Biologen darin einig zu sein, dass diese Chromosomen die Träger all dessen sind, was eine Generation von einer anderen erbt. Die wesentlichen Tatsachen des Geschlechtsakts sind also erstens, dass sich vor der Befruchtung die männlichen und weiblichen Gameten jeweils mit der Hälfte ihrer Chromosomen teilen; und zweitens besteht die befruchtete Zelle aus der normalen Anzahl von Chromosomen, von denen jeder Elternteil die Hälfte bereitgestellt hat. So zeigt das Mikroskop, dass der Kern der befruchteten Eizelle aus gleichen Beiträgen beider Elternteile besteht. Dies steht durchaus im Einklang mit den beobachteten Vererbungsphänomenen.

Aber Delage hat gezeigt, dass ein kernloses Fragment der Eizelle bei einigen niederen Tieren, wie zum Beispiel dem Seeigel, bei der Befruchtung durch ein Spermatozoon einen Tochterorganismus mit der normalen Chromosomenzahl hervorbringen kann. Umgekehrt zeigte Loeb, dass auf den Kern des Spermatozoons verzichtet werden kann. Es scheint also, dass entweder die Eizelle oder das Spermatozoon des Seeigels alle wesentlichen Elemente für die Produktion der perfekten Larve eines Tochterorganismus enthält. Wir kommen daher zu dem Schluss, dass die befruchtete Eizelle zwei Sätze voll ausgestatteter Einheiten enthält. Nur eines davon scheint zur Entwicklung des Organismus beizutragen. Wenn diese Menge aus Material besteht, das nur von einem der Eltern stammt, können wir sehen, wie es dazu kommt, dass wir im Falle einer Kreuzung eine einseitige Vererbung erhalten. Wenn sich jedoch die Einheiten der beiden Eltern vermischen, obwohl nur eine Gruppe in der Entwicklung aktiv ist, kommt es zu einer gemischten Vererbung. Wir können also davon ausgehen, dass die befruchtete Eizelle aus zwei Gruppen von Merkmalen besteht – einer dominanten Gruppe, die an der Produktion des resultierenden Organismus beteiligt ist, und einer rezessiven Gruppe, die an der Produktion des resultierenden Organismus nur wenig oder gar keine Rolle zu spielen scheint Organismus.

Dies entspricht durchaus den Mendelschen Vorstellungen.

Sei X ein Organismus mit den Einheitszeichen A *B* CD *E* F *G* und Y ein anderer Organismus mit den Einheitszeichen *a* b *c d* e *f* g.

Nehmen wir nun an, dass sich diese wie im Gegensatz zu Mendelschen Einheiten verhalten und dass die kursiv gedruckten Einheitenzeichen dominante sind. Dann ähnelt das resultierende Individuum jedem Elternteil in bestimmten Einheitsmerkmalen. Es kann durch die Formel a B cd E f G dargestellt werden, aber es enthält die Zeichen A b CD e F g in rezessiver Form, sodass seine vollständige Formel geschrieben werden kann

a B cd E f G

A b CD e F g

$\Big\}$

Wenn diese Hybriden gepaart werden, ist es *möglich* , Formen wie zu erhalten

ABCDEFG
ABCDEFG

Und

abcdefg

abcdefg

die genau dem ähneln

und diese sollten sich absolut wahr fortpflanzen, wenn die Trennung der Gameten so rein ist, wie es das Mendelsche Gesetz zu erfordern scheint.

Experimente von Cuénot und Castle

Es gibt jedoch bestimmte Tatsachen, die neuere Experimentatoren ans Licht gebracht haben und die darauf hindeuten, dass die Rassentrennung nicht so vollständig ist, wie es das Gesetz verlangt. Beispielsweise kann es vorkommen, dass die sogenannten reinen extrahierten Formen, wenn sie mit anderen Sorten gekreuzt werden, einige latente Eigenschaften aufweisen. So beobachtete Cuénot, dass extrahierte reine Albino-Mäuse, also solche, die von Hybridformen abstammten, sich nicht alle gleich verhielten, wenn sie mit anderen Mäusen gepaart wurden. Diejenigen, die aus Grau-Weiß-Hybriden gezüchtet wurden, verhielten sich bei der Kreuzung anders als diejenigen, die aus Schwarz-Weiß-Hybriden gezüchtet wurden; und darüber hinaus lieferten diejenigen, die von gelben × weißen Hybriden abstammten, bei der Kreuzung noch andere Ergebnisse. Castle verzeichnet ähnliche Phänomene bei Meerschweinchen und unterscheidet dementsprechend zwischen rezessiven und latenten Merkmalen. Rezessive Charaktere sind solche, die verschwinden, wenn sie mit einem dominanten Charakter in Kontakt kommen, aber wieder auftauchen, wenn sie von dem gegnerischen dominanten Charakter getrennt werden. Latenz wird von Castle als „ein Zustand der Aktivität, in dem ein normalerweise dominanter Charakter in einem rezessiven Individuum oder Gameten existieren kann" definiert.

Der gewöhnliche Mendelianer stellt sich einen Einheitscharakter in einem Kreuz vor, der Mendels Gesetz gehorcht, wie folgt:

der dominante Charakter ist nur zu sehen. Es scheint uns, dass jedes Einheitszeichen als doppelte Entität dargestellt werden sollte, also D(D), wobei der Teil innerhalb der Klammer latent ist. Das Kreuz scheint durch die Formel dargestellt zu werden

denn die Vereinigung scheint die Form der Übertragung der ruhenden latenten Charaktere anzunehmen. Nun wird ein extrahiertes reines Rezessiv nach dieser Hypothese die Formel tragen

Wenn solche rezessiven Formen gekreuzt werden, tauschen die beiden ruhenden Anteile normalerweise ihre Plätze und treten nie in Erscheinung, so dass diese extrahierten rezessiven Formen unter normalen Umständen genauso rein erscheinen wie die echten reinen rezessiven Formen, die durch die Formel dargestellt werden

Nehmen wir nun an, dass es aus irgendeinem Grund möglich ist, dass das latente D den Platz mit dem sichtbaren R tauscht, dann ist es offensichtlich, dass die unreine Natur der extrahierten und bisher scheinbar reinen Rezessivformen offenbar wird. Dies scheint unter bestimmten Umständen auch mit den entnommenen Albino-Mäusen zu passieren. Sie

besitzen latent den Charakter ihres dominanten Vorfahren.

Einheitencharaktere

Mendelsche Phänomene zwingen uns zu der Schlussfolgerung, dass Organismen eine Reihe von Einheitsmerkmalen aufweisen, von denen sich jedes in etwa auf die gleiche Weise verhält wie eine Keimwurzel in der Chemie, da eines oder mehrere dieser Merkmale durch andere ersetzt werden können, ohne die übrigen zu beeinträchtigen Einheitszeichen. Beispielsweise ist es möglich, die chemische Keimwurzel NH_3 durch die Keimwurzel Na_2 zu ersetzen; *Beispielsweise kann* $(NH_3)_2 SO_4$ (Ammoniumsulfat) in $Na_2 SO_4$ (Natriumsulfat) umgewandelt werden.

Zu der Schlussfolgerung, dass jeder Organismus aus einer Reihe einheitlicher Merkmale besteht, die sich manchmal mehr oder weniger unabhängig voneinander verhalten, scheinen die meisten Biologen gelangt zu sein, die sich mit den Phänomenen der Vererbung befasst haben. Zoologen sind meist der Meinung, dass diese Merkmale bzw. ihre Vorläufer als Einheiten in der befruchteten Eizelle existieren. Die Vorstellungen über die Natur dieser biologischen Einheiten waren sehr unterschiedlich. Fast jeder Biologe hat seiner besonderen Vorstellung davon einen Namen gegeben. So haben wir die Gemmules von Darwin, die Einheitszeichen von Spencer, die Biophoren von Weismann, die Mizellen von Naegeli, die Plastidula von Haeckel, die Plasomen von Wiesner, die Idioblasten von Hertwig, die Pangenen von De Vries und so weiter. Es ist unnötig, diese Liste zu erweitern. Es muss genügen, dass fast jeder Forscher, der sich mit den Phänomenen der Vererbung beschäftigt, an diese Einheiten glaubt und sie mit einem anderen Namen bezeichnet. Darüber hinaus stattet jeder sie mit Eigenschaften aus, die seinem Geschmack oder der Fruchtbarkeit seiner Fantasie entsprechen.

Chemische Moleküle

Diese Einheiten verhalten sich so, dass sie uns eine Analogie zwischen ihnen und den chemischen Molekülen nahelegen. Der sexuelle Akt scheint in mancher Hinsicht einer chemischen Synthese zu ähneln. Eines der bemerkenswertesten Phänomene der Chemie ist die Isomerie. Es kommt nicht selten vor, dass bei der Analyse zwei sehr unterschiedliche Substanzen die gleiche chemische Zusammensetzung aufweisen, das heißt, dass ihre Moleküle aus der gleichen Art von Atomen und der gleichen Anzahl davon bestehen. Daher sind Chemiker gezwungen zu glauben, dass die Eigenschaften eines Moleküls nicht nur von der Natur der Atome, aus denen es besteht, sondern auch von deren Anordnung innerhalb des Moleküls abhängen. Um ein konkretes Beispiel zu nennen: Die Analyse zeigt, dass sowohl Alkohol als auch Ether durch die chemische Formel $C_2 H_6 O$ dargestellt werden. Mit anderen Worten: Das Molekül jeder dieser

Verbindungen besteht aus zwei Atomen des Elements Kohlenstoff, davon sechs Element Wasserstoff und eines des Elements Sauerstoff. Nun besitzt jedes chemische Atom die Eigenschaft, die Chemiker als Wertigkeit bezeichnen, d. h. die Anzahl der anderen Atome, mit denen es sich direkt verbinden kann, ist streng begrenzt. Alle Atome desselben Elements haben die gleiche Wertigkeit. Einwertige Atome sind solche, die sich unter keinen Umständen mit mehr als einem anderen Atom verbinden können. Das Wasserstoffatom ist ein Beispiel für ein solches Atom. Zweiwertige Atome, wie zum Beispiel das von Sauerstoff, können sich mit einem anderen Atom ähnlicher Wertigkeit oder mit zwei einwertigen Atomen verbinden. Ebenso kann sich ein dreiwertiges Atom wie das von Stickstoff mit drei einwertigen Atomen vereinigen. Ein vierwertiges Atom wie Kohlenstoff kann sich mit vier einwertigen Atomen verbinden. Es gibt auch fünfwertige und sechswertige Atome. Indem Chemiker nun die Wertigkeit eines gegebenen Atoms durch einen Strich für jedes einwertige Atom angeben, mit dem es sich verbinden kann, konnten sie das Molekül jeder Verbindung oder zumindest jeder anorganischen Verbindung durch was darstellen ist als grafische oder strukturelle Formel bekannt. Somit wird Ethylalkohol durch die Formel dargestellt:

$$
\begin{array}{ccc}
H & & H \\
| & & | \\
H - C - C - \ddot{O} - H & = & C_2H_6O, \\
| & & | \\
H & & H
\end{array}
$$

und Methylether nach der Strukturformel:

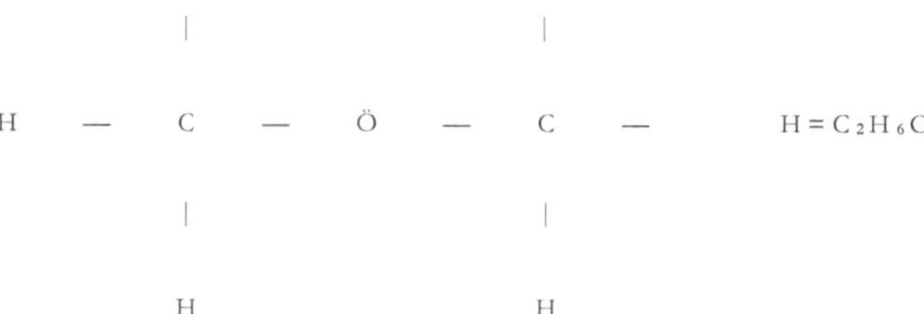

Die Formeln deuten auf eine ganz unterschiedliche Anordnung der jeweils neun Atome hin, aus denen das Molekül besteht. Auf diese unterschiedliche Anordnung sollen auch die unterschiedlichen Eigenschaften der beiden Verbindungen zurückzuführen sein. Eine grobe Veranschaulichung des Phänomens der Isomerie liefert die Schriftsprache. So können aus den Buchstaben t, a und r drei verschiedene Wörter gebildet werden, z. B. tar, art und rat. Sie bilden auch tra, was zufällig kein englisches Wort ist, obwohl es eines gewesen sein könnte.

Experimente des Gräfin von Linden

Bei Organismen beobachten wir manchmal ein Phänomen, das einer Isomerie sehr ähnelt. Das klassische Beispiel hierfür sind die Schmetterlinge *Vanessa prorsa* und *Vanessa levana* .

Früher glaubte man, sie gehörten zu unterschiedlichen Arten, da sie sich in ihrem Aussehen stark unterschieden. *Vanessa levana* ist rot mit schwarzen und blauen Flecken. *Vanessa prorsa* ist tiefschwarz mit einem breiten gelblich-weißen Band über beide Flügel. Mittlerweile ist bekannt, dass die *Levana* die Frühlingsform und die *Prorsa* die Sommer- und Herbstform derselben Art ist. Die Puppen von *Levana* produzieren die *Prorsa-* Form, aber Weismann fand heraus, dass sie, nachdem sie in einen Kühlschrank gelegt wurden, nicht als *Prorsa* , sondern teilweise als *Levana* und teilweise als eine andere Form schlüpften, die in vielerlei Hinsicht zwischen *Levana* und *Prorsa lag* . Weismann gelang es auch, indem er die Winterpuppe einer hohen Temperatur aussetzte, dass aus ihr die *Prorsa-* Form und nicht die *Levana- Form* entstand , wie es normalerweise der Fall wäre.

Ähnliche Ergebnisse wurden mit dem saisonal dimorphen *Pieris napi erzielt* . Standfuss, der Gräfin von Linden und andere haben bei anderen jahreszeitlich dimorphen Schmetterlingen ähnliche Ergebnisse erzielt. In einigen Fällen wurde nachgewiesen, dass die

Veränderung des Pigments rein chemischer Natur ist; Eine ähnliche Umwandlung kann im extrahierten Pigment erfolgen. Wir müssen jedoch bedenken, dass die auf diese Weise hervorgerufenen Veränderungen nicht nur auf die Farbe beschränkt sind; sie kommen in der Zeichnung und Form des Flügels vor.

Noch bemerkenswerter ist die Tatsache, dass bei einigen sexuell dimorphen Arten eine Temperaturänderung das Weibchen so verändert, dass es äußerlich das Aussehen des Männchens annimmt. Beispielsweise wurde festgestellt, dass Wärme die Farben der weiblichen *Rhodocera rhamni* und *Parnassius apollo* in die Farben der männlichen verwandelt.

Durch die Anwendung starker Lichtstrahlen, Elektroschocks oder Zentrifugen gelang es dem Gräfin von Linden, die Farben der Schmetterlinge, die aus den Raupen hervorgingen, zu verändern. Pictet experimentierte mit einundzwanzig Schmetterlingsarten bzw. mit ihren Raupen und stellte fest, dass sich die Raupen in fast allen Fällen, wenn sie ungewöhnliche Nahrung fraßen, zu Schmetterlingen mit abnormaler Färbung entwickelten. Schmankewitsch machte die Entdeckung, dass er im Fall des Krebstiers *Artemia* eine von zwei Arten hervorbringen konnte, abhängig von der Salzmenge im Wasser, in das diese Tiere gegeben wurden. Er erklärte, dass die anatomischen Unterschiede zwischen den Arten *Artemia salina* und *Artemia milhausenii* ausschließlich vom Salzanteil im umgebenden Wasser abhängen. Er erklärte weiter, dass er durch die Zugabe von noch mehr Salz die *Artemia* in eine neue Gattung umwandeln könne – *Branchipus* . Neuere Beobachter haben diese Ergebnisse Schmankewitschs in Frage gestellt. Sie geben jedoch zu, dass der Salzgehalt des Wassers einen gewissen Einfluss auf die Form der *Artemia hat* , obwohl sie vermuten, dass andere Faktoren als die Konzentration das Ergebnis beeinflussen. In jedem Fall ist mittlerweile bekannt, dass sich Veränderungen in der Umwelt auf die Färbung vieler Krebstiere auswirken. Pictet hat gezeigt, dass die abwechselnden Regen- und Trockenzeiten in einigen tropischen Ländern die Ursache bzw. der Auslöser für saisonalen Dimorphismus bei einigen Schmetterlingen sind. Er konnte durch die Luftfeuchtigkeit Veränderungen in der Färbung bestimmter Arten bewirken.

Die aus unserer Sicht wichtigsten Fälle sind solche, bei denen die Einwirkung von Hitze oder Kälte auf eine Puppe die Farbe, Form usw. des schlüpfenden Schmetterlings beeinflusst hat. Hier haben wir nur einen Faktor, nämlich die Temperatur. Der gesamte Stoff für die Bildung des Schmetterlings ist bereits in der Puppe gespeichert. Die Einheitszeichen oder ihre Vorläufer sind alle vorhanden und nehmen je nach dem angewendeten Reiz die eine oder andere Form an.

Biologische Isomerie

Wir glauben, dass Phänomene dieser Art nur unter der Annahme erklärt werden können, dass sich die betroffenen Einheitsmerkmale jeweils aus einem bestimmten Teil der befruchteten Eizelle entwickelt haben, dass jeder dieser Teile, diese Vorläufer der Einheitsmerkmale, wie ein chemisches Molekül, das aus einer Anzahl von Teilchen besteht, und dass von der Anordnung dieser Teilchen in seinem Vorläufer im Ei die Form abhängt, die der daraus abgeleitete Einheitscharakter annehmen wird. Eine Anordnung dieser Teilchen führt zu einer Form von Einheitscharakter, während eine andere Anordnung zu einer völlig anderen Form von Einheitscharakter führt.

Daher scheinen einige Organismen eine biologische Isomerie zu zeigen, die der chemischen Isomerie ähnelt, mit der Ausnahme, dass die Teilchen, die in Organismen die chemischen Atome ersetzen, unendlich komplexer sind.

Mit anderen Worten: Die Vorläufer jeder dieser Einheitsmerkmale in der befruchteten Eizelle verhalten sich in mancher Hinsicht wie chemische Moleküle.

Um die Erfindung neuer Begriffe zu vermeiden, können wir im übertragenen Sinne davon sprechen, dass die Keimzellen aus biologischen Molekülen bestehen, die ihrerseits aus biologischen Keimzellen und Atomen aufgebaut sind. Diese verhalten sich in gewisser Weise wie chemische Moleküle, Keimwurzeln bzw. Atome.

Biologische Moleküle

Es erscheint legitim, jede Charaktereinheit beim Erwachsenen als Ergebnis der Entwicklung eines oder mehrerer biologischer Moleküle zu betrachten, aus denen der Kern der befruchteten Eizelle besteht. Diese biologischen Moleküle sind natürlich millionenfach komplexer als chemische Moleküle. Jedes biologische Atom muss in sich eine Reihe sehr komplexer protoplasmatischer Moleküle enthalten. Diese Sicht auf den Aufbau der Keimzelle scheint sich dem Betrachter aufzudrängen. Ungeachtet dessen wird die Konzeption keinen Wert haben, wenn sie nicht den Anschein erweckt, Licht auf die verschiedenen Phänomene der Vererbung, Variation usw. zu werfen.

Versuchen wir dann, einige davon zu interpretieren.

Jedes chemische Element besteht aus Atomen, die alle von der gleichen Art sind, aber keine zwei Elemente bestehen aus der gleichen Art von Atomen, obwohl Chemiker heute dazu neigen, sich alle verschiedenen Arten von Atomen als in unterschiedlicher Menge zusammengesetzt vorzustellen einer Ursubstanz. In jedem Fall bestehen die Moleküle chemischer Verbindungen aus verschiedenen Atomarten. Bei biologischen Atomen scheint der Fall anders zu liegen. Alle scheinen aus der gleichen Art von Substanz zu bestehen, und die Unterschiede zwischen den verschiedenen Charaktereinheiten, aus denen ein Organismus besteht, scheinen auf die unterschiedliche Anzahl und die unterschiedliche Anordnung der biologischen Atome zurückzuführen zu sein, aus denen er besteht Moleküle, von denen Einheitszeichen abgeleitet werden. Dies würde durchaus mit der chemischen Vorstellung der Allotropie übereinstimmen. Somit bestehen sowohl die Graphit- als auch die Diamantmoleküle aus der gleichen Art von Atomen.

Aber die biologischen Atome leben, das heißt, sie durchlaufen ständig einen Anabolismus und Katabolismus, Wachstum und Zerfall. Sie weisen alle Erscheinungen des Lebens auf, sie müssen wachsen und sich teilen, und sie müssen Nahrung aufnehmen; Daher ist es nicht verwunderlich, dass sie sich untereinander geringfügig unterscheiden und das Phänomen der Variation aufweisen. Obwohl wahrscheinlich alle aus dem gleichen lebenden Material bestehen, sind keine zwei genau gleich, daher unterscheiden sich auch die von ihnen gebildeten Moleküle voneinander. So können wir verstehen, warum alle Organismen schwankende Variationen aufweisen.

Ganz unterschiedlich sind die diskontinuierlichen Variationen bzw. Mutationen. Diese scheinen entweder auf eine Neuordnung der biologischen Atome im biologischen Molekül oder auf dessen Aufspaltung in zwei oder mehr Moleküle zurückzuführen zu sein. Das ist natürlich eine reine Hypothese. Nehmen wir ein imaginäres Beispiel. Nehmen wir an, dass ein biologisches Molekül achtzehn biologische Atome enthält und dass diese in Form eines gleichseitigen Dreiecks angeordnet sind, von denen sechs auf jede Seite gehen. Nehmen wir nun an, dass sie sich aus irgendeinem Grund neu anordnen, um ein gleichschenkliges

Dreieck zu bilden, sodass nur vier die Basis bilden und sieben auf jede der verbleibenden Seiten gehen. Eine solche Anordnung würde zu einer Mutation führen. Nehmen wir nun an, dass sich dieses dreieckige biologische Molekül aus irgendeinem Grund in zwei Dreiecke mit jeweils drei Atomen auf jeder Seite aufspalten würde, dann würden wir eine noch deutlichere Mutation erhalten. Wir sind weit davon entfernt, zu sagen, dass die Atome im organischen Molekül jemals solche Formen annehmen. Wir haben lediglich versucht, grobe, aber einfache Darstellungen der Art von Prozessen zu geben, die dieser Hypothese zufolge in den Keimzellen oder den befruchteten Eiern ablaufen könnten.

Betrachten wir nun den sexuellen Akt unter diesem Aspekt. Die verschiedenen Moleküle (wir sprechen natürlich von biologischen Molekülen) des männlichen Elternteils treffen auf die des weiblichen Elternteils, und es kommt zu einer Synthese, die zur Bildung eines neuen Organismus führt. Wenn diese beiden Gametengruppen aufeinandertreffen, kann eines von mehreren Ereignissen eintreten. Die Gameten können sich weigern, sich zu verbinden. Dies wird immer dann der Fall sein, wenn sie von sehr unterschiedlicher Konstitution sind; daher kommt es, dass sich sehr unterschiedliche Arten nicht kreuzen. Es kann jedoch sogar vorkommen, dass Gameten von Individuen derselben Art sich aufgrund einer Besonderheit in der Zusammensetzung des einen oder anderen von ihnen weigern, sich zu verbinden. Zweitens können sie möglicherweise eine Art Vereinigung eingehen, aber aufgrund ihrer unterschiedlichen Natur können die resultierenden Moleküle so komplex sein, dass sie nicht in gleiche Hälften zerlegt werden können, und da dies für den sexuellen Akt notwendig zu sein scheint , wird der resultierende Organismus steril sein. Drittens können die beiden Gametengruppen eine echte Vereinigung eingehen, das heißt neue Moleküle bilden, diese können jedoch eine so unterschiedliche Struktur von den Molekülen der Gameten haben, dass die resultierenden Nachkommen ihren Eltern im Aussehen völlig unähnlich sein werden . Viertens können einige oder alle Gruppen von Keimwurzeln in jedem Gameten so eng miteinander verbunden sein, dass sie sich beim Geschlechtsakt nicht auflösen, sondern körperlich in den neu entstehenden Organismus eindringen. Unter diesen Umständen folgt die Vererbung der Nachkommen dem Mendelschen Gesetz. Fünftens kann es zu einer leichten Störung des Moleküls kommen, vielleicht werden ein oder nur wenige Atome durch die des anderen Gameten ersetzt. Dies würde uns eine unreine Dominanz verleihen.

Somit scheint diese Hypothese mit den verschiedenen Vererbungsarten kompatibel zu sein.

Auch das merkwürdige Phänomen der Präpotenz scheint mit dieser Vorstellung durchaus im Einklang zu stehen.

Bei chemischen Reaktionen besteht die Tendenz, dass die stabilsten Kombinationen gebildet werden, so auch in der Natur.

Wir können wahrscheinlich noch weiter gehen und sagen, dass nicht nur die stabilsten biologischen Moleküle gebildet werden, sondern dass die stabilsten Keimwurzeln das Molekül dominieren. Wenn also zwei beliebige Tiere gekreuzt werden und die Nachkommen eine abwechselnde Vererbung zeigen, wird der resultierende Organismus im Falle jedes Einheitsmerkmals den stabilsten des Paares aufweisen; Mit anderen Worten: Es wird sich nach dem Elternteil richten, das in Bezug auf diesen bestimmten Charakter die größere Stabilität aufweist. Der Unterschied zwischen dem Maultier und dem Maulesel scheint mit dieser Annahme erklärbar zu sein. Wenn die Vereinigung wie eine einfache chemische Synthese wäre, sollte es keinen Unterschied machen, auf welche Weise das Kreuz hergestellt wurde. Wenn die gekreuzten Arten jedoch eine unterschiedliche Stabilität aufweisen und ihr jeweiliger Stabilitätsgrad je nach Geschlecht variiert, ist es leicht zu erkennen, dass es einen Unterschied macht, wie die Tiere gekreuzt werden.

Bei Lebewesen, die dem Mendelschen Gesetz gehorchen, wird vermutlich die stabilste Form eines Einheitscharakters die dominante sein.

Eines der merkwürdigsten Phänomene der Vererbung ist die Korrelation. Wir werden uns ausführlicher damit in Kapitel VIII befassen. Es genügt hier zu sagen, dass bestimmte Merkmale in Organismen miteinander verbunden zu sein scheinen. Diese scheinen paarweise übertragen zu werden. Der Nachwuchs zeigt niemals eines dieser verwandten Paare, ohne auch das andere zu zeigen.

Es scheint also, dass bestimmte Kombinationen biologischer Atome, bestimmter Moleküle nur in Verbindung mit bestimmten anderen Kombinationen existieren können. Dies steht ganz im Einklang mit der Lehre der Physiologen über die gegenseitige Abhängigkeit der verschiedenen Organe des Körpers. Wir haben jetzt das Stadium der befruchteten Eizelle erreicht. Nach unserer Auffassung handelt es sich um eine Reihe oder Ansammlung von

Vorläufern der Einheitscharaktere des Erwachsenen. Diese Vorläufer nennen wir biologische Moleküle. Jedes ist von sehr komplexer Natur. Jedes scheint aus mehreren Teilen zu bestehen, von denen nur einer am Aufbau des Körpers der Nachkommen beteiligt ist, während die anderen Teile latent bleiben. Wir gehen weiterhin davon aus, dass es den verschiedenen Keimwurzeln, aus denen diese Moleküle bestehen, möglich ist, sich auf unterschiedliche Weise anzuordnen, und dass sich mit jeder neuen Anordnung eine andere Form des Einheitscharakters entwickeln wird. Diese Moleküle sind also aus Keimwurzeln beider Eltern aufgebaut, wobei die stabilsten Kombinationen gebildet werden und ein Teil des Moleküls das Ganze dominiert. Unter normalen Umständen führt dieser dominante Teil des Moleküls zu einem Charakter eines bestimmten Typs. Aber es scheint, dass andere Faktoren ins Spiel kommen und eine Neuordnung der Keimwurzeln bewirken könnten, aus denen es besteht, und dies wird zur Bildung eines Einheitscharakters führen, der sich von dem unterscheidet, zu dem es normalerweise führen würde.

Man könnte jedoch einwenden: Wenn die Farbe eines Organismus von einem dieser sogenannten biologischen Moleküle abgeleitet wird, wie kommt es dann, dass sie den gesamten Organismus oder zumindest mehrere der anderen Charaktereinheiten beeinflusst? Dem Einspruch kann auf verschiedene Weise entsprochen werden. Erstens können sich die farbbildenden Moleküle in so viele Teile aufspalten, wie Einheiten betroffen sind, und jeder Teil kann sich zu einer Einheit verbinden. Oder die Eigenschaft, die wir Färbung nennen, kann nicht von einem Molekül herrühren, sondern ein Ausdruck in den relativen Positionen der verschiedenen Moleküle in der befruchteten Eizelle sein. Oder das farbbestimmende Molekül sondert ein Ferment oder ein Hormon ab, und dies kann die Ursache für die besondere Färbung des resultierenden Organismus sein. Wir geben nicht vor, zu sagen, welche (wenn überhaupt) dieser alternativen Annahmen die richtige ist. Aber es scheint uns, dass uns eine solche Vorstellung wie die, die wir dargelegt haben, durch beobachtete Tatsachen aufgezwungen wird. Diese Konzeption sollte nicht als Theorie betrachtet werden, sondern vielmehr als Hinweis auf die Leitlinien, nach denen unserer Meinung nach die Erforschung der Vererbung am besten erfolgen könnte.

Die befruchtete Eizelle hat nichts von der Form des Lebewesens, das sie hervorbringen wird. Es ist lediglich ein potentieller Organismus, ein Etwas, das sich unter günstigen Bedingungen zu einem Organismus entwickeln wird.

Phänomen des Sex

Bei den höheren Tieren ist jedes Individuum entweder männlichen oder weiblichen Geschlechts. Zoologen haben eine Menge Einfallsreichtum aufgewendet, um herauszufinden, was das Geschlecht bestimmt. Viele Theorien wurden aufgestellt, aber keine von ihnen hat auch nur annähernd allgemeine Akzeptanz erlangt, weil ihre Gegner Tatsachen anführen können, die damit unvereinbar zu sein scheinen.

Es ist verlockend, das Phänomen des Geschlechts unter der Annahme zu interpretieren, dass das weiblich produzierende biologische Molekül oder die biologische Einheit ein Isomerid der männlich produzierenden Zelle ist. Bestimmte Tatsachen scheinen diese Idee jedoch zu widerlegen, wie zum Beispiel das gelegentliche Auftreten von Merkmalen des anderen Geschlechts bei einem Individuum eines Geschlechts.

Möglicherweise erweisen sich die Versuche, die Phänomene der Sexualproduktion auf Mendelscher Basis zu erklären, als erfolgreicher. Es scheint nicht unmöglich, dass jede befruchtete Eizelle Material enthält, das sich zu männlichen Geschlechtsorganen entwickeln kann, und Material, das sich zu weiblichen Geschlechtsorganen entwickeln kann, aber dass nur eine Art von Material, das dominiert, sich entwickeln kann. Die Anzahl der sogenannten „X-Elemente", die zufällig in der befruchteten Eizelle vorhanden sind, scheint darüber zu entscheiden, welche Art von Material dominieren soll.

Aber das Problem der Geschlechtsbestimmung, so faszinierend es auch sein mag, kann in einer allgemeinen Arbeit über die Evolution nicht angemessen diskutiert werden. Diejenigen, die sich für das Thema interessieren, werden auf *Heredity* von Professor Thomson und auf die Ansprache von Professor EB Wilson von der Columbia University vor der American Association for the Advancement of Science verwiesen, über die in der Ausgabe von Science vom *8.* Januar ausführlich berichtet wurde. 1909.

Kurz gesagt, unsere Vorstellung ist, dass die befruchtete Eizelle aus einer Reihe von Einheiten besteht, denen wir den Namen

„biologische Moleküle" gegeben haben, weil ihr Verhalten in gewisser Hinsicht dem chemischer Moleküle nicht unähnlich ist.

Die aus Protoplasma bestehenden Einheiten, aus denen diese Moleküle bestehen, sind mit allen Eigenschaften des Lebens ausgestattet, einschließlich der inhärenten Instabilität, die alle lebende Materie charakterisiert.

Wir vermuten, dass die kontinuierlichen oder schwankenden Variationen, die im erwachsenen Organismus auftreten, das Ergebnis individueller Unterschiede in den biologischen „Atome" sein könnten, aus denen das Molekül besteht.

Diskontinuierliche Variationen oder Mutationen hingegen können das Ergebnis einer Neuordnung der Atome innerhalb des biologischen Moleküls sein. Über die Ursachen dieser Neuordnung wäre es beim gegenwärtigen Stand unseres Wissens nicht sehr sinnvoll, darüber zu spekulieren. Dies zu tun hieße, nach der Ursache einer Neugruppierung von Entitäten zu suchen, deren Existenz wir nicht sicher sind! Soweit wir wissen, kann es zwischen den verschiedenen Molekülen und den Atomen, aus denen die Moleküle bestehen, zu einem intrazellulären Kampf um Nahrung kommen. Wenn ein Molekül einen besonderen Vorteil gegenüber den anderen genießt, kann dies zu einem ungewöhnlichen Grad der Entwicklung des resultierenden Einheitscharakters führen; mit anderen Worten: Das Ergebnis wird eine Variation im Organismus sein. Diese Variante kann sich für den Besitzer als günstig oder ungünstig erweisen.

Kampf um Nahrung

Bestimmte Phänomene scheinen auf einen Kampf um Nahrung zwischen den Keim- und Körperteilen der Eizelle, zwischen den Teilen, aus denen die Geschlechtszellen des resultierenden Organismus entstehen, und denen, aus denen der Körper des Organismus entsteht, hinzuweisen. Jedes Molekül kann sozusagen danach streben, auf Kosten der anderen zu wachsen. Daher ist es wahrscheinlich, dass eine große Größe in einem Organismus auf Kosten der keimzellbildenden Moleküle entsteht. Mit anderen Worten: Eine große Größe eines Organismus wäre mit übermäßiger Fruchtbarkeit unvereinbar. Das beobachten wir in der Natur. Andererseits wäre eine schlechte Entwicklung des Körpergewebes, wie im Fall von Darmparasiten, mit einer hohen Fruchtbarkeit verbunden. Manche Organismen sind bloße Säcke voller Eier.

Der Erfolg im Kampf um die Ernährung eines Moleküls könnte von den anderen Molekülen in seiner Nähe geteilt werden, daher das Phänomen der Korrelation.

Es ist daher denkbar, dass in einer Brut, die aus mehreren Individuen besteht, ein bestimmtes Molekül oder eine Gruppe von Molekülen in einem der Individuen mehr als seinen Anteil an Nahrung erhält und dies dazu führt, dass die Organe dieses Individuums aus dem Brunnen entspringen -ernährte Moleküle sind außergewöhnlich gut entwickelt. Dadurch entsteht das Phänomen der Unterschiede zwischen den Mitgliedern eines Wurfes oder einer Brut.

Die natürliche Selektion neigt dazu, diejenigen Individuen zu eliminieren, bei denen die resultierende Variation ungünstig ist. Wenn die Umgebung, wie im Falle eines inneren Parasiten, so beschaffen ist, dass die Produktion von Keimzellen die notwendigste Funktion des Organismus ist, dann vermehren sich die Individuen, bei denen die keimbildenden Moleküle auf Kosten der körperbildenden Moleküle vermehren wird tendenziell erhalten bleiben. Dies würde zu dem Phänomen führen, das Biologen als Degeneration bezeichnen. Die Ernährung der verschiedenen biologischen Moleküle hängt möglicherweise von ihrer relativen Position im Ei ab. Diejenigen, die sich in einer günstigen Lage befinden, werden sich dann tendenziell auf Kosten der anderen entwickeln . Dies führt zu Abweichungen entlang bestimmter Linien. Jede nachfolgende Generation wird zu einer verstärkten Entwicklung des jeweiligen Organs tendieren, das durch das günstig positionierte Molekül entsteht. Dieser Prozess kann, wie im Fall der Hörner des irischen Elchs, so lange andauern, bis die Entwicklung dieses bestimmten Organs so übermäßig wird, dass es geradezu schädlich ist; Dann greift die natürliche Auslese ein und eliminiert die Art. Doch bevor dies geschieht, kann es zu einer Neuordnung der biologischen Moleküle in der befruchteten Eizelle kommen und so eine Mutation entstehen, die sozusagen eine neue Linie schlägt.

Ursprung von Mutationen

Schließlich könnte es bei dieser Konzeption einen Zusammenhang zwischen schwankenden Variationen und Mutationen geben. Wir können uns vorstellen, wie sich die schwankenden Variationen aufeinander häufen, bis es zu einer

Neuordnung der Atome in einem oder mehreren biologischen Molekülen kommt, die wiederum eine Mutation verursacht.

Gelegentlich kann sich dieser Umbau eines biologischen Moleküls auf bestimmte andere Moleküle auswirken und so zu korrelierten Mutationen führen.

KAPITEL VI
DIE FÄRBE VON ORGANISMEN

Die Theorie der schützenden Färbung wurde ins Absurde getrieben – Sie hält einer genauen Prüfung nicht stand – Kryptische Färbung – Sematische Farben – Pseudosematische Farben – Batesianische und Müllersche Mimikry – Notwendige Bedingungen für Mimikry – **Beispiele** — **Erkennungsmarkierungen** — Die Theorie der obliterativen Färbung — Kritik der Theorie — Einwände gegen die Theorie der kryptischen Färbung — Der Weißgrad der arktischen Fauna ist übertrieben — Anschauliche Tabellen — Pelagische Organismen — Einwände gegen die Neo- Darwinistische Färbungstheorien findet man unter Feldnaturforschern – GAB Dewar, Gadow , Robinson, FC Selous zitiert – Farben von Vogeleiern – Warnung vor Färbung – Einwände gegen die Theorie – **Eisigs** Theorie – So- sogenannte einschüchternde Verhaltensweisen von Tieren – **Mimikry** – Argumente für die Theorie – Argumente gegen die Theorie – „ Falsche Mimikry " – Theorie der Farberkennung – Die widerlegte Theorie – Farben von Blumen und Früchten – Neo- Darwinistische Erklärungen – **Einwände** – Kay Robinsons Theorie – Schlussfolgerung , dass neodarwinistische Theorien unhaltbar sind – Einige Vorschläge zur Farbgebung von Tieren – Durch die Farbvielfalt von Organismen verläuft so etwas wie Ordnung – Der Zusammenhang zwischen biologischen Moleküle und Farbe – Tylor über Farbmuster bei Tieren – **Bonhotes** Theorie der P - Cilomere – Zusammenfassung der Schlussfolgerungen.

Seit der Veröffentlichung von *„The Origin of Species"* haben Naturforscher der Färbung von Tieren und Pflanzen große Aufmerksamkeit gewidmet, mit dem Ergebnis, dass eine große Mehrheit der Wissenschaftler heute davon ausgeht, dass alle oder fast alle Farben von Tieren gezeigt werden sind für sie von direktem Nutzen und daher das direkte Ergebnis der natürlichen Selektion; einige würden hinzufügen: „und der sexuellen Selektion."

„Von den zahlreichen Anwendungen der Darwinschen Theorie", schreibt Wallace, „war keine erfolgreicher bei der Interpretation

der komplexen Phänomene als diejenigen, die sich mit den Farben
von Tieren und Pflanzen befassen."

Robinson über schützende Färbung

Wir geben ohne weiteres zu, dass die darwinistische Theorie viel
Licht auf das Phänomen der Tierfärbung geworfen hat; Es hat
das, was vor Darwins Zeit Chaos war, auf so etwas wie Ordnung
reduziert. Obwohl wir dies zugeben, fühlen wir uns gezwungen
zu sagen, dass viele Naturforscher, insbesondere Dr. Wallace und
Professor Poulton, die verschiedenen Theorien der Tierfärbung
ins Absurde getrieben haben. Wie Dr. H. Robinson wahrhaftig
sagt (*Knowledge* , Januar 1909): „Es scheint eine
Selbstverständlichkeit gewesen zu sein, und sogar einige von Dr.
Wallaces Schriften können in diesem Sinne interpretiert werden,
dass eine schützende Färbung für den Fortbestand jeder Art
notwendig ist." , und dass es, abgesehen von der sexuellen
Färbung, den Naturforschern obliegt, in diesem Sinne geniale
Spekulationen anzustellen, um das Aussehen selbst der bizarrsten
und auffälligsten Tiere zu erklären. Von da an war es nur ein
kleiner Schritt bis zur Bekanntgabe dieser Spekulationen als
weitere Beweise für die natürliche Selektion und der
verschiedenen im spekulativen Prozess getroffenen Annahmen
als unbestreitbare Tatsachen."

Das Ergebnis davon ist, dass die Menschen aufgehört haben, die
neodarwinistischen [6] Theorien über schützende Färbung,
Mimikry und Erkennungsmarkierungen als bloße Hypothesen zu
betrachten, die Licht auf bestimmte Phänomene in der
organischen Welt zu werfen scheinen. Diese Theorien haben den
Rang von Naturgesetzen angenommen. Sie zu bestreiten,
erscheint ebenso sinnlos wie die Behauptung, die Erde sei flach.
An ihnen Anstoß zu nehmen, wäre ebenso lächerlich, wie
Einwände gegen Mont Blanc zu erheben. Es zu wagen, sie zu
kritisieren, ist Ketzerei der schlimmsten Art.

Ob wissenschaftliches Dogma oder kein wissenschaftliches
Dogma, wissenschaftliche Meinung oder keine wissenschaftliche
Meinung, wir haben es gewagt, diese Theorien im Gleichgewicht
von Beobachtung und Vernunft abzuwägen, und haben
festgestellt, dass sie mangelhaft sind. Wir haben diese mächtigen
Bilder aus Gold, Silber, Messing und Eisen untersucht und
festgestellt, dass an den Füßen viel Lehm ist.

Wir werden dieses Kapitel dem Heben des Saums des Gewandes der Heiligkeit widmen, das jedes dieser Bilder umhüllt, und so den verborgenen Lehm sichtbar machen.

Wir schlagen vor, zunächst in groben Zügen darzulegen, was unserer Meinung nach als faire Darstellung der verschiedenen heute allgemein akzeptierten Theorien zur Tierfärbung angesehen wird, dann die verschiedenen Schwachstellen dieser Theorien aufzuzeigen und schließlich den Versuch zu unternehmen um festzustellen, ob es in bestimmten Fällen nicht alternative Erklärungen gibt, auf die die allgemein anerkannte Theorie nicht anwendbar ist.

Kryptische Färbung

Neo-Darwinisten unterteilen die verschiedenen Formen der Färbung in drei große Klassen: (1) kryptische Färbung oder schützende und aggressive Ähnlichkeiten; (2) sematische Farben oder Warn- und Erkennungsfarben; und (3) pseudosematische Farben oder Mimikry. Eine tabellarische Darstellung dieses Farbschemas finden Sie auf den Seiten 293-297 von Professor Poultons *Essays on Evolution* .

In Bezug auf Klasse (1) weisen Neo-Darwinisten darauf hin, dass die große Mehrheit der Tiere so gefärbt ist, dass sie in ihrer natürlichen Umgebung nur sehr schwer zu erkennen sind, weshalb die Lebewesen, die in den schneebedeckten arktischen Regionen leben, weiß sind die sandige Farbe von Wüstentieren, das gefleckte Fell von Tieren, die zwischen Bäumen leben, die gestreiften Abzeichen von Tieren, die ihr Leben im hohen Gras verbringen, und das transparente Blau pelagischer Tiere. Die Theorie besagt, dass alle Arten von Tieren, egal ob sie jagen oder gejagt werden, große Vorteile daraus ziehen, dass sie der Farbe ihrer Umgebung ähneln. Die gejagten Kreaturen sind dadurch besser in der Lage, sich der Wachsamkeit ihrer Feinde zu entziehen, während diejenigen, die jagen, in der Lage sind, ihre Beute zu überraschen; So hat die natürliche Selektion dazu geführt, dass sie sich alle an die Farbtöne ihrer Umgebung anpassen. Neo-Darwinisten weisen darauf hin, dass einige arktische Tiere im Sommer braun sind, um zu dem Boden zu passen, von dem der Schnee geschmolzen ist, und im Winter weiß werden, um sich an ihren schneebedeckten Hintergrund anzupassen. Naturforscher führen als Beweis für diese Theorie außerdem den Fall jener Kreaturen an, die unbelebte Objekte wie

Blätter und Zweige imitieren und dadurch der Beobachtung ihrer Feinde entgehen.

So soll die große Mehrheit der Tiere kryptisch gefärbt sein, das heißt so gefärbt, dass sie in ihrem natürlichen Lebensraum, wenn nicht ganz unsichtbar, so doch zumindest sehr unauffällig sind.

Warnfärbung

Es wird jedoch allgemein anerkannt, dass viele Lebewesen keine kryptische Farbe haben. Einige scheinen tatsächlich so gefärbt zu sein, dass sie möglichst auffällig sind. Die Neo-Darwinisten erklären, dass es dafür einen Grund gibt. „Wenn", schreibt Professor Milnes Marshall (Seite 133 seiner *Lectures on the Darwinian Theory*), „ein Tier, das zu einer Gruppe gehört, die dazu neigt, von anderen gefressen zu werden, einen ekelerregenden Geschmack hat, oder wenn ein Tier, wie z Da die Wespe besonders bewaffnet und giftig ist, ist es für sie von Vorteil, sie schnell zu erkennen und daher von Tieren zu meiden, die sie möglicherweise als Nahrung aufnehmen.

„Daher entsteht eine Warnfärbung, deren Erklärung Wallace zu verdanken ist. Darwin, der den Grund für die auffällige Färbung einiger Raupen nicht erklären konnte, erklärte Wallace gegenüber sein Problem und bat um Vorschläge. Wallace dachte über die Angelegenheit nach, berücksichtigte alle bekannten Fälle und wagte dann die Vorhersage, dass Vögel und andere Feinde solche Raupen ablehnen würden, wenn sie ihnen angeboten würden. Diese zunächst auf Raupen angewandte Erklärung erstreckte sich bald auf erwachsene Formen, nicht nur auf Insekten, sondern auch auf andere Gruppen. . . . Insekten liefern viele bewundernswerte Beispiele für Warnfarben, und viele bekannte Beispiele kommen bei Schmetterlingen vor. Die besten Beispiele hierfür finden sich in drei großen Schmetterlingsfamilien – den *Heliconidae*, die in Südamerika vorkommen, den *Danaidae*, die in Asien und tropischen Regionen im Allgemeinen vorkommen, und den *Acræidæ* von Afrika. Sie haben große, aber eher schwache Flügel und fliegen langsam. Sie kommen immer sehr häufig vor, alle haben auffällige Farben oder Markierungen und oft eine besondere Flugform, an der man sie auf den ersten Blick erkennen kann. Die Farben sind auf der Ober- und Unterseite der Flügel fast immer gleich; Sie versuchen nie, sich zu verstecken, sondern ruhen auf der Oberseite von Blättern und Blüten. Darüber hinaus haben sie alle Säfte, die einen starken Duft verströmen; so dass, wenn sie durch Kneifen des Körpers getötet werden, eine Flüssigkeit austritt, die die Finger gelb färbt und einen Geruch hinterlässt, der nur durch wiederholtes Waschen entfernt werden kann. Dieser Geruch ist für den Menschen nicht sehr anstößig, Experimente haben jedoch gezeigt, dass er für Vögel und andere insektenfressende Tiere schädlich ist.

„Warnfarben sind oft stark gefärbte Werbung für die Ungeeignetheit als Lebensmittel. Es gibt zwei Arten von Insekten: solche, die äußerst schwer zu finden sind, und solche, die durch auffällige Farben und auffällige Verhaltensweisen hervorstechen. Warnfarben sind in der Regel dadurch zu erkennen, dass sie im Ruhezustand des Tieres auffällig sichtbar sind. Grobe Muster und verblüffende Farbkontraste sind typisch für Warnungen, und diese Farben und Muster ähneln oft einander; Schwarz kombiniert mit Weiß, Gelb oder Rot sind die häufigsten Kombinationen, und die Muster bestehen normalerweise aus Ringen, Streifen oder Flecken.“

Wir vertrauen darauf, dass uns dieses lange Zitat verzeiht wird. Unser Ziel bei der Wiedergabe eines so umfangreichen Auszugs ist es, den Neodarwinisten die Möglichkeit zu geben, für sich selbst zu sprechen. Würden wir ihre Theorie in unseren eigenen Worten darlegen, könnte uns möglicherweise vorgeworfen werden, sie sei ungenau. Wir sollten hinzufügen, dass die natürliche Auslese zwar die Ursache für die auffällige Färbung einiger Organismen gewesen sein soll, sie aber auch dazu geführt hat, dass andere bei einem Angriff einschüchternde Haltungen annahmen oder Warntöne wie ein Zischen ausstießen.

Batesianische Mimikry

Wir kommen nun zur dritten großen Klasse der Tierfarben – den mimetischen Farben. Es gibt zwei Arten von Mimikry, die nach ihren jeweiligen Entdeckern als Bates- und Müller-Mimikry bekannt sind.

Es wurde festgestellt, dass einige scheinbar auffällig gefärbte Schmetterlinge und andere Lebewesen für insektenfressende Tiere schmackhaft sind. Die Erklärung hierfür ist, dass diese auffälligen, aber essbaren Schmetterlinge Arten „nachahmen“, das heißt, sie sehen aus wie Arten, die ungenießbar sind, und weisen eine allgemeine Ähnlichkeit mit ihnen auf. Dies ist als Batesianische Mimikry bekannt. „Schutzmimikry“, schreibt Professor Poulton (*Essays on Evolution*, S. 361), „wird hier definiert als eine vorteilhafte oberflächliche Ähnlichkeit einer schmackhaften, wehrlosen Form mit einer anderen, die speziell verteidigt wird, um von der Mehrheit der Feinde nicht gemocht oder gefürchtet zu werden." der Gruppen, zu denen sowohl Nachahmer als auch Modell gehören – eine Ähnlichkeit, die die Sinne tierischer Feinde anspricht. . . erstreckt sich aber nicht auf tief verwurzelte Charaktere, es sei denn, die oberflächliche Ähnlichkeit wird dadurch beeinträchtigt."

Wie Wallace betont hat, müssen fünf Bedingungen erfüllt sein, bevor eine solche schützende Mimikry auftreten kann:

„1. Dass die nachgeahmten Arten im selben Gebiet vorkommen und dieselbe Station einnehmen wie die nachgeahmten. 2. Dass die Nachahmer immer wehrloser sind. 3. Dass die Nachahmer bei einzelnen immer weniger zahlreich sind. 4. Dass sich die Nachahmer von der Masse ihrer Verbündeten unterscheiden. 5. Dass die Nachahmung, wie klein sie auch sein mag, nur äußerlich und sichtbar ist und sich niemals auf innere Charaktere erstreckt oder auf solche, die die äußeren Charaktere nicht beeinflussen." (*Darwinismus* , Kap. ix.)

Daher soll der Nachahmer seine Feinde täuschen, indem er ihnen vorgaukelt, er sei die ungenießbare Spezies, die sie einst zu essen versuchten und geschworen hatten, sie nie wieder anzurühren, so abscheulich war das. Der Nachahmer kann also mit dem Esel im Löwenfell verglichen werden. Es versteht sich von selbst, dass diese Mimikry ziemlich unbewusst ist. Es soll durch natürliche Selektion entstanden sein. In jedem populären Buch über Evolution werden viele Beispiele für eine solche Nachahmung genannt. Wir können uns daher damit begnügen, nur einige zu erwähnen.

Beispiele für Mimikry

Unsere gewöhnlichen Wespen werden von einem Käfer (*Clytus arietis*) nachgeahmt, der sich bewegungsfreudig bewegt und schwarz und gelb gebändert ist, sowie von mehreren Schwebfliegen mit gelbem Streifen (*Syrphidæ*); und die Hummel durch eine Klarflügelmotte (*Sesia fuciformis*). Es gibt tatsächlich eine ganze Gruppe dieser hellflügeligen Motten, die Bienen, Wespen und anderen stechenden Hautflüglern ähneln. Der gewöhnliche indische Danaid-Schmetterling, *Danais chrysippus* , wird wunderbar durch das Weibchen von *Hypolimnas misippus* , einer mit unserem Purple Emperor verwandten Form, reproduziert. Das Männchen davon ist schwarz mit weißen, blau umrandeten Flecken, das Weibchen ist kastanienbraun, schwarz umrandet und mit weißen Flecken an den Flügelspitzen, wie bei den *Danais* . Finn hat experimentell gezeigt, dass diese Art bei Vögeln beliebt ist.

Ein weiterer häufiger indischer Danaid (*D. limniace*), schwarz, hellgrün gefleckt, wird von dem Weibchen einer der „weißen" Gruppen, *Nepheronia hippia* , *nachgeahmt, wenn auch nicht sehr genau* . Finn fand heraus, dass dieses Insekt von Vögeln gerne gefressen wurde und dass der gemeine Dschungelschwätzer (*Crateropus canorus*) durch die Nachahmung des Weibchens getäuscht wurde. Der sehr ekelerregende Indische Schwalbenschwanz (*Papilio aristolochiæ*) wird von einem anderen Schwalbenschwanz (*P. Polites*) genau nachgeahmt, beide haben schwarze Flügel mit roten und weißen Markierungen; *P. aristolochiæ* hat jedoch einen roten Hinterleib. Dieser Unterschied wurde von zwei Arten von Drongowürgern (*Dicrurus ater* und *Dissemurus paradiseus*), denen die Schmetterlinge angeboten wurden, nicht bemerkt; aber das Peking-Rotkehlchen (*Liothrix luteus*) – ein sehr intelligenter kleiner Vogel – versäumte es nicht, den Nachahmer auszusuchen und zu fressen, obwohl es durch die wunderbar perfekte Nachahmung von *Danais chrysippus* durch das Weibchen der *Hypolimnas getäuscht wurde* .

Solche Ähnlichkeiten können daher wirksam sein.

Die üblicherweise zitierten Fälle von Mimikry betreffen nur sehr wenige Säugetiere, wahrscheinlich, wie Beddard vermutet, weil es in dieser Klasse relativ wenige Arten gibt.

Von der insektenfressenden Gattung *Tupaia* wird angenommen, dass sie die Eichhörnchen imitiert, denen sie in ihrer Form bis auf die lange Schnauze in jeder Hinsicht sehr ähnelt; Die Idee dahinter ist, dass Eichhörnchen so aktiv sind, dass es für fleischfressende Tiere aussichtslos ist, sie zu verfolgen.

Auf der anderen Seite gibt es ein Eichhörnchen (*Rhinosciurus tupaioides*), das die Tupaias nachahmen soll! Es hat eine ähnlich lange Schnauze und den hellen Schulterstreifen, der bei Tupaias häufig vorkommt. Warum aber das Eichhörnchen, eines der nachgeahmten Mitglieder der Gruppe, wiederum zum Nachahmer werden sollte, wird nicht erklärt.

Die wahre Interpretation der Ähnlichkeit ist wahrscheinlich, dass sowohl Eichhörnchen als auch Tupaias an das Leben in Bäumen angepasst sind. Gleicher Beruf erzeugt gleiches Aussehen: Die bodenlebenden Spitzmäuse ähneln stark Mäusen, und die Maulwürfe finden Vertreter in maulwurfsähnlichen Nagetieren.

Ein anderer Fall, in dem echte Mimikry ins Spiel gekommen sein könnte, ist jedoch der des südamerikanischen Hirsches (*Cervus paludosus*), der in seiner Färbung auf einzigartige Weise dem langbeinigen Wolf oder *Aguara-guazu* (*Canis jubatus*) ähnelt. Beide Arten haben eine kastanienbraune Farbe, die Vorderseite der Beine ist schwarz und die Ohren sind mit weißen Haaren gesäumt. beide bewohnen die gleichen Regionen in Südamerika.

Müllersche Mimikry

Bei der zweiten Art der Mimikry – der Müllerschen Mimikry – gleicht ein ungenießbares Geschöpf einem anderen. Diese Form der Mimikry ist nach Fritz Müller benannt, der die heute allgemein akzeptierte Erklärung vorschlug, nämlich dass „Leben durch eine Ähnlichkeit zwischen den Warnfarben in jedem Bereich gerettet wird, insofern die Erziehung junger, unerfahrener Feinde und des Insektenlebens erleichtert wird." dabei gespeichert." „Es ist offensichtlich", schreibt Poulton (S. 328 von *Essays on Evolution*), „dass der Umfang des Lernens und Erinnerns und folglich die Verletzungs- und Verlustrate bei diesen Prozessen verringert wird, wenn viele Arten an einem Ort das besitzen." dieselbe aposematische Farbgebung, anstatt dass jedes ein anderes Gefahrensignal aufweist. . . . Die genaue Vorteilserklärung wurde von Herrn Blakiston und Herrn Alexander aus Tokio abgegeben. „Angenommen, es gäbe zwei Arten von Insekten, die jungen Vögeln gleichermaßen unangenehm sind, und man nehme an, dass die Vögel jeweils die gleiche Anzahl von Individuen vernichten würden, bevor ihnen beigebracht wird, sie zu meiden." Wenn diese Insekten dann gründlich vermischt werden und für die Vögel nicht mehr zu unterscheiden sind, erwächst jedem ein proportionaler Vorteil gegenüber seinem früheren Existenzzustand. Diese proportionalen Vorteile stehen im umgekehrten Verhältnis zu den jeweiligen Prozentsätzen, die ohne die Mimikry überlebt hätten.""

Dies ist eine ziemlich umständliche Methode zu sagen, dass, wenn es an einem Ort viele junge Vögel gibt und jeder von ihnen durch Erfahrung lernen muss, welche Insekten essbar sind und welche nicht, jeder, wenn er es anhand eines Beispiels lernt, sie verschlingt ein Insekt eines beliebigen Musters. Wenn nun zwei Arten ungenießbarer Insekten dieses Muster aufweisen, verlieren sie bei der Erziehung jedes Vogels jeweils nur ein Mitglied, während, wenn jede Insektenart eine für sie eigene Färbung hätte, jede Art stattdessen ein ganzes Individuum verlieren würde eine halbe. Es besteht kein Zweifel daran, dass eine solche ungenießbare Lackierung für ihre Besitzer von Vorteil ist.

Es hat sich experimentell gezeigt, dass handaufgezogene Jungvögel ihr Wissen über Aromen und Farben experimentell erwerben müssen.

Es ist bekannt, dass bei vielen Arten Männchen und Weibchen nicht gleich gefärbt sind. Solche Arten sollen einen Sexualdimorphismus aufweisen. In diesen Fällen ist meist das Männchen auffälliger gefärbt. Darwin war der Ansicht, dass die Theorie der natürlichen Selektion dieses Phänomen nicht zufriedenstellend erklären könne, und schlug daher die ergänzende Theorie der sexuellen Selektion vor. Dieser Hypothese zufolge sollen die Weibchen in der Lage sein, ihre Partner auszuwählen und die schönsten und dekorativsten auszuwählen, weshalb diese bei den meisten sexuell dimorphen Arten auffälliger sind. Wallace akzeptiert diese Theorie nicht. Er hält es für unnötig. Er betrachtet die leuchtende Färbung der Männchen als Folge ihrer überlegenen Kraft; Darüber hinaus sagt er, dass es die Henne sei, die auf den Eiern sitze und daher ein größeres Maß an Schutz benötige als das Männchen, und dass die natürliche Selektion es ihr daher nicht erlaubt habe, alle Ornamente zu entwickeln, die der Hahn zur Schau stelle. Mit dem Phänomen des Sexualdimorphismus werden wir uns im nächsten Kapitel ausführlich befassen.

Gefahrensignale

Dr. Wallace erkennt eine weitere Ausnahme von der Regel, dass Tiere kryptische Farben haben. Viele Lebewesen weisen Markierungen auf dem Körper auf, die dazu führen, dass sie eher auffallen als schwer zu erkennen sind. Wo solche Markierungen bei geselligen Tieren vorkommen, glaubt Wallace, dass sie durch natürliche Selektion entstanden sind, entweder um ihren Besitzern die gegenseitige Erkennung zu ermöglichen oder um als Gefahrensignal für ihre Artgenossen zu fungieren. Wallace geht davon aus, dass der weiße Schwanz des Kaninchens als Gefahrensignal dient. Das erste Mitglied der Truppe, das den herannahenden Feind erspäht, macht sich auf den Weg, und während er sich bewegt, fällt sein weißer Schwanz auf seinen Nachbarn, der ihm sofort folgt, so dass er in kürzerer Zeit, als es nötig wäre, es zu sagen, Dank der weißen Unterseite des Schwanzes huscht die ganze Kaninchenschar auf den Bau zu.

So wie Wallace Darwins Darwin übertrifft, so übertrifft auch Herr Abbott Thayer, ein amerikanischer Naturforscher und Künstler, Wallace Wallace. Dieser Herr scheint der Meinung zu sein, dass *alle* Tiere eine kryptische oder, wie er es nennt, verheimlichende oder auslöschende Farbe haben. Sogar jene Farbschemata, die bisher als auffällig bezeichnet wurden, seien, so behauptet er, bei richtiger Betrachtung, das heißt mit dem Auge des Künstlers, „rein und wirksam verdeckend".

Damit es nicht unnötig erscheint, eine Hypothese zu kritisieren, die auf der Annahme zu beruhen scheint, dass Tiere mit dem Auge des Künstlers sehen, können wir sagen, dass Professor Poulton Thayers Theorie anerkennend schreibt. Er spielt in seinen *Essays on Evolution* häufig darauf an und veröffentlichte einen Bericht darüber in der Ausgabe von *Nature* vom 24. April 1902. Darüber hinaus wurde die Hypothese in wissenschaftlichen Zeitschriften wie *The Auk* (1896) und *The Year aufgestellt. Buch der Smithsonian Institution* (1897).

Thayer behauptet, dass alle Tiere, oder zumindest die große Mehrheit, einschließlich vieler, von denen man normalerweise annimmt, dass sie auffällig gefärbt sind, in Wirklichkeit obliterativ gefärbt sind – das heißt, sie sind so gefärbt, dass die Wirkung von Licht und Schatten vollständig ist entgegengewirkt, so dass sie unsichtbar sind.

Auslöschende Färbung

Es sei möglich, sagt Herr Thayer, eine Statue in einem diffusen Licht fast auszulöschen, indem man im richtigen Verhältnis weiße Farbe auf die Flächen im dunkelsten Schatten und dunkle Farbe auf die am hellsten beleuchteten Teile aufträgt. Nun ist es genau das, was die Natur nach Ansicht von Herrn Thayer für alle ihre Geschöpfe getan hat.

Es ist bekannt, dass viele Tiere, wie zum Beispiel der Indische Schwarzbock und der Hase, auf der Oberseite gefärbt und auf der Unterseite weiß sind. Dies nennt Herr Thayer das Prinzip der Farbabstufung. Es zieht sich, wie er erklärt, durch die gesamte Tierwelt und ist „der wesentliche Schritt, um Tiere im absteigenden Licht des Himmels unauffällig zu machen".

Er behauptet, dass Tiere nicht schützend gefärbt sind, um wie Erdklumpen oder Baumstümpfe oder wie umgebende Objekte auszusehen, sondern dass sie einfach nur unkenntlich gefärbt sind – sozusagen mit unsichtbarer Farbe überzogen.

Um aus *dem Century Magazine* (1908) zu zitieren: „Wale, Löwen, Wölfe, Hirsche, Hasen, Mäuse; Rebhühner, Wachteln, Strandläufer, Lerchen, Spatzen; Frösche, Schlangen, Fische, Eidechsen, Krabben; Heuschrecken, Schnecken, Raupen – all diese Tiere und viele Tausende mehr kriechen, ducken und schwimmen ihren Geschäften nach, jagen und entkommen, unter dem Deckmantel dieser seltsamen, auslöschenden Maske, der sanften und perfekten Balance zwischen Farbschattierungen und Beleuchtungsgraden ."

Die Natur hat die Körper von Tieren auf diese Weise visuell entsubstanziiert, so dass sie, wenn man sie überhaupt sieht, flach und gespenstisch aussehen, und das ist noch nicht alles. Aus einfarbigen Körpern wurden sie sozusagen in flache Karten oder Leinwände umgewandelt, und um die Illusion der Auslöschung zu vervollständigen, wurden Bilder des Hintergrunds – regelrechte Bilder der mehr oder weniger fernen Landschaft – auf ihre Leinwände gemalt ! Dies sind im Grunde die aufwändigen „Markierungen von Feld- und Waldvögeln".

Wieder schreibt er: „Brillant veränderliche oder metallische Farben sollen normalerweise die Vögel, die sie tragen, auffällig machen, aber nichts könnte weiter von der Wahrheit entfernt sein." Das Schillern ist in der Tat einer der stärksten Faktoren der Verschleierung. Das quecksilberartige Ineinanderwechseln vieler Lichter und Farben, das die kleinste Bewegung auf einer schillernden Oberfläche, wie dem Rücken eines Vogels oder dem Flügel eines Schmetterlings, erzeugt, zerstört die Sichtbarkeit dieses Flügels oder Rückens als solchen und führt dazu, dass er untrennbar miteinander verschmilzt mit der glänzenden und funkelnden, labyrinthisch beschatteten Welt der vom Wind bewegten Blätter und Blumen."

Laut Thayer ist das Stinktier, das seit Jahren ein wichtiger Bestandteil des Handelsbestands der Verfechter der Theorie der Warnfärbung ist, ein hervorragendes Beispiel für die Auslöschung der Färbung, da seine Feinde angeblich mit dem Himmel verwechselt werden -Zeichnen Sie die Verbindungslinie zwischen dem weißen Fell am Rücken und dem dunklen Fell an den Seiten. Ebenso sollen die Krokodile bei Sonnenaufgang oder Sonnenuntergang einen Flamingo mit dem Himmel verwechseln!

An dieser Theorie der auslöschenden Färbung ist zweifellos etwas dran.

Jeder kann bei einem Besuch im South Kensington Museum erkennen, dass ein Tier, dessen Farbe unten heller ist als oben, bei schlechten Lichtverhältnissen weniger auffällt, als wenn es gleichmäßig gefärbt wäre. Es besteht also kein Zweifel daran, dass dieses in der Natur so häufig vorkommende Farbschema einen gewissen Schutzwert hat.

Insofern hat Herr Thayer einen wertvollen Beitrag zur zoologischen Wissenschaft geleistet. Aber wenn er uns darüber informiert, dass die Auslöschung der Farben eine „universelle Eigenschaft des Tierlebens" sei, verspüren wir die große Versuchung, uns über ihn lustig zu machen.

Wir möchten alle, die an die Universalität der Auslöschungsfärbung glauben, bitten, bei Sonnenuntergang einen Schwarm Krähen zu beobachten, der sich auf den Weg zu seinen Schlafsälen macht.

Kommen wir nun zur Untersuchung der eher orthodoxen Theorien der Tierfärbung.

EINWÄNDE GEGEN DIE THEORIE DER KRYPTISCHEN FÄRBUNG

Bevor wir die Theorie der kryptischen Färbung kritisieren, möchten wir deutlich zum Ausdruck bringen, dass wir zugeben, dass es bei sonst gleichen Bedingungen für alle jagenden oder gejagten Tiere von Vorteil ist, unauffällig zu sein. Auch wenn Erstere in ihrer natürlichen Umgebung schwer zu unterscheiden sind, können sie sich ihre Beute schnell sichern, während Letztere eine Chance haben, ihren Feinden zu entkommen. Wir streiten uns mit der Theorie der kryptischen Farbgebung, wie sie von vielen Neo-Darwinisten vertreten wird, mit der Theorie, dass jeder Farbton, jede Markierung, jedes Gerät, das ein Organismus zeigt, für den Organismus von Nutzen ist und direkt durch natürliche Selektion entwickelt wurde.

Die extremen Befürworter der Theorie der kryptischen Färbung haben den Grad der Assimilation von Tieren an ihre natürliche Umgebung stark übertrieben.

Fauna der Polarregionen

Wir geben zu, dass sehr viele Lebewesen, die in einer Menagerie sehr auffällig erscheinen, das Gegenteil von auffällig sind, wenn sie bewegungslos in ihrer natürlichen Umgebung stehen. Wie Beddard betont hat, ist es oft nicht einfach, ein Six-Penny-Stück zu finden, das auf den Teppich gefallen ist. Der Grund dafür ist jedoch nicht, dass die Münze eine schützende Farbe hat, sondern dass jeder kleine Gegenstand, egal wie gefärbt, ist in einer vielfältigen Umgebung schwer zu unterscheiden. Die Annahme eines weißen Winterfells bei vielen in nördlichen Breiten lebenden Organismen wird immer wieder als Beweis dafür angeführt, wie wichtig es ist, dass ein Tier eine schützende Farbe hat. Wenn, so wird betont, die Lebewesen, die in Ländern leben, die die Hälfte des Jahres mit Schnee bedeckt sind, im Winter durch die Wirkung der natürlichen Selektion weiß geworden sind, um ihren Feinden zu entkommen, ist das offensichtlich für alle Lebewesen von größter Bedeutung sie sollten kryptisch gefärbt sein. Populäre Bücher über Naturgeschichte vermitteln den Eindruck, dass die schneebedeckten, eisbedeckten arktischen Regionen im Winter von einer Fauna bevölkert werden, deren Fell oder Haare an Weiß mit dem schneebedeckten Erdmantel konkurrieren. Der dadurch vermittelte Eindruck ist irreführend. Zwar ist ein ungewöhnlich großer Prozentsatz der Tiere, die in den Polargebieten leben, im Winter weiß, doch die Mehrzahl der dort lebenden Tiere trägt nicht das weiße Gewand des Winters.

Da die Fauna der Polarregionen klein ist, können wir Listen aller Vögel und Säugetiere erstellen, die in den arktischen und antarktischen Regionen leben. Wir haben diese in drei Spalten geordnet. In der ersten Spalte befinden sich die Lebewesen, die das ganze Jahr über weiß sind, in der dritten Spalte diejenigen, die ihre Farbe den ganzen Winter über behalten, während die mittlere Spalte diejenigen Formen enthält, die ihre Farbe mit der Jahreszeit ändern.

Arktische Fauna.

SÄUGETIERE.

Weiß.

Eisbär.

Polarfuchs (einige Individuen).

Weißer Wal oder Beluga.

Im Wandel mit den Jahreszeiten.

Polarfuchs (die meisten Individuen).

Arktischer Lemming.

Hermelin.

Wiesel.

Blauer Hase.

Farbig.

Polarfuchs (manchmal).

Rentier.

Moschusochse.

Vielfraß.

Elch.

Zobel.

Robben.

Walross.

Narhwal.

Grönlandwal.

VÖGEL.

Weiß.

Elfenbeinmöwe.

Schneeeule.

Gerfalke.

Schneegans.

Im Wandel mit den Jahreszeiten.

Schwarze Trottellumme.

Schneehühner.

Schneeammer (im Sommer am weißesten!)

Tordalk.

Kleiner Auk (Kehle wird nur weiß).

Farbig.

Seeadler.

Grönland-Birkenzeisig (sehr blass).

Alle arktischen Gänse und Enten außer der Schneegans.

Rabe.

Kormoran.

Brunnichs Trottellumme.

Papageientaucher.

Eissturmvogel.

Rossmöwe.

Blaue Möwe (sehr blass).

Strandläufer.

ANTARKTISCHE FAUNA.

SÄUGETIERE.

Weiß.

auch Antarktische Weiße Robbe (*Lobodon carcinophaga*).

Im Wandel mit den Jahreszeiten.

Keiner.

Farbig.

Andere Robben als *Lobodon*.

Wale.

VÖGEL.

Weiß.

Scheidenschnabel.

Schneesturmvogel.

Riesensturmvogel (einige Individuen).

Küken des Kaiserpinguins.

Im Wandel mit den Jahreszeiten.

Keiner.

Farbig.

Pinguine.

Kormoran.

Raubmöwe.

Riesensturmvogel (normalerweise).

Andere Sturmvögel.

Es ist zu beobachten, dass die dritte Spalte die größte Anzahl an Formularen enthält. Es ist daher offensichtlich, dass der Weißgrad der arktischen und antarktischen Fauna im Winter stark übertrieben wurde.

Der Polarfuchs erscheint in allen drei Spalten, da die Kreatur in drei Rassen zu zerfallen scheint – eine permanent weiße Rasse, eine permanent farbige Rasse und eine saisonal dimorphe Rasse.

Von den in der mittleren Spalte der obigen Tabellen aufgeführten Lebewesen sind alle im Winter weißer als im Sommer, mit Ausnahme der Schneeammer, die die Theorie der kryptischen Färbung zunichte macht, indem sie im Winter dunkler wird! Das Gleiche gilt auch für die Alpengämse.

Die Befürworter der Theorie der Schutzfärbung behaupten, dass die Lebewesen, die im Winter nicht weiß werden, starke und aktive Tiere seien, die keine Feinde zu fürchten hätten.

Dieser Behauptung wird von FC Selous wie folgt entsprochen (*African Nature Notes and Reminiscences* , S. 9): „Nach der Erfahrung von Arktisreisenden werden jedes Jahr große Mengen junger Moschusochsen von Wölfen getötet. . . . Ich denke, nichts ist sicherer, als dass ein weitaus geringerer Prozentsatz der sogenannten Schutzgiraffen in Afrika jährlich von Löwen getötet wird als der Moschusochsen in der Arktis.“

Eine weitere Schwierigkeit, mit der die neowallaceische Schule konfrontiert ist, besteht darin, dass die Annahme des weißen Kittels *ex hypothetisch schrittweise erfolgte.* Daher kann der Wechsel in die Richtung des Weißseins in seinem ersten Beginn nicht von wahrnehmbarem Nutzen für einen Organismus gewesen sein. Wie kann dann die natürliche Auslese darauf Einfluss genommen haben?

Pelagische Organismen

Die Transparenz pelagischer Organismen wird häufig als Beispiel für eine kryptische Färbung angeführt. Wir alle wissen, dass die Gewöhnliche Qualle so durchsichtig ist wie Glas. Auf der Meeresoberfläche treiben Millionen winziger Organismen, die so transparent sind, dass sie für das menschliche Auge unsichtbar sind. Auf den ersten Blick scheint es sich hierbei sicherlich um einen bemerkenswerten Fall von Schutzfärbung zu handeln. Leider weisen fast alle höher entwickelten Formen an einigen Körperstellen auffällige Pigmente auf (wie bei den meisten Quallen).

„Ein Tier, das im Meer umhertreibt", schreibt Beddard, „völlig durchsichtig, aber mit dichten schwarzen Flecken von der Größe von Untertassen bedeckt, würde seinen Aufenthaltsort selbst dem am wenigsten Aufpassenden verraten; Würde der Betrachter durch Hunger oder Angst angeregt, würde die Auffälligkeit nicht gemindert. . . . Neben dem mörderischen Krieg, der ständig zwischen den kleineren Oberflächenorganismen tobt, werden sie auch von den größeren pelagischen Fischen sowie von Walen und anderen Cetaceen in großen Mengen gefressen. Ein Wal, der mit offenem Maul durch das Wasser rast und alles vor sich verschlingt, wird durch die Unsichtbarkeit der Organismen, die er in solch enormen Mengen verschlingt, nicht im geringsten gestört; Auch eine feste Phalanx aus Hering oder Makrele hört nicht auf, sorgfältig nach Nahrung zu suchen : Sie nehmen, was ihnen in den Weg kommt, und bekommen trotz der „schützenden Abwesenheit von Färbung" reichlich davon.

„Wenn die Durchsichtigkeit der pelagischen Organismen vollständig auf natürliche Selektion zurückzuführen ist, ist es bemerkenswert, dass es bei den Arten, die den Boden in solchen Tiefen bewohnen, die den Sonnenstrahlen zugänglich sind, in dieser Richtung so wenig Veränderungen gibt; Der Vorteil dieser Transparenz und der damit verbundenen Unsichtbarkeit wäre ebenso groß. Und doch ist dies nicht der Fall; Der Großteil der Bodenfauna der Küsten besteht aus farbenfrohen Tieren, und diejenigen, die überhaupt eine schützende Färbung aufweisen, scheinen so gefärbt zu sein, dass sie Steinen oder Seegras ähneln." [7]

Bevor wir das Thema Meerestiere verlassen, möchten wir darauf hinweisen, dass die meisten Lebewesen, die in der ewigen Schwärze der Meerestiefen leben, eine äußerst auffällige Färbung aufweisen, und diese Färbung scheint konstant zu sein. In solchen Fällen kann die Färbung als solche für ihre Besitzer nicht von

Nutzen sein. Das Gleiche gilt für die Farbe des Blutes oder für die Färbung des inneren Gewebes aller Organismen. Wir dürfen die Tatsache nicht aus den Augen verlieren, dass jeder Organismus und alle Bestandteile davon zwangsläufig entweder eine bestimmte Farbe haben oder vollkommen transparent sein müssen. Es scheint uns, dass Zoologen seit dem Erscheinen von „ *Die Entstehung der Arten*" dazu neigen, die Bedeutung der Färbung für Organismen zu übertreiben; Sie sprechen oft davon, als wäre es der einzige Faktor im Kampf ums Dasein. Aus diesem Grund halten sie es für ihre Pflicht, für jedes Farbflecken jeder Pflanze oder jedes Tieres geniale Erklärungen zu finden.

Unwichtigkeit der Farbe

Die Tendenz, die Bedeutung der Farbe eines Tieres zu übertreiben, ist zweifellos zu einem großen Teil darauf zurückzuführen, dass viele Zoologen sich damit begnügen, die Natur eher in Museen als im Freien zu studieren. Einige derjenigen, die Organismen in ihrer natürlichen Umgebung beobachten, insbesondere an so günstigen Orten wie den Tropen, scheinen der Meinung zu sein, dass die natürliche Selektion nur einen geringen Einfluss auf die Färbung von Organismen hat.

So schreibt D. Dewar (*Albany Review* , 1907): „Acht Jahre Vogelbeobachtung in Indien haben mich davon überzeugt, dass es für den Kampf ums Dasein für einen Vogel keine Rolle spielt, ob er auffällig oder unauffällig gefärbt ist. dass es nicht die Notwendigkeit des Schutzes vor Raubfeinden ist, die die Färbung einer Art bestimmt; kurz gesagt, dass die Theorie der schützenden Färbung auf die Vögel der Luft nur wenig Anwendung findet."

In ähnlicher Weise schreibt FC Selous auf Seite 13 von „ *African Nature Notes and Reminiscences* ": „Da ich viele Jahre meines Lebens mit der ständigen Jagd nach afrikanischem Wild verbracht habe, wurden mir sicherlich Gelegenheiten geboten, wie sie nur wenige zivilisierte Männer genossen haben." Ich bin mit den Gewohnheiten und der Lebensgeschichte vieler Tierarten, die auf diesem Kontinent leben, bestens vertraut, und alles, was ich während meiner langen Erfahrung als Jäger gelernt habe, zwingt mich, an der Richtigkeit der mittlerweile sehr allgemein akzeptierten Theorien zu zweifeln, die alle wunderbar vielfältig gemacht haben Farben von Tieren – die Streifen des Zebras, das fleckige Fell der Giraffe, die Flecken des Buschbocks, das weiße Gesicht und der Rumpf des Bonteboks, um nur einige zu nennen – wurden entweder zum Schutz vor Feinden oder zum Schutz vor

Feinden gefärbt zum Zweck der gegenseitigen Anerkennung durch Tiere derselben Art in Zeiten plötzlicher Alarmierung."

So schreibt auch GAB Dewar – ein sehr genauer Beobachter der Natur in England – in *The Faery Year*: „Nur wenige Theorien in der Naturgeschichte haben in den letzten Jahren mehr Aufmerksamkeit erhalten als schützende oder aggressive Farben, ‚Mimikry' und Harmonie mit der Umwelt." . . . An dieser Verwendung von Farbe für Tiere zu zweifeln, scheint, als würde man das Chaos anstelle des Kosmos zurückfordern – denn wenn man die Theorie aufgibt, ist eine Welt der Farben sofort zwecklos, ein Durcheinander des Zufalls. Wir alle mögen also die Theorie. Einige sehen jedoch Pläne, dem Träger in jeder Farbe, Tönung, Schattierung und jedem Muster zu helfen. Wir mögen vielen der Fälle, die sie zur Unterstützung der Farbbeihilfe anführen, skeptisch gegenüberstehen, obwohl wir von der Grundidee angezogen werden."

Über die gewöhnlichen britischen Schmetterlinge sagt er: „Mit ein wenig Übung kann jeder Mann mit gutem Sehvermögen diese Schmetterlinge – Blau-, Kupfer-, Kleinheide- und Wiesenbraunschmetterlinge – leicht von ihren Sitzstangen unterscheiden; und so können wir sicher sein, dass das kleine Tier, der Vogel oder das Raubinsekt mit einem Sinn für Farbe oder Form sie auch unterscheiden könnte. . . . Sehr oft kann ich, ohne überhaupt nach ihnen zu suchen, Kohlweißlinge und andere Schmetterlinge sehen, die auf Sitzstangen schlafen, an die sie sich überhaupt nicht anpassen." Herr GAB Dewar weist darauf hin, dass die Sicherheit des ruhenden Schmetterlings in „der Position, der Couch in der Höhe, ..." liegt. . . nicht die Maske der Farbe oder Markierung."

Gadow über Korallenschlangen

Zwei kurze Besuche im Süden Mexikos genügten, um Dr. Hans Gadow zu zeigen, dass einige der allgemein akzeptierten Erklärungen für Farbphänomene nicht die richtigen sind.

Through Southern Mexico über Korallenschlangen : „Sie werden normalerweise als auffällige Beispiele einer warnenden Färbung dargestellt, aber ich bin mir überhaupt nicht sicher, ob das gerechtfertigt ist." Sicherlich sind diese *Elaps* die auffälligsten und schönsten Objekte. Schwarz und Karminrot oder Korallenrot, in abwechselnden Ringen, sind die beliebtesten Muster; manchmal mit schmalen goldgelben Ringen dazwischen, als ob sie die schöne Kombination verstärken würden. Aber diese Schlangen neigen aufgrund ihrer Gewohnheit dazu, nachtaktiv zu sein und verbringen, außer beim Sonnenbaden, die meiste Zeit unter faulen Baumstümpfen, in schimmeligem Boden oder in Ameisennestern auf der Suche nach ihrer Beute, die meiner Meinung nach sehr klein sein muss von der Größe des Mundes."

Dr. Gadow zeigt weiter, dass Schwarz und Rot zwar tagsüber sehr starke Kontraste darstellen, die Kombination jedoch im Dunkeln nicht mehr wirksam ist. Er schlägt vor, dass Rot und Schwarz eher ein zurückhaltendes als ein warnendes Muster sei. Er weist außerdem darauf hin, dass mehrere Arten harmloser Schlangen die gleiche Farbe und das gleiche Muster haben. „Es scheint", sagt er, „keinen Grund zu geben, warum wir diese Fälle nicht als Mimikry bezeichnen sollten; und doch ist dies höchstwahrscheinlich eine falsche Interpretation, da solche harmlosen Schlangen auch in Gebieten vorkommen, in denen die *Elaps* nicht vorkommt, nicht nur in Mexiko, sondern auch in weit entfernten Teilen der Welt, wo weder Elapines noch andere ähnlich gefärbte Schlangen vorkommen Es gibt giftige Schlangen. Dies als einen Fall von „Warnfarben" bei einer völlig harmlosen Schlange zu interpretieren, die keine Chance auf Nachahmung hat, kommt in solchen Fällen Unsinn gleich, und wir müssen aus physiologischen und anderen Gründen nach einer anderen Erklärung suchen."

Es ist, gelinde gesagt, bezeichnend, dass der gesamte Widerstand gegen die Theorie der schützenden Färbung von denjenigen kommt, die die Natur aus erster Hand beobachten, während die wärmsten Befürworter der Theorie Kabinettsnaturforscher und Museumszoologen sind.

Bei nachtaktiven Lebewesen muss, wie Dr. H. Robinson sehr klug darlegt (*Knowledge* , Januar 1909), der Wert einer bestimmten Färbung für Schutzzwecke weitgehend vom Zustand des Mondes abhängen. „Es war", schreibt er, „eine häufige Erfahrung im Südafrikakrieg, dass in bewölkten oder mondlosen Nächten der fast schwarze Armeemantel einen Wachposten aus einer Entfernung von wenigen Metern unsichtbar machte." Bei starkem Mondlicht war dieses Gewand aus großer Entfernung zu erkennen , wohingegen eine khakifarbene Erbsenjacke, die in einer dunklen Nacht nutzlos war, den Anforderungen der Unsichtbarkeit sehr gut entsprach." Es ist also offensichtlich, dass die dunkle Farbe des Büffels und der Rappenantilope nicht sowohl in dunklen als auch in mondhellen Nächten schützend wirken kann.

Die Theorie der Schutzfärbung basiert auf der stillschweigenden Annahme, dass Raubtiere auf ihr Sehvermögen angewiesen sind, um ihre Beute zu finden. Greifvögel nutzen sicherlich ihre Augen, um ihre Opfer zu entdecken; Die große Mehrheit der räuberischen Säugetiere vertraut jedoch fast ausschließlich auf ihren Geruchssinn, um ihre Beute aufzuspüren.

FC Selous zitiert

„Nichts", schreibt F. C. Selous auf Seite 14 von „ *African Nature Notes and Reminiscences* ", „ist sicherer als die Tatsache, dass alle fleischfressenden Tiere fast ausschließlich nach dem Geruchssinn jagen, bis sie sich ihrer Beute sehr genähert haben, und zwar normalerweise nachts, wenn alle Tiere auf der Jagd sind." die sie jagen, müssen sich farblich sehr ähnlich sehen."

Auch die Pflanzenfresser – die Beute der Raubtiere – haben einen ausgeprägten Geruchssinn, sodass sie sich aus Sicherheitsgründen eher auf ihre Nase als auf ihre Augen verlassen.

Kein Beobachter der Natur kann übersehen, dass die geringste Bewegung eines Tieres seinen Aufenthaltsort verrät, obwohl es sich in seiner Färbung sehr stark an die Umgebung anpasst. Solange der Hase regungslos in der Furche hockt, kann er unbemerkt bleiben, auch wenn der Jäger danach sucht; aber die kleinste Bewegung ihrerseits erregt sofort seine Aufmerksamkeit. Damit die schützende Färbung ihrem Besitzer von Nutzen sein kann, muss dieser vollkommen bewegungslos bleiben. Aber in tropischen Ländern, wo Fliegen, Mücken usw. eine perfekte Geißel sind, ist kein großes Tier im wachen Zustand zehn Sekunden lang bewegungslos. Der Schwanz ist ständig in Bewegung und wehrt die Fliegen ab, die versuchen, sich auf dem Vierbeiner niederzulassen. Die Ohren werden auf ähnliche Weise verwendet. Daher kann die sogenannte Schutzfärbung der Pflanzenfresser ihnen keinen großen Schutz bieten. Bemerkenswert ist außerdem, dass die bürstenartige Schwanzspitze vieler Säugetiere nicht die gleiche Farbe wie die Haut oder das Fell hat. Es ist sehr häufig schwarz. Wir haben also das Schauspiel einer schützend gefärbten Kreatur, die sich ständig bewegt, als wolle sie Aufmerksamkeit erregen, wobei fast der einzige Teil ihres Körpers nicht schützend gefärbt ist!

Sexueller Dimorphismus

Viele Vogelarten weisen einen sogenannten saisonalen Dimorphismus auf, noch mehr weisen einen Sexualdimorphismus auf.

Saisonal dimorphe Vögel nehmen zur Brutzeit sehr oft eine helle Lackierung an; Dieses Hochzeitsgefieder ist keineswegs immer auf den Hahn beschränkt, so dass wir mit der Tatsache konfrontiert werden, dass einige Hühnervögel, die normalerweise unauffällig gefärbt sind, zur Brutzeit auffällig und leicht zu erkennen sind , und zwar genau zu der Jahreszeit, in der sie scheinbar am meisten Schutz benötigen.

In den allermeisten Fällen von Geschlechtsdimorphismus bei Vögeln ist der Hahn auffälliger gefärbt. Wenn es nun für einen Vogel von entscheidender Bedeutung ist, dass er eine schützende Farbe hat, müssen wir damit rechnen, dass die auffällig gefärbten Hahnenvögel weitaus weniger zahlreich sind als die stumpfgefiederten Hühner, da erstere ex- Hypothese *zufolge* sind weitaus größeren Gefahren ausgesetzt als die unauffälligen Hühner. Tatsächlich scheinen Hahnenvögel bei praktisch allen Arten mindestens so zahlreich zu sein wie Hühner. Es kann auch nicht gesagt werden, dass dies auf ihre eher geheimnisvollen Gewohnheiten zurückzuführen ist. Im Allgemeinen zeigen sich Hahnenvögel ebenso bereitwillig wie die Hühner; Tatsächlich ist im Fall der bekannten Amsel der auffällige Hahn in seinen Gewohnheiten weniger zurückhaltend als die düsterere Henne. Man könnte vielleicht annehmen, dass die größere Gefahr, der der sitzende Vogel ausgesetzt ist, die Tatsache erklärt, dass Hühner trotz ihrer schützenden Färbung nicht zahlreicher sind als Hähne. Unglücklicherweise teilt sich bei vielen sexuell dimorphen Hühnern, wie zum Beispiel beim Paradiesfliegenfänger (*Terpsiphone paradisi*), der auffällige Hahn die Brutlast zu gleichen Teilen mit der Henne.

Es kommt häufig vor, dass verwandte Vogelarten in Nachbarländern vorkommen. Die Rotkehlchen zum Beispiel lassen sich in zwei Arten unterteilen. Das Braunrücken-Rotkehlchen (*Thamnobia cambayensis*) kommt nördlich von Bombay vor, während die Schwarzrücken-Art (*T. fulicata*) südlich von Bombay vorkommt. Die Hühner dieser beiden Arten sind kaum zu unterscheiden, die Hähne unterscheiden sich jedoch darin, dass der eine einen braunen Rücken hat, während der Rücken des anderen glänzend schwarz ist. Die Wallacesche Theorie der Färbung scheint völlig unfähig zu sein, dieses in der Natur immer wieder vorkommende Phänomen – die Aufspaltung einer Gattung in lokale Arten – zu erklären. Ebenso feindlich gegenüber der Theorie der schützenden Färbung ist die Existenz nebeneinander liegender Arten, die ihren Lebensunterhalt auf ziemlich die gleiche Art und Weise bestreiten. An jedem indischen See gehen drei verschiedene Eisvogelarten nebeneinander ihrem Beruf nach; einer davon – *Ceryle rudis* – ist schwarz-weiß gesprenkelt, wie ein Hamburger Geflügel; der zweite ist der Eisvogel, den wir in England kennen; und der dritte ist die prächtige weißbrüstige Art – *Halcyon smyrnensis* – ein leuchtend blauer Vogel mit einem rötlichen Kopf und einem weißen Flügelstreifen. Es ist offensichtlich, dass nicht alle drei dieser unterschiedlich gefiederten Arten schützend gefärbt werden können. Man könnte vielleicht einwenden, dass die Fischfangmethoden dieser Eisvögel im Detail unterschiedlich sind. Wir geben zu, dass dies der Fall ist, würden aber gleichzeitig behaupten, dass diese verhältnismäßig geringen Unterschiede im Habitus nicht die sehr auffallenden Unterschiede im Gefieder erklären. Wir können auch die Schafstelzen und Bachstelzen unseres eigenen Landes erwähnen, die man auf denselben Wiesen beim Fressen beobachten kann. Am bekanntesten und auffälligsten ist der alltägliche Anblick einer Amsel und einer Drossel, die nur wenige Meter voneinander entfernt auf demselben Rasen ihrem jeweiligen Hobby nachgehen, auch wenn sie unterschiedlich gefärbt sind.

Ein weiterer gewichtiger Einwand gegen die allgemein anerkannte Theorie der schützenden Färbung besteht darin, dass einige der Lebewesen, die sich am engsten an ihre Umgebung anpassen, offenbar am wenigsten eines solchen Schutzes bedürfen.

Präzises Artexia

Der Schmetterling *Precis artexia* , schreibt FC Selous, „kommt nur in schattigen Wäldern vor, man sieht ihn selten fliegen, bis er gestört wird, und er sitzt immer auf dem Boden zwischen toten Blättern." Obwohl es auf der Oberseite schön gefärbt ist, ähnelt es mit geschlossenen Flügeln stark einem toten Blatt. Am Unterflügel hat es einen kleinen Schwanz, der genau wie ein Blattstiel aussieht, und von diesem Schwanz verläuft eine dunkelbraune Linie durch beide Flügel (die auf der Unterseite hellbraun sind) bis zur Spitze des Oberflügels . Man würde natürlich geneigt sein, diese wunderbare Ähnlichkeit mit einem toten Blatt bei einem Schmetterling, der mit geschlossenen Flügeln auf dem Boden zwischen echten toten Blättern sitzt, als ein bemerkenswertes Beispiel schützender Form und Färbung zu betrachten. Und natürlich kann es sein, dass dies die richtige Erklärung ist. Doch vor welchem Feind ist dieser Schmetterling geschützt? Bei Hunderten von Gelegenheiten bin ich durch Wälder geritten und gelaufen, in denen *Precis artexia* zahlreich vorkam, und ich habe viele Exemplare dieser Schmetterlinge gefangen und konserviert, aber ich habe kein einziges Mal einen Vogel gesehen, der versuchte, einen von ihnen zu fangen. Tatsächlich waren Vögel aller Art in den Wäldern, in denen diese Insekten zu finden waren, rar."

In ähnlicher Weise schreibt D. Dewar (*Albany Review* , 1907): „Wenn ein Naturforscher gebeten wird, ein perfektes Beispiel für eine Schutzfärbung zu nennen, wird er höchstwahrscheinlich das Sandhuhn (*Pteroclurus exustus*) nennen. Diese Art lebt in offenem, trockenem, sandigem Gelände, und ihr trübes, bräunlich-braunes Gefieder mit seinen weichen, dunklen Streifen passt sich der sandigen Umgebung so gut an, dass der Vogel im Ruhezustand zumindest für ihn praktisch unsichtbar ist menschliches Auge. Leider benötigt dieser Vogel weniger als alle anderen eine schützende Färbung, da er über wunderbare Flugkräfte verfügt. Selbst ein trainierter Falke ist nicht in der Lage, ihn zu fangen, da er in einer geraden Linie nach oben fliegen kann, als würde er eine schiefe Ebene hinaufsteigen, mit dem Ergebnis, dass der verfolgende Falke niemals in der Lage ist, über ihn hinwegzukommen, um zuzuschlagen."

Gestreifte Raupen

Lord Avebury, ein typischer Wallaceianer, weist auf den Zusammenhang hin, der zwischen Längsstreifen auf Raupen und der Gewohnheit besteht, sich entweder von Gras oder niedrig wachsenden Pflanzen im Gras zu ernähren. Daraus lässt sich natürlich schließen, dass Vögel diese Raupen mit Blättern verwechseln oder sie zumindest bei der Nahrungsaufnahme nicht bemerken, und zwar nicht nur, weil sie eine grüne Farbe haben, sondern auch, weil ihre Längsstreifen wie die parallelen Adern auf den Blättern aussehen aus Gras. Aber die Schmetterlinge der Familie *Satyridæ* besitzen, wie Beddard betont, *alle* gestreifte Larven, und diese ernähren sich hauptsächlich nachts, wenn weder ihre Färbung noch ihre Markierung sichtbar ist, während tagsüber viele von ihnen unter Steinen liegen; Andere Raupen dieser Familie ernähren sich von den Stängeln der Pflanzen. „Nun", schreibt Beddard (*Animal Colouration* , S. 101), „spielt die

Farbe in diesen Fällen offensichtlich keine Rolle: wenn also die Längsstreifen aufgrund ihrer Nützlichkeit durch ständige Auswahl aufrechterhalten werden und keine andere Bedeutung haben.", könnten wir erwarten, dass bei diesen beiden Arten (*Hipparchia semele* und *Œnis*) und bei anderen mit ähnlichen Gewohnheiten das Ende der natürlichen Selektion eine Senkung des in den anderen Fällen erforderlichen hohen Standards ermöglicht hätte – vielleicht sogar, wie es der Fall war Im Fall von Höhlentieren vermutet man, dass die Farben, da sie für ihre Besitzer nutzlos waren, möglicherweise ganz verschwunden sind – aber das ist nicht der Fall."

Viele überaus auffällige Vögel – wie zum Beispiel der gesamte Krähenstamm, die Reiher, die Eisvögel – gedeihen trotz ihres auffälligen Gefieders. Solche Kreaturen stellen zwar kaum einen stichhaltigen Einwand gegen die Theorie der Schutzfärbung dar, dienen aber als Beweis dafür, dass eine Schutzfärbung keine Notwendigkeit ist. Ein Tier, das sich sonst selbst versorgen kann, kann es sich leisten, auf eine kryptische Färbung zu verzichten. „Ein Gramm gute, solide Kampfkraft ist eine wirksamere Waffe im Kampf ums Dasein als viele Pfund schützende Farbe."

In den Gärten der Zoological Society of London lebte einst eine schwarze Katze, die dem Manager eines der Restaurants gehörte. Dieses Tier fing früher Vögel auf dem Rasen. Wir glauben, dass nicht einmal Herr Thayer behaupten wird, dass eine schwarze Katze eine kryptische Farbe hat, wenn sie über einen gut bewässerten Rasen läuft! Dennoch hinderte die Kleinlichkeit dieser Katze sie nicht daran, sich eine Mahlzeit zu sichern.

Farben der Eier

Der Fall von Vogeleiern ist ein hervorragendes Beispiel dafür, wie weit Wallace und seine Anhänger die Theorie der schützenden Färbung vorangetrieben haben.

D. Dewar behauptet, dass es möglich ist, farbige Vogeleier im Gegensatz zu weißen in zwei Klassen zu unterteilen – solche, die schützend gefärbt sind, und solche, die es nicht sind. Zur ersteren Klasse gehören alle Eier, die in Kies oder auf dem bloßen Boden gelegt werden, wie zum Beispiel die Eier des Flussregenpfeifers und des Kiebitz. [8] Er behauptet, dass die verschiedenfarbigen und gesprenkelten Eier, die in becherförmigen Nestern abgelegt werden, überhaupt keine schützende Farbe haben; er erklärt, dass sie im Nest gewöhnlich sehr auffällig seien und dass es darüber hinaus sinnlos wäre, sie kryptisch zu färben, denn ein Vogel oder eine Eidechse, die gewöhnlich Eier saugt, würden das Innere jedes Nestes, das sie entdecken, sorgfältig untersuchen.

Es versteht sich von selbst, dass diese Ansicht den sogenannten Neo-Darwinisten nicht gefällt. Wallace schreibt auf Seite 215 des *Darwinismus* : „Die schönen blauen oder grünlichen Eier des Heckensperlings, der Singdrossel, der Amsel und der Zwergrotstange scheinen auf den ersten Blick besonders darauf ausgelegt zu sein, Aufmerksamkeit zu erregen, aber es ist sehr zweifelhaft, ob." Sie sind wirklich so auffällig, wenn man sie aus einiger Entfernung in ihrer gewohnten Umgebung sieht. Denn die Nester dieser Vögel sind entweder in Immergrün, Stechpalme oder Efeu oder von den zarten Grüntönen der Vorfrühlingsvegetation umgeben und harmonieren daher möglicherweise sehr gut mit den Farben um sie herum. Die große Mehrheit der Eier unserer kleineren Vögel sind auf verschiedenfarbigem Untergrund so braun oder schwarz gefleckt oder gestreift, dass sie, wenn sie im Schatten des Nestes liegen und von den vielen Farben und Schattierungen von Rinde und Moos, von violetten Knospen usw. umgeben sind Zartes grünes oder gelbes Laub mit all den komplexen glitzernden Lichtern und gesprenkelten Schattierungen, die die Frühlingssonne und die funkelnden Regentropfen zwischen ihnen hervorrufen, müssen ein ganz anderes Aussehen haben als das, was sie haben, wenn wir sie aus ihrer natürlichen Umgebung herausgerissen betrachten. "

Der offensichtliche Kommentar dazu ist, dass es sehr gutes und poetisches Englisch ist, aber keine Wissenschaft. Es ist sinnlos zu leugnen, was jedem Feldnaturforscher klar sein sollte, nämlich dass die meisten Eier, die in offenen Nestern abgelegt werden, am auffälligsten sind.

D. Dewar fasst daher die wichtigsten Fakten zusammen, die zeigen, dass Eier in Nestern (im Gegensatz zu solchen, die auf dem bloßen Boden liegen) nicht schützend gefärbt sind:

„1. Verwandte Vogelarten legen in der Regel ähnlich gefärbte Eier, auch wenn ihre Brutgewohnheiten sehr unterschiedlich sind.

„2. Eier, die in gewölbten Nestern abgelegt werden, benötigen sicherlich keine schützende Färbung, dennoch sind viele davon gefärbt.

"3. Das Gleiche gilt für viele Eier, die in Baumhöhlen oder Gebäuden abgelegt werden.

„4. Die schützenden Ähnlichkeiten von Eiern, die im Freien abgelegt werden, sind für jeden erkennbar, was sicherlich nicht auf Eier zutrifft, die in Nestern abgelegt werden.

„5. Viele Vögel legen Eier, die sehr große Variationen aufweisen.

„6. Manche Vögel legen Eier unterschiedlicher Art, und diese unterscheiden sich manchmal so stark voneinander, dass man kaum glauben kann, dass sie von derselben Art gelegt wurden.“ [9]

7. Es kommt nicht selten vor, dass eine Art im stillgelegten Nest einer anderen liegt, und die Eier der letzteren unterscheiden sich oft in der Farbe stark von denen der ersteren.

Bisher haben wir uns mit der Theorie der allgemeinen kryptischen Färbung beschäftigt, die besagt, dass die meisten Lebewesen so gefärbt sind, dass sie unauffällig sind. Wir müssen uns noch mit der Hypothese einer besonderen kryptischen Färbung befassen.

Bestimmte Tiere sehen im Ruhezustand einem unbelebten Gegenstand sehr ähnlich, beispielsweise einem toten Blatt oder einem Zweig. Diese Ähnlichkeit soll das Ergebnis natürlicher Selektion sein, da sie es ihren Besitzern ermöglicht, der Zerstörung zu entgehen; man sieht sie, verwechselt sie aber mit etwas anderem.

Die klassischen Beispiele dieser Art von Schutzfärbung sind die *Kallimas* oder Blattschmetterlinge, die eine außergewöhnliche Ähnlichkeit mit toten Blättern aufweisen.

Weitere Beispiele sind die Stabheuschrecken und die Ohrläppchen, die wie ein Bündel trockener Blätter aussehen. Es ist unnötig, Instanzen zu multiplizieren. In jeder Arbeit über die Färbung von Tieren werden Zahlen solcher Fälle genannt.

Wir können zugeben, dass die Ähnlichkeit in einigen Fällen zumindest für ihren Besitzer von Wert ist, da sie Raubtiere täuscht. Daraus folgt jedoch nicht, dass die Ähnlichkeit durch die Wirkung natürlicher Selektion entstanden ist. Damit eine Auswahl möglich ist, müssen unterschiedliche Grade einer tolerierbaren Ähnlichkeit zur Auswahl stehen. Wie kam es zu der anfänglichen Ähnlichkeit? Dies ist eine Angelegenheit, zu der die

Wallaceianer schweigen. Wie Poulton wahrhaftig sagt: Wenn wir über den Grad des Schutzes sprechen, den solche Ähnlichkeiten bieten, statten wir Tiere stillschweigend mit Sinnen aus, die unseren eigenen genau ähneln. Sind wir dazu berechtigt? Ganz sicher nicht bei den wirbellosen Tieren, insbesondere bei den Arthropoden, deren Augen ganz anders gebaut sind als die des Menschen.

D. Dewar hat oft gesehen, wie eine Kröte ihre Zunge herausstreckte und eine brennende Zigarettenspitze berührte, offenbar verwechselte er sie mit einem Insekt. In ähnlicher Weise hat er immer wieder eine Gecko-Eidechse dazu gebracht, ein Stück schwarzer Baumwolle zu jagen und zu verschlucken, deren eines Ende zu einer Kugel zusammengerollt war. Es ist nur nötig, das abgerollte Ende der Baumwolle zu ergreifen und das aufgerollte Ende ein paar Zoll von der Eidechse entfernt zu platzieren und es allmählich wegzuziehen, um die Eidechse zu einem Versuch zu bewegen, es zu ergreifen.

Sehvermögen der Vögel

Es scheint daher, dass all diese aufwändigen „Schutzvorrichtungen" unnötige Verbesserungen darstellen, wenn man sie als Schutz gegen wirbellose, reptilienartige und amphibische Feinde betrachtet. Vögel hingegen scheinen ein außerordentlich scharfes Sehvermögen zu haben, so dass die Ähnlichkeit sehr groß sein muss, um sie zu täuschen. Was jene Vögel betrifft, die ihre Beute systematisch zwischen Blättern und Gras jagen, erscheint es tatsächlich zweifelhaft, ob die angebliche „schützende" Ähnlichkeit von Raupen mit Zweigen usw. ausreicht, um ihnen von großem Nutzen zu sein . So schreibt Beddard (auf Seite 91 von „*Animal Colouration*"): „Wenn wir Vögel anhand unserer eigenen Maßstäbe beurteilen – und das ist die Art und Weise, wie fast alle Farbprobleme angegangen werden –, ist es wahrscheinlich, dass wir keine Raupe sehen würden." , vielleicht so lang oder länger als der Arm, von offensichtlich anderer Beschaffenheit als die Äste und in vielen Fällen durch seine halbtransparente Haut das Pulsieren des Herzens zeigend, nach dem wir besonders gesucht haben?"

Vögel ernähren sich sicherlich größtenteils von Raupen, während sie nur selten Schmetterlinge fressen. Wenn daher das Ziel und der Zweck dieser besonderen Ähnlichkeiten der Schutz der Art ist, sollten wir erwarten, dass sie bei Raupen, von denen sich

Vögel sehr stark ernähren, in einem nahezu vollkommenen Zustand zu sehen sind, und bei Schmetterlingen, die dies scheinbar nicht tun, in einem schwach entwickelten Zustand werden von Vögeln stark gejagt, müssen sich aber vor allem vor den vergleichsweise stumpfäugigen Eidechsen und Säugetieren fürchten, die letztere hauptsächlich nach dem Geruchssinn jagen. Tatsächlich sind die auffälligsten Fälle von Ähnlichkeit mit unbelebten Objekten bei Schmetterlingen zu beobachten, die ihrer scheinbar am wenigsten bedürfen.

Den Fall des Schmetterlings *Precis artexia haben wir bereits angeführt* . Noch ausgeprägter scheint die unnötige Ausarbeitung des Bildnisses bei den Kallima-Schmetterlingen zu sein.

DIE THEORIE DER WARNFÄRBUNG

Alle Biologen geben zu, dass es einige Organismen gibt, die nicht gefärbt sind, um unauffällig zu sein. Tatsächlich ist die Färbung bestimmter Arten so, dass sie besonders auffällig sind. Solche Arten sollen eine Warnfarbe haben. Sie sollen ungenießbar sein oder über starke Stacheln oder andere Verteidigungswaffen verfügen oder in ihrem Aussehen den dadurch geschützten Organismen ähneln. In den ersten beiden Fällen sollen sie eine warnende Farbe haben, im letzten Fall werden sie als Beispiele für schützende Mimikry angeführt. Mit der Theorie der Mimikry beschäftigen wir uns gleich. Wir müssen zunächst die Hypothese der Warnfärbung diskutieren.

Wenn Tiere ungenießbar sind oder wenn sie einen Stachel oder Giftzähne besitzen, ist es, um die Worte von Wallace zu verwenden, „wichtig, dass sie nicht mit wehrlosen oder essbaren Arten derselben Klasse oder Ordnung verwechselt werden, da dies der Fall ist." Sie könnten verletzt oder sogar getötet werden, bevor ihre Feinde die Gefahr oder die Sinnlosigkeit des Angriffs erkennen. Sie benötigen ein Signal oder eine Gefahrenflagge, die potenziellen Feinden als Warnung dienen soll, sie nicht anzugreifen, und sie haben dies normalerweise in Form einer auffälligen oder leuchtenden Färbung erhalten, die sich deutlich von den schützenden Farbtönen der wehrlosen verbündeten Tiere unterscheidet zu ihnen" (*Darwinismus* , Seite 232).

Beispiele für Warnfarben

Als Beispiele für sogenannte warnend gefärbte Tiere können wir den Leser auf Wallaces *Darwinismus* , Poultons *Essays on Evolution* oder Beddards *Animal Colouration verweisen* . Ein allen bekanntes

Beispiel ist unser Englischer Marienkäfer. „Marienkäfer", sagt Wallace, „sind eine weitere ungenießbare Gruppe, und ihre auffälligen und einzigartig gefleckten Körper dienen dazu, sie auf den ersten Blick von allen anderen Käfern zu unterscheiden."

Um die Theorie der Warnfärbung zu begründen, muss nachgewiesen werden, dass alle oder die große Mehrheit der auffällig gefärbten Organismen entweder ungenießbare Formen sind oder ungenießbare Formen nachahmen. Wenn dies der Fall ist, können wir verstehen, dass der Besitz einer farbenfrohen Farbe für den Einzelnen von Vorteil sein kann. Aber selbst wenn dies zufriedenstellend bewiesen wird, müssen wir bedenken, dass daraus nicht unbedingt folgt, dass diese Warnfarben mit der Theorie der natürlichen Selektion erklärt werden können. Denn um die Existenz eines Organs durch die Wirkung der natürlichen Selektion zu erklären, müssen wir in der Lage sein, die Nützlichkeit nicht nur des vervollkommneten Organs, sondern des Organs zu Beginn und in jedem weiteren Entwicklungsstadium nachzuweisen . Wie wir zeigen werden, ist es genau das, wozu die Neo-Darwinisten nicht in der Lage sind. Wir werden keine Schwierigkeiten haben zu beweisen, dass es selbst für ein sehr ekelhaftes Geschöpf vorteilhafter wäre, unauffällig gefärbt zu bleiben, als nach und nach immer auffälliger zu werden.

Lassen Sie uns zunächst kurz die Beweise untersuchen, auf denen die Behauptung beruht, dass alle bunt gefärbten Insekten usw. ungenießbar sind oder Stacheln oder Mimikformen besitzen, die dadurch bewaffnet sind.

In England sind Wespen, Bienen und Marienkäfer bekannte Beispiele auffälliger Insekten.

Die schwarz-gelben Streifenmuster der Wespe und der Hummel gelten als Werbung bzw. Gefahrensignal des starken Stachels.

Das rote Fell mit seinen schwarzen Flecken gilt ebenfalls als Warnung, dass der Marienkäfer nicht zum Verzehr geeignet ist.

Raupen sind meist grau oder braun gefärbt, um unauffällig zu sein; es kommen jedoch zahlreiche Ausnahmen vor, die hell gefärbt sind, und viele dieser Individuen haben sich experimentell als unerwünschte Nahrung für die meisten insektenfressenden Tiere erwiesen, da sie entweder durch einen unangenehmen Geschmack geschützt oder mit Haaren oder Stacheln bedeckt sind.

Bekannte Fälle sind die häufig vorkommenden und auffälligen schwarz-gelb gesprenkelten Raupen des Europäischen Braunkopf-Mottes (*Pygæra bucephala*), die bei Vögeln sehr unbeliebt sind; und die bunt gefärbte Raupe der Dampfmotte (*Orgyia antiqua*) mit ihren auffälligen Haarbüscheln. Der Leser wird sich erinnern, dass diese Raupen vor ein paar Jahren in London eine wahre Plage waren, trotz der Fülle an Spatzen, die sich frei von glatten grünen und braunen Raupen ernähren.

Oft zitierte Beispiele für Warnfärbungen sind die drei großen Gruppen hauptsächlich tropischer Schmetterlinge – die *Heliconidae* in Amerika, die *Acræidæ* in Afrika und die *Danainæ* , die auf der ganzen Welt vorkommen. In all diesen Fällen sind die Geschlechter gleich. Sie alle sind auffällig gefärbt und weisen Muster in Schwarz und Rot, Kastanienbraun, Gelb oder Weiß auf. Bei den meisten Schmetterlingen ist die Unterseite der Flügel von einem ruhigen Farbton, um den Organismus im Ruhezustand unauffällig zu machen, aber bei diesen Gruppen mit Warnfarben ist die Unterseite der Flügel genauso bunt wie die Oberseite. Ihr Flug ist langsam. Sie sind zäh und verströmen einen charakteristischen Geruch.

Belt zeigte, dass in Nicaragua Vögel, Libellen und Eidechsen die Heliconin-Schmetterlinge zu meiden scheinen, da die Flügel dieser letzteren nicht an Orten herumliegen, an denen insektenfressende Lebewesen fressen, wohingegen Flügel essbarer Formen zu finden sind. Darüber hinaus weigerte sich ein von Belt gehaltener Kapuzineraffen stets, Heliconine-Schmetterlinge zu essen.

Finn untersuchte die Schmackhaftigkeit einer Reihe indischer Insekten. Er stellte fest, dass die meisten Vögel, mit denen er experimentierte, Einwände gegen die Danaine-Schmetterlinge hatten; aber sie verabscheuten noch mehr zwei Schmetterlinge, die zu nicht allgemein geschützten Gruppen gehörten – einen Schwalbenschwanz (*Papilio aristolochiæ*) und einen Weißen (*Delias eucharis*).

Finn experimentierte außerdem mit der Spitzmaus oder Tupaia (*Tupaia ellioti*), die sich hauptsächlich von Insekten ernährt. Er stellte fest, dass dieses Geschöpf alle diese warnend gefärbten Schmetterlinge mit Nachdruck ablehnte. Es würde die *Danainæ* auf keinen Fall fressen , wohingegen die Vögel dies tun würden, wenn ihnen zu diesem Zeitpunkt keine schmackhaften Insekten mehr angeboten würden.

Aularches militaris) zu fressen, die bunt in Schwarz, Rot und Gelb gefärbt war und einen unangenehm riechenden Schaum ausstieß; aber dieser Bär verschlang bereitwillig gewöhnliche braune oder grüne Arten.

Unter den kaltblütigen Wirbeltieren ist der Gemeine Europäische Salamander mit seinen leuchtend schwarzen und gelben Abzeichen ein markantes Beispiel für eine Warnfärbung; Seine Haut sondert bei Druck ein sehr giftiges Sekret ab.

Oberst A. Alcock hat einen kleinen siluroiden Seefisch beschrieben, der leuchtend schwarz und gelb gebändert und mit Giftstacheln bewaffnet ist.

Eine bekannte indische Giftschlange, die Gebänderte Krait (*Bungarus cœruleus*), ist auffällig mit breiten schwarzen und gelben Bändern gesäumt; und in Südamerika gibt es zahlreiche Arten von Korallenschlangen, bei denen zu diesen auffälligen Farben noch Rot hinzukommt.

Die einzige bekannte giftige Eidechse – das Heloderm von Mexiko – ist auffällig schwarz und lachsfarben gefleckt.

Bei Vögeln wurden keine Fälle von Warnfärbung registriert, obwohl Professor Poulton vermutet hat, dass die auffälligen und kontrastreichen Farbtöne vieler tropischer Arten möglicherweise auf diese Ursache zurückzuführen sind. Der Vorschlag ist genial, wird aber derzeit durch keinerlei Beweise gestützt.

Die Stinktiere werden oft als hervorragendes Beispiel für die Warnfärbung bei Säugetieren angeführt. Stinktiere sind am auffälligsten in Schwarz und Weiß gekleidet – letzteres oben, nicht wie üblich unten – und haben buschige Schwänze, die sie aufrecht tragen. Obwohl Stinktiere weniger kraftvoll und wild sind als andere Mitglieder der Wieselfamilie, zu der sie gehören, sind sie bekanntermaßen durch ihre reichliche Sekretion einer sehr stinkenden Flüssigkeit geschützt.

Für weitere Beispiele für Warnfarben verweisen wir den Leser auf Beddards aufschlussreiches Buch mit dem Titel „*Animal Coloration*".

Es sollte beachtet werden, dass in allen Fällen, die wir angeführt haben, die Färbung nicht nur auffällig ist, sondern auch bei beiden Geschlechtern zu finden ist, während bei vielen unverteidigten Tieren das Männchen eine ebenso auffallende Farbe haben kann, das Weibchen jedoch nicht.

Wir können es als erwiesen ansehen, dass es bei Insekten einen ganz allgemeinen Zusammenhang zwischen der bunten Färbung und der Ungenießbarkeit bzw. Unschmackhaftigkeit gibt. Man kann mit Sicherheit sagen, dass jede Insektenart, die als Erwachsener oder als Larve im Freien lebt, im Kampf ums Dasein zugrunde geht, wenn sie aufgrund ihrer auffälligen Farbe weder ungenießbar noch mit einer Waffe wie einem Stachel bewaffnet ist Es ist weder mit einer dicken Nagelhaut versehen, noch ähnelt es in seinem Aussehen einem geschützten Lebewesen.

Warnung: Färbung ist ein Nachteil

Daraus lässt sich jedoch nicht wie die Neo-Darwinisten schließen, dass diese brillanten Farben langsam durch natürliche Selektion entstanden sind.

Warum sollte ein Lebewesen, das durch das „Glück" der Variation und Vererbung eine Eigenschaft erlangt hat – sei es Stärke, Kampfeslust, Biss oder unangenehmer Geschmack –, die es vergleichsweise immun gegen Verfolgung macht, diese Tatsache durch die Annahme eines auffälligen oder auffälligen Aussehens bekannt machen? Farbe? Für einen solchen Organismus wäre es sicherlich besser, unauffällig zu bleiben. Indem es auffällig wird, ist es für jeden Jungvogel sichtbar, der, nachdem er noch nicht erfahren hat, dass das betreffende Tier nicht für die Nahrungsaufnahme geeignet ist, es ergreift und vielleicht tötet. Es ist wahr, dass der junge Vogel schwört, nie wieder einen anderen solchen Organismus zu berühren. Aber welchen Nutzen hat die Entschlossenheit des jungen Vogels für das aussterbende Beispiel der Warnfärbung? Darüber hinaus macht der betreffende Organismus durch seine Auffälligkeit auch Werbung für die wenigen Feinde, die ihn fressen wollen. Es gibt immer, wie Professor Poulton zu Recht anmerkt, Tiere, die unternehmungslustig genug sind, Beute auszunutzen, die zumindest den Vorteil hat, leicht gesehen und gefangen zu werden.

Auffällige Tiere angegriffen

Es lassen sich Fälle anführen, in denen Tiere trotz der Tatsache, dass sie über natürliche Abwehrkräfte verfügen, in einigen Ausnahmefällen zur Beute anderer werden.

Der Salamander kann vergleichsweise ungestraft von der Kröte gefressen werden, einem Lebewesen, das sehr wahrscheinlich auf ihn trifft.

Die Kröte selbst darf gegessen werden; Finn sah, wie die Indische Kröte (*Bufo melanostictus*) eine andere Artgenossen fraß. Er beobachtete außerdem, dass die Indische Wasserschlange (*Tropidonotus piscator*) und der „Krähenfasan"-Kuckuck (*Centropus sinensis*) im freien Zustand sowie die Indische Blauracke (*Coracias indica*) und der Trauerschnabelvogel (*Anthracoceros*) in Gefangenschaft fressen die warnende Kröte. Andererseits lehnte ein gefangener Racket-tailed Drongo Kröten ab, wenn ihm diese angeboten wurden. Der Kuckuck ernährt sich bekanntermaßen von haarigen und „warnend gefärbten" Raupen.

Finn hat auch den Glanzkuckuck auf Sansibar gesehen, wie er schwarz-gelbe Raupen verschlang. Darüber hinaus findet man in Amerika, dass Krähen absichtlich stark polierte und stark gewürzte Käfer selektieren. Wieder einmal werden Wespen von Bienenfressern gejagt und auch von unserer Erdkröte gefressen. In Indien fand Finn durch viele Experimente heraus, dass die Garteneidechse oder „Blutsauger" (*Calotes versicolor*) sowohl in Gefangenschaft als auch in Freiheit alle „warnfarbenen" Schmetterlinge fraß, nicht nur die *Danainæ* , sondern sogar *Delias eucharis* und der überaus ekelerregende *Papilio aristolochiæ* . Dass dieses Reptil ein großer Feind der Schmetterlinge ist, wird durch das häufige Vorkommen von Exemplaren dieser Insekten mit halbkreisförmigen Bissen in den Flügeln wahrscheinlich gemacht.

Darüber hinaus fand Finn heraus, dass Bulbuls, die häufigsten Gartenvögel in Indien, die *Danainæ* in Gefangenschaft gerne fraßen, selbst wenn andere Schmetterlinge zu haben waren, was bei den meisten anderen Vögeln nicht der Fall war. Bulbuls lehnte jedoch in der Regel die oben erwähnten *Delias* und *Papilio ab*.

Das Stinktier wird in Amerika vom Uhu (*Bubo virginianus*) und dem Puma gejagt.

Daher sind Tiere, die über natürliche Abwehrkräfte verfügen, nicht vor Angriffen gefeit.

Daher kann die natürliche Selektion um der „Warnung willen" nicht das Überleben von Individuen gefördert haben, die eine auffällige Farbe zeigten.

Wir dürfen nicht vergessen, dass viele mit mächtigen Waffen bewaffnete Kreaturen eine unauffällige, trübe, braune oder grüne Färbung besitzen, die mit der Tarnung vor Feinden assoziiert wird.

Daran kann kaum ein Zweifel bestehen, wenn die Bienenstockbiene nicht einen stärkeren Stich verursachen kann als der der Wespe, hätte man dieses nützliche Insekt als einen Fall eines Tieres mit schützender Farbe angeführt. Trotz ihrer schlichten braunen Färbung wird die Bienenstockbiene erkannt und gemieden.

Professor Poulton berichtet, dass die stumpfe, unauffällige Raupe des Nachtfalters (*Mænia typica*) von Reptilien abgelehnt wird. Allerdings muss man zugeben, dass diese Fälle bei Insekten sehr selten sind.

Der Glattmolch (*Molge vulgaris*), ein Verwandter des Salamanders, ist durch eine giftige Haut geschützt; Dennoch hat das Tier einen dunkelbraunen Rücken und verbringt die meiste Zeit an Land. Seine schwarz gefleckte, gelbe Unterseite könnte im Wasser einen gewissen Schutzwert haben. Weder der Hecht noch die Wasserschildkröte fressen diesen Molch.

Kröten sind fast alle sehr unauffällig; dennoch sind sie durch das scharfe Sekret der Hautdrüsen gut geschützt; Darüber hinaus werden sie von den räuberischen Kreaturen, denen sie zuwider sind, sowohl erkannt als auch gemieden. Obwohl Falken in der Regel schlicht gefärbt sind, werden sie von allen anderen Vögeln durchaus erkannt. Es scheint daher, dass „Warnfarben", wie die ähnlich auffälligen Farbtöne vieler Haustiere, zufällige Attribute sind. Es war für ihre Besitzer möglich, sie zu entwickeln, denn zum größten Teil geschweige denn.

Eisig hat schon vor langer Zeit darauf hingewiesen, dass die leuchtend farbigen Pigmente in der Haut dieser warnlich gefärbten Insekten in bestimmten Fällen ausscheidender Natur sind. Daher sollte die Schlussfolgerung gezogen werden, wie Beddard auf Seite 173 von „Animal Colouration" ausführt , *„dass die leuchtenden Farben* (d. h . *die reichliche Absonderung von Pigmenten*) *die Ungenießbarkeit der Art verursacht haben, und nicht, dass die Ungenießbarkeit dies erforderlich gemacht hat." Produktion von leuchtenden Farben als Werbung ."* Mit anderen Worten: Neo-Darwinisten spannen das Pferd von hinten auf!

BOURU FRIAR-VOGEL

Wie die meisten Mitglieder der Gruppe, zu der er gehört, ist
dieser Honigfresser (*Tropidorhynchus bouruensis*) ein nüchtern
gefärbter Vogel, aber laut, aktiv und aggressiv.

BOURU ORIOL

Dieser „nachahmende" Pirol (*Oriolus bouruensis*) hat den
gleichen Farbton wie sein angebliches Vorbild, der Mönchsvogel
derselben Insel.

In einigen Fällen könnten diese farbenprächtigen Insekten Überbleibsel einer Zeit sein, in der es keine Vögel gab. Als diese entstanden und begannen, Insekten zu jagen, würden die auffällig gefärbten Arten, die nicht ungenießbar oder sehr ungenießbar waren, bald aussterben, während diejenigen, die ungenießbar waren, als warnend gefärbte Insekten überleben würden. In anderen Fällen ist es nicht unwahrscheinlich, dass diese warnend gefärbten Kreaturen durch Mutationen aus eher nüchtern gefärbten Insekten entstanden sind. Es ist denkbar, dass hin und wieder eine Mutation auftritt, die ihren Besitzer auffällig macht. Dies wird zur frühen Zerstörung dieser abweichenden Individuen führen, es sei denn, ihre neu erworbene Pracht steht in Zusammenhang mit Abneigung oder ist das Ergebnis einer solchen.

Aposematische Klänge

Im Falle der Warnfärbung haben die Neodarwinisten ihre Theorie wie üblich bis zum Absurdsten betrieben. Professor Poulton erweitert es beispielsweise auf Geräusche und Einstellungen. „Geräusch", schreibt er auf Seite 324 von *Essays on Evolution* , „kann als aposematisches Zeichen verwendet werden, wie beim Zischen einiger Schlangen und einiger Eidechsen." Bestimmte Giftschlangen erzeugen, wenn sie gestört werden, auf ganz andere Weise ein weitreichendes Geräusch, das dem Zischen nicht unähnlich ist. So vibriert die Klapperschlange (*Crotalus*) Amerikas schnell mit einer Reihe trockener, verhornter Kutikularzellen, die beweglich miteinander und mit dem Ende des Schwanzes verbunden sind. Das Stadium, in dem das Zeichen wahrscheinlich entstand, wird an einer anderen Gattung beobachtet, die ihren Schwanz zwischen trockenen Blättern vibrieren lässt und so einen Warnton erzeugt. Die tödliche kleine indische Schlange (*Echis carinata*) („die Kuppa") erzeugt ein durchdringendes, zischendes Geräusch, indem sie die Windungen ihres Körpers übereinander windet. Spezielle Reihen der Seitenschuppen sind mit gezackten Kielen versehen, die den Ton erzeugen, wenn sie aneinander gerieben werden. Wenn große Vögel angegriffen werden, nehmen sie oft eine drohende Haltung ein, begleitet von einem einschüchternden Geräusch, das normalerweise mehr oder weniger stark an das Zischen einer Schlange erinnert und daher ein Element der Mimikry enthält. . . . Die Kobra warnt einen Eindringling hauptsächlich durch ihre Haltung und durch die Verbreiterung ihres abgeflachten Halses, wobei dieser Effekt bei einigen Arten durch die „Brille" verstärkt wird. In solchen Fällen kommt es oft zu einer Kombination aus kryptischen und aposematischen Methoden, wobei das Tier verborgen bleibt, bis es gestört wird und dann sofort eine warnende Haltung einnimmt.

„Der Nutzen einer solchen einschüchternden Haltung liegt auf der Hand: Eine Giftschlange hat einen weitaus größeren Vorteil, wenn sie ein Tier erschreckt, als wenn sie ein Tier tötet, das sie nicht fressen kann. Durch den Angriff verliert die Schlange vorübergehend ihr Gift und damit eine Verteidigungsreserve. Darüber hinaus verursacht das Gift keinen sofortigen Tod und der Feind hätte Zeit, die Schlange zu verletzen oder zu zerstören."

Einschüchternde Einstellungen

Auf den ersten Blick mag diese Argumentation sehr überzeugend erscheinen. Aber denken Sie einen Moment über den Prozess nach, durch den das Zischen entstand und durch natürliche Auslese allmählich zunahm. Wir müssen annehmen, dass die Klapperschlange früher keinen Laut von sich geben konnte. Eines Tages tauchte eine Art auf, bei der die Haut leicht verhärtet war, so dass bei schnellen Bewegungen des Körpers ein leises Geräusch von sich gab. Dies muss einen Feind dazu veranlasst haben, einen Angriff zu unterlassen; Auf diese Weise konnte es diese Besonderheit an seine Nachkommen weitergeben, und diejenigen, die mehr Lärm machten als ihre Vorfahren, entkamen, während diejenigen, die weniger Lärm machten, ihren Feinden unterlagen. Für uns selbst ist es völlig unmöglich zu glauben, dass sich die Rassel auf diese Weise allmählich durch natürliche Selektion entwickelt hat. Tatsächlich neigen wir zu der Annahme, dass weder das Zischen der Kobra noch ihre „einschüchternde Haltung" eine erschreckende Wirkung auf ihren Gegner haben. Im Fall der Kobra können wir positive Beweise dafür anführen, dass Hunde und Rinder keine Angst vor der Haltung zeigen.

„Hunde", schreibt D. Dewar über diese Ausstellung, „betrachten es als einen großen Witz." Davon habe ich mich immer wieder überzeugt, denn bei unseren Jagdausflügen in Muttra trafen wir häufig auf Kobras, die die Hunde ausnahmslos jagten, und wir hatten manchmal große Schwierigkeiten, die Hunde fernzuhalten, da sie sich dessen offenbar nicht bewusst waren Die Kreatur war giftig."

Colonel Cunningham schreibt auf Seite 347 von *„Some Indian Friends and Acquaintances "*: „Sporthunde geraten dort, wo es viele

Kobras gibt, sehr leicht ins Straucheln, denn der Anblick einer großen Schlange, wenn sie nickend und knurrend aufsitzt, hat für sie etwas sehr Verlockendes."; und es ist oft schwierig, rechtzeitig einzugreifen, um das Entstehen irreparablen Unheils zu verhindern."

Colonel Cunningham gibt außerdem an, dass viele Wiederkäuer eine große Feindseligkeit gegenüber Schlangen hegen und dazu neigen, alles anzugreifen, was ihnen begegnet.

Wir können daher durchaus skeptisch sein, was den Wert einer einschüchternden Haltung gegenüber den Lebewesen angeht, die die Angewohnheit haben, sie anzugreifen.

MIMIKRY

In einem Werk dieser Art ist es weder möglich noch notwendig, die Fülle an Beweisen, die zugunsten der Theorie der mimetischen Ähnlichkeit vorgebracht wurden, im Detail zu betrachten.

Kapitel vii. und viii. von Professor Poultons *Essays on Evolution* enthalten eine aktuelle Darstellung der Fakten, die für die Theorie sprechen. Professor Poulton glaubt, dass mimetische Ähnlichkeit in allen Fällen das Ergebnis der Wirkung natürlicher Selektion ist.

Er gibt zu, dass es keine direkten Beweise dafür gibt, behauptet jedoch, dass „die Tatsachen des Kosmos, soweit wir sie kennen, mit der Theorie übereinstimmen und keine davon im Widerspruch dazu steht" (Seite 271).

Theorie der schützenden Mimikry

Wir sind überhaupt nicht sicher, dass keine Fakten gegen die Theorie der schützenden Mimikry sprechen. Wir werden jetzt einige darlegen, die unserer Meinung nach, wenn auch nicht tatsächlich im Widerspruch zur Theorie stehen, so doch zumindest den Schluss nahelegen, dass das Phänomen anders als als ein Produkt der natürlichen Selektion erklärt werden kann.

Beweise für die Theorie

Lassen Sie uns zunächst kurz die Argumente für die Theorie der schützenden Mimikry darlegen.

1. Es wird behauptet, dass die nachahmende Art und das Nachgeahmte oft nicht annähernd verwandt sind. Beispielsweise soll die ungenießbare Larve des Zinnoberspinners (*Euchelia*

jacobææ) eine Wespe imitieren, weil sie schwarze und gelbe Ringe um ihren Körper hat.

„Die Schlussfolgerung, die am deutlichsten hervortritt", schreibt Poulton (S. 232), „ist die völlige Unabhängigkeit der zoologischen Verwandtschaft, die diese Ähnlichkeiten zum Ausdruck bringen." Dies soll ein Beweis dafür sein, dass Darwin falsch lag, als er behauptete, die ursprüngliche Ähnlichkeit sei auf Affinität zurückzuführen. Poulton sagt: „Die Bewahrung einer ursprünglichen Ähnlichkeit aufgrund von Affinität erklärt zweifellos bestimmte Fälle von Mimikry, aber wir können uns in den bemerkenswertesten Fällen nicht auf dieses Prinzip berufen."

2. Es wird behauptet, dass Arten, die nachgeahmt werden, ausnahmslos entweder mit einem Stachel bewaffnet, gut verteidigt oder ungenießbar sind, so dass es dem Interesse insektenfressender Kreaturen widerspricht, sie anzugreifen. Weiter wird behauptet, dass die nachgeahmten Arten „noch ungenießbarer seien als die Allgemeinheit ihrer Ordnung".

3. Es wird darauf hingewiesen, dass die abscheulichsten Schmetterlingsgruppen – die *Danaidae*, die *Acræinæ*, die *Ithomiinæ* und die *Heliconinæ* – aus einer großen Anzahl von Arten bestehen, die einander sehr ähnlich sind. Dies soll auf Müllersche Mimikry zurückzuführen sein. Mayer gibt an, dass es in Südamerika 450 ungenießbare *Ithomiinæ-Arten gibt*, die nur 15 verschiedene Farben aufweisen, während die 200 essbaren *Papilio-Arten 36 verschiedene Farben aufweisen*. Dennoch, so sagt er, mangele es bei den ersteren nicht an individueller Variabilität, weshalb ihr Konservatismus in Bezug auf die Farbe nicht darauf zurückgeführt werden könne, dass sie nur eine geringe Tendenz zur Variation hätten.

4. Es wird behauptet, dass, obwohl sich die mimetischen Ähnlichkeiten in vielen Fällen bis ins kleinste Detail erstrecken, sie dennoch nicht von irgendwelchen Veränderungen in der mimetischen Art begleitet werden, außer solchen, die zur Herstellung oder Verstärkung einer oberflächlichen Ähnlichkeit beitragen.

Bilder, die solche Fälle von Mimikry veranschaulichen, sind auf den Seiten 241, 247 und 251 von Wallaces *Darwinismus* (Ausgabe 1890) abgebildet.

5. Es wird festgestellt, dass mimetische Ähnlichkeit nicht auf die Farbe beschränkt ist, sondern sich auf Muster, Form, Haltung und Bewegung erstreckt; dass tiefliegende Organe betroffen sind,

wenn die oberflächliche Ähnlichkeit verstärkt wird, ansonsten aber nicht. Als Beispiel dafür nennt Poulton *Clytus arietis* , den „Wespenkäfer".

6. Es wird behauptet, dass mimetische Ähnlichkeiten auf unterschiedlichste Weise erzeugt werden; dass die Art und Weise, wie die Ähnlichkeit im Aussehen herbeigeführt wird, unterschiedlich ist, das Ergebnis jedoch einheitlich ist.

„Ein lepidopteres Insekt", schreibt Poulton (S. 251), „erfordert vor allem durchsichtige Flügel, und dies wird in den auffälligsten Fällen, die untersucht wurden, durch die lockere Befestigung der Schuppen erreicht, so dass sie leicht abfallen und fallen schnell ab und lassen den Flügel bis auf eine Randlinie und entlang der Adern frei (*Hemaris* , *Trochilium*)."

7. Es wird behauptet, dass Nachahmer und Nachgeahmter immer am selben Ort anzutreffen sind. Wenn sie dies nicht täten, würde sich aus der Ähnlichkeit kein Vorteil ergeben. Es wird außerdem behauptet, dass die nachahmende Art, wenn sie essbar ist, dort, wo sie vorkommt, ausnahmslos weniger häufig vorkommt als die Art, die sie imitiert.

8. Es wird darauf hingewiesen, dass es manchmal vorkommt, dass dort, wo in der Nachahmung die Geschlechter im Aussehen unterschiedlich sind, das Männchen eine Art kopiert, das Weibchen eine ganz andere. Dies liegt angeblich daran, dass die Täuschung leicht entdeckt werden könnte, wenn die nachahmende Art im Verhältnis zu der nachgeahmten Art üblich würde. „Wir stellen daher fest, dass zwei oder mehr Modelle von derselben Art nachgeahmt werden" (*Essays on Evolution* , S. 372).

Gelegentlich ahmt das Weibchen zwei andere Arten nach, *dh* es kommt in zwei Formen vor, die jeweils einer anderen Art ähneln.

Es kommt manchmal vor, dass nur das Weibchen nachahmt. Wallace führt dies auf ihr größeres Schutzbedürfnis zurück. Wenn sie mit Eiern beladen ist, ist ihr Flug langsam und erfordert daher einen besonderen Schutz.

9. Es wird gesagt, dass wir bei manchen Arten einen nicht-mimetischen Vorfahren finden, der auf Inseln erhalten bleibt, wo der Kampf ums Dasein weniger heftig ist, während auf dem angrenzenden Kontinent Mimikry entwickelt wurde.

10. Es wird behauptet, dass in den Fällen, in denen Motten Schmetterlingen ähneln, die ersteren entweder genauso tagaktiv

sind wie die Schmetterlinge oder Arten sind, die „bei Störungen leicht bei Tag fliegen".

11. Es wird behauptet, dass einige saisonal dimorphe Formen Beispiele für Mimikry nur in einem Zustand sind, nämlich in der Form, die zu dem Zeitpunkt entsteht, wenn der Kampf ums Dasein am heftigsten ist; das heißt, in der Trockenzeit in Afrika, wenn das Insektenleben weitaus weniger zahlreich ist als in der Regenzeit.

In anderen Fällen soll die Nachahmung der Trockenwetterform weitaus perfekter sein.

Essays on Evolution aufgeführt .

Alternative Theorien

Es ist zu bemerken, dass wir weitgehend aus der Arbeit von Professor Poulton zitiert haben. Unser Grund dafür ist, dass er der prominenteste Verfechter der Theorie der schützenden Mimikry zu sein scheint und sein 1908 veröffentlichtes Werk als die neueste neodarwinistische Äußerung zu diesem Thema angesehen werden kann.

Wenn wir also zeigen können, was wir zu können glauben, dass seine Argumente nicht stichhaltig sind, können wir davon ausgehen, dass wir bewiesen haben, dass die Theorie in ihrer gegenwärtigen Form unhaltbar ist.

Es ist erwähnenswert, dass Professor Poulton drei weitere Vorschläge vorbringt, die als Ersatz für die natürliche Selektion als Erklärung für die Phänomene der Mimikry vorgeschlagen wurden.

Die erste ist die Theorie der äußeren Ursachen, die besagt, dass die Ähnlichkeit auf eine äußere Ursache zurückzuführen ist, beispielsweise auf die Ernährung oder das Klima.

Die zweite ist die Theorie der internen Ursachen, die besagt, dass mimetische Ähnlichkeit auf interne Entwicklungsursachen zurückzuführen ist.

Der dritte Punkt ist die Vermutung, dass die sexuelle Selektion die Ursache für diese Ähnlichkeiten war.

Anschließend vernichtet er diese zu seiner eigenen Zufriedenheit und fügt triumphierend hinzu: „Die Schlussfolgerung erscheint unausweichlich, dass nach keiner Theorie außer der natürlichen Selektion die verschiedenen Ähnlichkeiten von Tieren mit ihrer organischen und anorganischen Umgebung in einer natürlichen Anordnung zusammenfallen und eine Wirkung erzielen." gemeinsame Erklärung" (S. 228).

Auf die Begründung dieser Beschreibung gibt es eine offensichtliche Antwort. Auch wenn zugegeben wird, dass die von Professor Poulton dargelegten Alternativen zur Theorie der natürlichen Auslese unhaltbar sind, folgt daraus nicht, dass die natürliche Auslese eine angemessene Erklärung bietet. Wenn A, B, C und D wegen Diebstahls angeklagt werden und der Staatsanwalt nachweist, dass weder A noch B noch C den Diebstahl begangen haben, reicht dies nicht aus, um die Verurteilung von D herbeizuführen. Es ist durchaus möglich, dass eine fünfte Person, E, dies tut der Schuldige sein.

Die Popularität der Theorie der natürlichen Auslese ist zum großen Teil darauf zurückzuführen, dass es den Biologen noch nicht gelungen ist, einen Ersatz dafür zu finden.

Es scheint uns, dass die richtige Methode, um in der Wissenschaft Fortschritte zu erzielen, nicht darin besteht, die natürliche Auslese durch geniale Spekulationen zu stärken, sondern sich nach anderen, bisher unentdeckten Ursachen umzusehen.

KÖNIGKRÄHE ODER DRONGO

Dieser sehr auffällige schwarze Vogel (*Dicrurus ater*), der von Afrika bis China verbreitet ist, ist überall dort, wo er vorkommt, ein markantes Merkmal der Landschaft.

DRONGO-KUCKUCK

Die Schwanzgabel dieses Vogels ist einzigartig unter Kuckucken,
ist aber dennoch viel weniger entwickelt als beim
angenommenen Modell und könnte eine Anpassung an die
Evolution im Flug sein, wie es bei solchen Schwänzen
normalerweise der Fall zu sein scheint.

EINWÄNDE GEGEN DIE THEORIE, DASS DIE SOGENANNTEN FÄLLE VON MIMIKRY IHREN URSPRUNG IN DER NATÜRLICHEN SELEKTION HABEN

Es ist offensichtlich, dass die Ähnlichkeit eines Lebewesens mit einem anderen nur von geringem oder gar keinem Nutzen sein kann, bis die Ähnlichkeit einigermaßen groß ist. Es reicht daher nicht aus, die Nützlichkeit der vollendeten Ähnlichkeit zu beweisen. Wir können dies ohne weiteres zugeben und dennoch behaupten, dass der Ursprung der Ähnlichkeit nicht auf der Wirkung natürlicher Selektion beruhen kann.

Der Drongo-Kuckuck (*Surniculus lugubris*) weist eine so große Ähnlichkeit mit der Königskrähe (*Dicrurus ater*) auf, dass er von Neo-Darwinisten häufig als hervorragendes Beispiel für Mimikry unter Vögeln angesehen wird. Aber D. Dewar schreibt auf Seite 204 von *Birds of the Plains* : „Ich behaupte nicht, die Farbe des letzten gemeinsamen Vorfahren aller Kuckucke zu kennen, aber ich glaube nicht, dass die Farbe schwarz war." Was führte dann dazu, dass *Surniculus lugubris* schwarz wurde und einen königskrähenähnlichen Schwanz annahm?

„Ein oder zwei schwarze Federn, selbst wenn sie mit einer gewissen Verlängerung des Schwanzes verbunden wären, würden dem Kuckuck in keiner Weise dabei helfen, sein Ei in das Nest des Drongos zu legen. Angenommen, ein Esel würde sich den Schwanzanhang des Königs des Waldes ausleihen, ihn hinter sich feststecken und dann mit lautem Geschrei zu seinen Artgenossen vorrücken, würde dann irgendein Esel von durchschnittlicher Intelligenz durch den schwachen Versuch der Verkleidung in die Irre geführt werden? Ich denke nicht. Noch viel weniger würde sich eine Königskrähe durch ein paar schwarze Federn im Gefieder eines Kuckucks täuschen lassen. Ich glaube nicht, dass die natürliche Auslese irgendeinen direkten Zusammenhang mit der Größe des Drongokuckucks hat."

Darwin war sich dieser Schwierigkeit voll bewusst, als er schrieb: „Da einige Autoren große Schwierigkeiten hatten zu verstehen, wie der erste Schritt im Prozess der Mimikry durch natürliche Selektion bewirkt werden konnte, ist es vielleicht angebracht zu bemerken, dass der Prozess wahrscheinlich schon vor langer Zeit begonnen hat." zwischen Formen, die sich in der Farbe nicht sehr unterscheiden" (*Descent of Man* , 10. Aufl., S. 324). Eine solche Aussage steht natürlich im Widerspruch zur neodarwinistischen Position. „Die Schlussfolgerung, die am deutlichsten hervortritt", schreibt Poulton (*Essays on Evolution* , S. 232), „ist die völlige Unabhängigkeit der zoologischen Verwandtschaft, die diese Ähnlichkeiten zum Ausdruck bringen; und einer der seltenen Fälle, in denen Darwins Einsicht in ein biologisches Problem ihn nicht richtig führte, war, als er vorschlug, dass eine frühere engere Beziehung uns zu einem allgemeinen Verständnis des Ursprungs der Mimikry helfen könnte. Die Bewahrung einer ursprünglichen Ähnlichkeit aufgrund von Affinität erklärt zweifellos bestimmte Fälle von Mimikry, aber wir können uns in den bemerkenswertesten Fällen nicht auf dieses Prinzip berufen."

Es ist unnötig, diesen Punkt näher zu beleuchten. Es ist sicherlich jedem mit durchschnittlicher Intelligenz klar, dass die Ähnlichkeit zwischen zwei Formen, solange sie nicht weit fortgeschritten ist, für keine von ihnen von Nutzen sein kann oder jedenfalls nicht von ausreichendem Nutzen sein kann, um ihrem Besitzer einen Überlebensvorteil im Kampf um sie zu verschaffen Existenz. Bis dieses Stadium erreicht ist, kann die natürliche Selektion nicht darauf einwirken. Es ist daher absurd, die natürliche Selektion als direkte Ursache für die Entstehung der Ähnlichkeit anzusehen. Wenn einmal ein gewisser Grad an Ähnlichkeit gestiegen ist, ist es sehr wahrscheinlich, dass in einigen Fällen die natürliche Selektion die Ähnlichkeit verstärkt hat.

Der zweite große Einwand gegen die neodarwinistische Erklärung des als Mimikry bekannten Phänomens besteht darin, dass die Ähnlichkeit in vielen Fällen unnötig genau ist. So wie wir gesehen haben, wie die Kallimas oder toten Blattschmetterlinge ihre Ähnlichkeit mit toten Blättern in einem solchen Ausmaß hatten, dass es wahrscheinlich erscheint, dass andere Faktoren als die natürliche Selektion an ihrer Entstehung beteiligt waren, so sehen wir dies auch mit Sicherheit Fälle von mimetischer Ähnlichkeit sind eine unnötig getreue Ähnlichkeit.

Der Hirnfieber-Vogel

Der Gewöhnliche Habichtskuckuck Indiens (*Hierococcyx varius*) liefert ein Beispiel dafür: „Der Hirnfiebervogel", schreibt Finn auf Seite 58 von *Ornithological and Other Oddities* , „ist das wunderbarste Federexemplar des Indischen Sperbers oder." Shikra (*Astur badius*). Alle Zeichnungen des Habichts sind beim Kuckuck nachgebildet, der ebenfalls ungefähr die gleiche Größe und ähnliche Proportionen in Bezug auf Schwanz und Flügel hat; und sowohl der Habicht als auch der Kuckuck haben ein erstes Gefieder, das ganz anders ist als das, das sie als Erwachsene annehmen; die Ähnlichkeit erstreckt sich auch darauf. Darüber hinaus ist ihr Flug so ähnlich, dass es unmöglich ist, ihn zu erkennen, es sei denn, man ist nahe genug, um den Schnabel zu sehen, oder kann beobachten, wie sich der Vogel niederlässt und den Unterschied zwischen der horizontalen Haltung des Kuckucks und der aufrechten Haltung des Habichts bemerkt sie auseinander bei einer beiläufigen Betrachtung." Darüber hinaus hängt der Schwanz des Kuckucks manchmal senkrecht herab, was die Ähnlichkeit mit dem Habicht verstärkt.

Es ist durchaus möglich, dass der Vogel mit Gehirnfieber einen gewissen Nutzen aus der Ähnlichkeit zieht; tatsächlich wurde beobachtet, dass er kleine Vögel alarmiert, so wie der habichtartige Kuckuck seine Betrüger erschreckt, aber wie D. Dewar auf Seite 105 von Bd. 57 des *Journal of the Society of Arts* : „Dies reicht nicht aus, um eine Ähnlichkeit zu erklären, die so getreu ist, dass sie sich auch auf die Markierung jeder einzelnen Feder erstreckt." Wenn ein Schwätzer einen habichtsähnlichen Vogel erspäht, wartet er nicht darauf , jede einzelne Feder zu inspizieren, bevor er voller Angst die Flucht ergreift. Daher ist für den Kuckuck lediglich erforderlich, dass er eine allgemeine

Ähnlichkeit mit dem Shikra aufweist. Die Tatsache, dass sich die Ähnlichkeit bis in kleinste Details der Federzeichnung erstreckt, weist darauf hin, dass in jedem Fall identische Ursachen zur Entstehung dieser Art von Gefieder beigetragen haben." Diese Schlussfolgerung wird noch dadurch bestärkt, dass sich die Ähnlichkeit auf das unreife Gefieder erstreckt, also zu einer Zeit existiert, in der es dem Kuckuck bei seiner parasitären Arbeit nicht helfen kann.

Poulton begegnet diesem Einwand wie folgt:

SHIKRA HAWK

Die Oberseite des Schwanzes, die in dieser Zeichnung nicht dargestellt ist, entspricht genau der des „Mimikers" des Kuckucks.

HAWK-KUCKUCK

Diese Art (*Hierococcyx varius*) ist in Indien allgemein als „Hirnfiebervogel" bekannt.

„All diese Kritik basiert auf unserem unvollkommenen Wissen über den Kampf ums Dasein. Die Eindrücke und Urteile des Menschen werden immens durch „bestätigende Details" beeinflusst, die „einer kühnen und wenig überzeugenden Erzählung künstlerische Wahrhaftigkeit verleihen". Tatsächlich habe ich immer gedacht, dass das Gelächter, das diese Passage aus *„The Mikado"* immer hervorruft, nicht nur oder hauptsächlich auf den Humor der Anwendung zurückzuführen ist, sondern auf die Art und Weise, wie dem Zuhörer eine große und vertraute Wahrheit nahekommt all die angenehme Überraschung, die zum Epigramm gehört. Vögel, die Hauptfeinde der Insekten, haben bekanntermaßen ein Sehvermögen, das dem des Menschen weit überlegen ist, und aus unserer Erfahrung mit ihnen in Gefangenschaft kann man mit Sicherheit behaupten, dass ihre Aufmerksamkeit durch übermäßig kleine Details erregt wird. Bis unser Wissen über den Kampf ums Leben weitaus umfangreicher ist als heute, kann das auf Hypertely basierende Argument einem anderen Argument überlassen werden, das häufig gegen die Erklärung kryptischer und mimetischer Ähnlichkeit durch natürliche Selektion angeführt wird. Hypertely geht davon aus, dass die Ähnlichkeit unnötige Details enthält und dass die Ähnlichkeit vollkommen ist, die über die Anforderungen des Insekts hinausgeht; Das zweite Argument besagt, dass Vögel so überaus scharfsichtig sind, dass keine Ähnlichkeit, wie vollkommen sie auch sein mag, gegen sie von Nutzen ist. Mittlerweile wird die Mehrheit der Naturforscher wahrscheinlich beide Extreme ablehnen und glauben, dass die Feinde zwar scharfsichtig und erfolgreich in der Verfolgung sind, dass aber die Perfektion im Detail ihre Aufgabe schwieriger macht und den Individuen, die sie besitzen, einen höheren Grad verleiht Grad als andere, größere Chancen zu entkommen und Eltern künftiger Generationen zu werden." (*Essays on Evolution*, S. 302.)

Dieses lange Zitat erfordert sorgfältige Betrachtung, da es uns als typisch für die Art der Argumentation erscheint, auf die Neodarwinisten zurückgreifen.

Beachten Sie den Hinweis auf unser „unvollkommenes Wissen über den Kampf ums Dasein". Dies ist fast ausnahmslos die letzte Zuflucht des Neodarwinisten, wenn er in einer Auseinandersetzung am Boden liegt. Wir geben voll und ganz zu, dass es noch viel zu lernen über die Natur des Kampfes ums Dasein gibt, aber eine solche Aussage klingt sehr seltsam, wenn man sie für diejenigen äußert, die an die Theorie glauben, die im Prinzip der natürlichen Auslese eine Erklärung für alles sieht die Phänomene der organischen Welt. Man bedenke, dass die natürliche Auslese nur ein Name für den Kampf ums Dasein ist.

Vögel fangen Schmetterlinge

„Vögel", sagt Professor Poulton, „sind die Hauptfeinde der Insekten." Das mag sein. Wir bezweifeln jedoch stark, ob sie die Hauptfeinde von Schmetterlingen und Motten sind, unter denen angeblich die vollkommensten Beispiele für Mimikry vorkommen.

Wir beobachten Vögel seit einigen Jahren genau, glauben aber, dass wir die Fälle, in denen wir gesehen haben, wie ein Vogel einen Schmetterling jagt, fast an unseren Fingern abzählen können.

Professor Poulton, der sich dieses Einwands bewusst ist, legt auf den Seiten 283-292 von *Essays on Evolution* die Beweise dar, die er für die Ansicht gesammelt hat, dass Vögel die Hauptfeinde von Schmetterlingen und anderen Schmetterlingen sind.

Als Ergebnis einer fünfjährigen Beobachtung in Südafrika konnte Herr GAK Marshall etwa acht Fälle von Schmetterlingsfängen durch Vögel registrieren. In drei Fällen war der beschlagnahmte Schmetterling auffällig gefärbt oder zumindest auffällig! In zwei dieser acht Fälle gelang es dem Vogel nicht, seine Beute zu erbeuten!

Herr Marshall sagt: „Die Tatsache, dass Vögel davon Abstand nehmen, Schmetterlinge zu verfolgen, liegt möglicherweise eher an der Schwierigkeit, sie zu fangen, als an einer weit verbreiteten Abneigung dieser Insekten."

Während seiner sechsjährigen Beobachtung in Indien und Ceylon verzeichnete Colonel Yerbury etwa ein halbes Dutzend Fälle, in denen Vögel Insekten fingen oder zu fangen versuchten. Er schreibt: „Meiner Meinung nach liegt ein völlig ausreichender Grund für die Seltenheit des Vorkommens in der Tatsache, dass bei Schmetterlingen die essbare Substanz minimal ist, während die ungenießbaren Flügel usw. ein Maximum darstellen."

Oberst CT Bingham in Burma gibt an, dass er zwischen 1878 und 1891 zweimal Zeuge des systematischen Schmetterlingsverkaufs durch Vögel wurde, obwohl er bei anderen Gelegenheiten einige Einzelfälle beobachtete.

Dies scheint die Gesamtsumme der von Professor Poulton vorgelegten Beweise für den Schmetterlingsfang durch Vögel zu sein. Dies scheint uns eine völlig unzureichende Grundlage zu sein, um die Theorie aufzubauen, dass die Fälle von Ähnlichkeit zwischen nicht verwandten Arten durch natürliche Selektion hervorgerufen wurden.

Es ist jedoch zu beachten, dass die gefährlichsten Feinde der Schmetterlinge unter den Vögeln wahrscheinlich nicht diejenigen sind, die Insektenbeute gewöhnlich mit den Flügeln fangen. Solche sind Experten in der Kunst des Fliegenfangens und würden den vergleichsweise fleischlosen Schmetterling verachten. Man trifft oft auf Schmetterlinge mit einer identischen Kerbe in jedem Flügel, was kaum Zweifel daran lässt, dass diese bestimmten Schmetterlinge *während ihrer Ruhezeit* von einem Vogel angerissen wurden . Unter den Vögeln dürften die Hauptfeinde der Schmetterlinge und Motten diejenigen sein, die in Büschen und Bäumen nach Nahrung suchen.

Daher bietet das, was wir über die Natur des Kampfes ums Dasein wissen, nur wenig Unterstützung für die neodarwinistischen Erklärungen der Fälle sogenannter Mimikry in der Natur.

Beobachtungsgabe der Vögel

Professor Poultons Idee, das Argument von Hypertely dem der angeblich überragenden Scharfsichtigkeit der Vögel gegenüberzustellen, ist genial, wird aber wahrscheinlich nicht sehr viele Menschen zufriedenstellen, außer denen, die sich damit zufrieden geben, in einem Narrenparadies zu leben. Wenn Vögel äußerst scharfsichtig sind und auf übermäßig kleine Details achten, wird es umso schwieriger, den *Ursprung der schützenden Mimikry auf der Grundlage der Hypothese der natürlichen Selektion zu erklären.*

Die Frage, ob Vögel gute Beobachter sind oder nicht, ist äußerst interessant. Leider wurde dem Thema bisher kaum Beachtung geschenkt. Die verfügbaren Beweise scheinen darauf hinzudeuten, dass Vögel wie Wilde nur scharfe Augen für bestimmte Objekte haben – das heißt für die Dinge, nach denen sie normalerweise Ausschau halten. Allen Naturbeobachtern muss aufgefallen sein, wie schnell ein Metzgervogel ein winziges Insekt auf dem Boden erblickt, das einige Meter von seinem Sitzplatz entfernt liegt.

Andererseits heißt es, dass sich Waldtauben einem Mann in weißer Kleidung und mit weißem Hut ziemlich nahe nähern, wenn Schnee auf dem Boden liegt, vorausgesetzt, er hält sich vollkommen ruhig. Finn sah einmal in Kalkutta, wie ein Spatz eine sehr junge Kröte aufhob, offensichtlich aus Versehen, denn er ließ sie sofort mit offensichtlichem Abscheu fallen. Greifvögel sollen ein außergewöhnlich gutes Sehvermögen haben; Dennoch können sie leicht mit einem vor ihrer Beute ausgespannten Netz gefangen werden. Sie sind nicht darauf trainiert, auf solche Dinge wie Netze zu achten, und scheinen daher eines nicht zu bemerken, wenn es aufgestellt ist.

Wir glauben daher, dass gerade die Perfektion und Detailliertheit einiger sogenannter mimetischer Ähnlichkeiten einen sehr ernsten Einwand gegen die Theorie der schützenden Mimikry darstellen, wie sie von Professor Poulton und anderen Neo-Darwinisten vertreten wird.

Es gibt noch einen weiteren Einwand gegen diese Theorie, der unserer Meinung nach für die Hypothese in ihrer allgemein akzeptierten Form fatal ist.

Es gibt eine Reihe von Fällen, in denen zwei Arten, die in keiner Weise miteinander verwandt sind, unter solchen Umständen große Ähnlichkeit zueinander aufweisen, dass keine der beiden Arten irgendeinen Nutzen aus der Ähnlichkeit ziehen kann. Die Theorie der protektiven Mimikry kann diese Fälle überhaupt nicht erklären. Diese Tatsache lässt vermuten, dass in den Fällen, in denen die Theorie auf den ersten Blick eine Erklärung zu bieten scheint, die Ähnlichkeit auch auf bloßem Zufall beruhen könnte.

Wir können vielleicht die Fälle, die die Theorie der Mimikry nicht erklären kann, als „falsche Mimikry" bezeichnen, aber dabei müssen wir die Möglichkeit berücksichtigen, dass zumindest einige der Beispiele der sogenannten Mimikry dies tun könnten weitere Untersuchungen erweisen sich als nichts dergleichen.

„FALSCHE" MIMIKRY BEI SÄUGETIEREN

Der Cacomistle von Mexiko (*Bassaris astuta*), einer aus der Familie der Waschbären, hat einen grauen Körper und einen langen, schwarz-weiß beringten Schwanz, genau wie der Katta von Madagaskar (Lemur catta); beide leben auf Bäumen und sind ungefähr gleich groß, und die Färbung dieses Lemuren ist in seiner Familie außergewöhnlich.

Der Gebänderte Duckerbock Westafrikas (*Cephalophus doriae*) hat die gleiche sehr ungewöhnliche Färbung wie der Beutelwolf oder Beutelwolf Tasmaniens: hellbraun, mit kräftigen schwarzen Streifen über dem Hinterteil des Rückens, und die Tiere sind ungefähr gleich Größe.

Der Siebenschläfer Europas ähnelt stark einem kleinen amerikanischen Opossum (*Didelphys murina*), und ein größeres Opossum (*D. crassicaudata*) ähnelt stark dem Sibirischen Nerz (*Mustela sibirica*).

Das Flughörnchen Nordamerikas (*Sciuropterus volucella*) ist dem Flughörnchen (*Petaurus breviceps*) Australiens sehr ähnlich.

Es ist leicht zu erkennen, dass die Ähnlichkeit in keinem dieser Fälle für das „Modell" oder die „Kopie" von Nutzen sein kann.

FALSCHE BATESIANISCHE MIMIKRY UNTER VÖGELN

Es gibt viele Fälle dieses Phänomens bei Vögeln. Der Neuseeländische Kuckuck (*Urodynamis tritensis*) hat eine viel größere Ähnlichkeit mit dem Amerikanischen Sperber (*Accipiter cooperi*) als mit jedem Neuseeländischen Habicht und ahmt diesen recht fremden Vogel tatsächlich sehr gut nach.

Der Sturmvogel, ein rein ozeanischer Vogel, ähnelt in Größe, Farbe und Flugstil stark dem Indischen Mauersegler (*Cypselus affinis*), einem reinen Binnengeschöpf; beide sind rußig schwarz, mit einem auffälligen weißen Fleck am unteren Rücken.

Die Trauerdrossel (*Crateropus bicolor*) Afrikas ähnelt auf einzigartige Weise der Trauerdrossel (*Græulicica melanoptera*) Javas, beide sind etwa gleich groß, mit weißem Körper und schwarzen Flügeln und Schwanzfedern. Wir können hinzufügen, dass dies eine sehr ungewöhnliche Färbung bei kleinen Vögeln ist.

Der Schwarzköpfige Pirol (*Oriolus melanocephalus*) aus Indien ähnelt im Aussehen stark dem Gewöhnlichen Pirol (*Icterus vulgaris*) aus Brasilien; tatsächlich sind die Troupials, eine rein amerikanische Gruppe, in ihrer Farbe den Pirolen der alten Welt so ähnlich, dass sie in Amerika deren Namen an sich reißen.

Der kleine insektenfressende Iora (*Ægithina tiphia*) aus Indien ähnelt in Größe und Farbe stark einem Zeisig (*Chrysomitris colambiana*) aus Südamerika, wobei die Männchen oben schwarz und unten gelb sind, während bei den Weibchen das Schwarz durch olivgrün ersetzt ist.

Ein weiterer indischer Schwätzer (*Cephalopyrus flammiceps*), gelbgrün, mit orangefarbener Stirn, ist dem bekannten Brasilianischen Safranfink (*Sycalis flaveola*) sehr ähnlich oder kopiert ihn.

Auf der Insel Fergusson in der Nähe von Neuguinea gibt es eine Bodentaube (*Otidiphaps insularis*), die wie mehrere der mächtigen Bodenkuckucke der Gattung *Centropus schwarz ist und kastanienbraune Flügel* hat, aber keine Art dieser so gefärbten Kuckucke scheint auf der Insel zu leben.

In Afrika gibt es eine Meise (*Parus leucopterus*), die die gleiche sehr ungewöhnliche Färbung hat wie ein ostindischer Bulbul (*Micropus melanoleucus*), beide sind schwarz mit einem weißen Fleck auf den Flügeldecken. Diese beiden Vögel sind ungefähr gleich groß. Als Beweis für den rein zufälligen Charakter solcher Ähnlichkeiten können wir erwähnen, dass das gleiche seltene Muster auch bei unserer Trottellumme (*Uria grylle*) und der Flugente (*Cairina moschata*) wieder auftritt.

Wir haben bereits Gadow (S. 198) über „falsche Mimikry" bei Schlangen zitiert. Er gibt auch, auf S. 110 von *Through Southern Mexico* , ein Beispiel für dieses Phänomen bei Amphibien. Es sei, so schreibt er, „unmöglich, bestimmte grüne Laubfrösche der afrikanischen Gattung *Rappia* von einem *Hyla zu unterscheiden* , es sei denn, wir schneiden sie auf." Wenn sie Seite an Seite leben würden, was nicht der Fall ist, würde diese große Ähnlichkeit als Beispiel für Mimikry gepriesen werden."

Wir wären sehr überrascht, wenn es bei Insekten nicht zahlreiche Beispiele für „falsche Mimikry" gibt. Wir gehen davon aus, dass diese Bemerkung einige Entomologen dazu anregen wird, sich mit dem Thema zu befassen.

Es ist die Essenz der Müllerschen Mimikry, dass sowohl das Modell als auch die Kopie immun gegen Angriffe von Feinden sind. Unglücklicherweise für die Theorie gibt es ähnliche Ähnlichkeiten bei Greifvögeln, bei denen keine der beiden Parteien von der Assoziation profitieren kann. Dies führt zu dem, was wir vielleicht als falsche Müller-Mimikry bezeichnen könnten. So ähneln sich der Habicht und der Wanderfalke dadurch, dass sie im unreifen Gefieder oben braun und unten gestreift sind und als Erwachsene eine gestreifte Unterseite und ein graues Obergefieder haben.

Nachdem wir die wichtigeren Einwände gegen die Theorie der protektiven Mimikry dargelegt haben, müssen wir uns nun konkret mit den einzelnen Argumenten befassen, die für sie sprechen.

1. Im Hinblick auf die Behauptung, dass das Modell und seine Kopie oft nicht annähernd verwandt sind, haben wir gezeigt, dass bei Säugetieren und Vögeln Fälle von Ähnlichkeit zwischen weit voneinander entfernten Gruppen unter solchen Umständen auftreten, dass keine der Parteien daraus einen Nutzen ziehen kann.

2. Was die Behauptung betrifft, dass nachgeahmte Arten entweder gut verteidigt oder ungenießbar seien, so gilt dies sicherlich nicht für einige der zufälligen Ähnlichkeiten zwischen Vögeln, auf die wir hingewiesen haben; Selbst wenn diese Paare ähnlicher Arten im selben Land lebten, wäre ein erheblicher Einfallsreichtum erforderlich, um zu sagen, warum die eine die andere nachahmen sollte.

3. Bezüglich des Arguments, dass die ungenießbaren Arten von *Ithomiinæ* usw. nur fünfzehn Farben zeigen, während die weniger zahlreichen essbaren *Papilios* mehr als das Doppelte dieser Anzahl von Farben zeigen, können wir die Aufmerksamkeit auf die Tatsache lenken, dass diejenigen Vögel am immunsten sind Vom Angriff sind gerade diejenigen betroffen, die farblich die geringste Bandbreite aufweisen, z. B. Habichte, Eulen, Krähen, Möwen, Störche und Kraniche. Wie wir bereits dargelegt haben, geht es hier nicht um eine Müller-Assoziation.

Dagegen weisen die vor allem essbaren Familien der Wildvögel und Enten eine große Farbenvielfalt auf, jedenfalls bei den Männchen.

4. Was die Aussage betrifft, dass die mimetischen Ähnlichkeiten in vielen Fällen zwar bis ins kleinste Detail reichen, sie jedoch nicht von strukturellen Veränderungen begleitet werden, außer solchen, die zur Herstellung einer oberflächlichen Ähnlichkeit beitragen, können wir uns auf den bereits zitierten Fall beziehen des neuseeländischen Kuckucks, der, obwohl er einem amerikanischen Habicht sehr ähnlich ist, in seiner Struktur typisch kukulinisch ist. Von einem Vorteil des „nachahmenden" Kuckucks in den Ähnlichkeiten kann hier natürlich keine Rede sein.

5. Als Antwort auf das Argument, dass sich die mimetische Ähnlichkeit auf Form, Haltung und Bewegung sowie auf die Farbe erstreckt und dass tiefliegende Organe nur dann betroffen sind, wenn die oberflächliche Ähnlichkeit dadurch verstärkt wird, können wir die Aufmerksamkeit auf solche Fälle lenken wie: Folgendes:—

(*a*) Die harmlose Indische Schlange (*Lycodon aulicus*) ist der bekannten, ebenfalls indischen Krait (*Bungarus cœruleus*) *sehr ähnlich;* Die Ähnlichkeit erstreckt sich jedoch auf ein strukturelles Detail, das kaum einen nachahmenden Wert haben kann – nämlich, dass die harmlose Schlange lange, reißzahnartige Vorderzähne hat, obwohl diese nicht mit Giftdrüsen verbunden sind. Tiere, die mit dem Krait und seinen Nachahmern in Kontakt kommen, werden ihre Zähne kaum inspizieren.

(*b*) Eine beträchtliche Anzahl von Vögeln der Würgergruppe – bekannt als Kuckuckswürger (*Campophaga*) – ähneln im Gefieder stark Kuckucken; aber selbst wenn sie irgendeinen Nutzen aus der Nachahmung von Vögeln ziehen, von denen man annimmt, dass sie bereits Nachahmer sind, können sie nicht von der Tatsache profitieren, dass die Schäfte der Rumpffedern in beiden Gruppen steif sind; Dies war eine Besonderheit, die erst dann wahrnehmbar wurde, wenn der Vogel in der Gewalt eines Angreifers war.

(*c*) Als dritten Fall von Zufall können wir uns auf den Tuberkel im Nasenloch des Hirnfiebervogels (*Hierococcyx varius*) beziehen, als ein winziges Detail von habichtartigem Aussehen, obwohl es bei der bestimmten nachgeahmten Art nicht vorhanden ist.

6. Das Argument, dass mimetische Ähnlichkeiten auf unterschiedlichste Weise erzeugt werden, das Ergebnis jedoch einheitlich ist, verliert viel von seiner Kraft, wenn wir die verschiedenen Methoden betrachten, mit denen Kurzschwanzvögel scheinbar lange Schwanzanhängsel haben.

Beim Pfau sind es die oberen Schwanzdecken, die verlängert sind; beim Stanley-Kranich (*Tetrapteryx paradisea*) handelt es sich um die innersten oder tertiären Flügelfedern; Bei einem der Reiher wachsen einige der Federn des oberen Rückens zu einer großen Länge und bilden eine Schleppe; Beim Paradiesvogel (*Paradies apoda*) werden die langen Flankenbüschel häufig mit dem Schwanz verwechselt.

Von Mimikry kann in diesen Fällen keine Rede sein.

7. Wir haben gezeigt, dass die Vorstellung, dass Nachahmer und Nachgeahmter immer im selben Bereich zu finden sind, absolut falsch ist. Bei Vögeln beispielsweise scheinen die auffälligsten Ähnlichkeiten zwischen Arten aufzutreten, die weit voneinander entfernt leben.

8. Wir können als Parallele zum Fall einer nachahmenden Art, bei der das Männchen ein Modell und das Weibchen ein anderes kopiert, die seltsame Ähnlichkeit zwischen dem gestreiften braunen Gefieder des Weibchens und dem der weiblichen Eiderente anführen. Die Männchen dieser Arten unterscheiden sich, obwohl sie sowohl schwarz als auch weiß sind, stark im Aussehen; aber der männliche Mönch ist zugegebenermaßen dem Männchen einer anderen Meeresentenart, der Ente, sehr ähnlich.

9. Den vermeintlichen nicht-mimetischen Vorfahrenformen, die auf Inseln existieren, können wir die „mimetischen" Pirole auf kleinen Inseln und ihre nicht-mimetischen Cousins auf dem Festland gegenüberstellen. In Australien lebt ein Pirol, der wie ein Ahnentyp aussieht, neben einem Mönchsvogel eines sehr ausgeprägten Typs, weigert sich jedoch, ihn nachzuahmen.

10. Der Fall, dass bestimmte Tagfalter Schmetterlinge nachahmen, scheint ohne die Hilfe der Theorie der schützenden Mimikry erklärbar zu sein. Wenn zwei Arten die gleiche Art der Nahrungsbeschaffung anwenden, kommt es nicht selten vor, dass zwischen ihnen eine berufliche Ähnlichkeit entsteht. Die Mauersegler und Schwalben sind hierfür ein eindrucksvolles Beispiel.

11. Als Ausgleich zu den Fällen, in denen die angebliche Mimikry auf bestimmte Jahreszeiten beschränkt ist, können wir den Fall des Fasanenschwanz-Jaçana (Hydrophasianus chirurgus *) anführen* , der in seinem Wintergefieder leicht verwechselt werden könnte auf dem Flügel, für den Reisvogel oder Teichreiher (*Ardeola greyii*), beide sind gleich groß und haben einen braunen Rücken, lange grüne Beine und weiße Flügel. Darüber hinaus sind sie an denselben Orten in Indien zu finden. Zur Brutzeit unterscheiden sie sich jedoch im Gefieder völlig.

Ein weiteres Argument, das häufig für die Theorie der schützenden Mimikry angeführt wird, ist, dass lokale Variationen der nachgeahmten Arten manchmal vom Nachahmer gefolgt werden; So zeigt der Schmetterling *Danais chrysippus* in Afrika einen weißen Fleck auf den Hinterflügeln, dem sein Nachahmer folgt.

Aber das Gleiche geschieht, sozusagen völlig irrational, bei Vögeln. Der Wanderfalke und Hobbyfalke Europas sind nur Winterwanderer nach Indien, wo sie als Bewohner vom Shaheen (*Falco peregrinator*) und Indian Hobby (*F. severus*) abgelöst werden. Beide unterscheiden sich von den Wanderformen dadurch, dass sie oben schwärzer und unten kastanienbraun statt cremefarben sind. Somit kommt die Ähnlichkeit bei jeder Rasse vor. Ein ähnlicher Unterschied besteht, wie von Blyth bemerkt, zwischen der Schwalbe (*Hirundo Rustica*) und der Schwalbe (*H. tytleri*) Ostasiens, wobei bei letzterer die gesamte Bauchfläche rötlich ist und nicht nur die Kehle. Dennoch wird niemand behaupten, dass Schwalben Falken nachahmen oder dass es eine Nachahmung zwischen dem Wanderfalken und dem Hobby gibt. Es ist offensichtlich, dass solche parallelen Veränderungen unabhängig von der Mimikry stattfinden.

Die Wasserralle (*Rallus aquaticus*) und das Baillon-Sumpfhuhn (*Porzana bailloni*) in Europa unterscheiden sich von ihren Verbündeten in Ostasien dadurch, dass die Seiten des Kopfes einfarbig grau sind, während dies bei den ostasiatischen Formen (*R. indicus* und *P. pusilla*) der Fall ist ein brauner Streifen auf jeder Seite des Gesichts. Auch hier haben wir es mit Vögeln derselben Familie zu tun, die je nach geografischer Verbreitung variieren.

„ERKENNUNGS"-FARBEN

Eine der schönsten Einbildungen der Wallaceschen Zoologenschule ist die Theorie der Erkennungsmarkierungen.

„Wenn wir", schreibt Wallace auf Seite 217 des *Darwinismus* , „die Gewohnheiten und Lebensgeschichten jener Tiere betrachten, die mehr oder weniger gesellig sind und einen großen Teil der Pflanzenfresser, einige Fleischfresser und eine beträchtliche Anzahl aller Ordnungen umfassen." Bei der Beobachtung von Vögeln werden wir sehen, dass ein Mittel zur schnellen Erkennung von Artgenossen aus der Ferne oder bei schneller Bewegung, in der Dämmerung oder in teilweiser Deckung von größtem Vorteil sein muss und oft zur Erhaltung des Lebens führt. Tiere dieser Art nehmen normalerweise keinen Fremden in ihrer Mitte auf. Während sie zusammenhalten, sind sie im Allgemeinen vor Angriffen sicher, aber ein einzelner Nachzügler wird für den Feind zu einer leichten Beute; Es ist daher von größter Bedeutung, dass der Wanderer in einem solchen Fall jede

Möglichkeit hat, seine Gefährten in jeder Entfernung innerhalb des Sichtbereichs mit Sicherheit zu entdecken.

„Für die Jungen und Unerfahrenen jeder Herde müssen bestimmte Mittel zur einfachen Erkennung von entscheidender Bedeutung sein, und sie ermöglichen den Geschlechtern auch, ihre Art zu erkennen und so die Übel unfruchtbarer Kreuzungen zu vermeiden; und, ich neige zu der Annahme, dass ihre Notwendigkeit einen weitreichenderen Einfluss auf die Verschiedenartigkeit der Tierfärbung hatte als irgendeine andere Ursache überhaupt. Ihm kann wahrscheinlich die merkwürdige Tatsache zugeschrieben werden, dass, während die beidseitige Symmetrie der Färbung bei domestizierten Tieren sehr häufig verloren geht, sie im Naturzustand fast überall vorherrscht; Denn wenn die beiden Seiten eines Tieres unähnlich wären und die Farbvielfalt bei Haustieren in freier Wildbahn vorkäme, wäre eine einfache Erkennung unter zahlreichen eng verwandten Formen unmöglich.“

Als Beispiele für die Erkennungsfärbung nennt Wallace unter anderem den weißen, nach oben gerichteten Schwanz des Kaninchens – eine „Signalflagge der Gefahr“, den auffälligen weißen Fleck, der bei vielen Antilopen zu sehen ist, und die weißen Markierungen auf den Flügel- und Schwanzfedern des Kaninchens Britische Arten von Metzgervögeln, der Steinmetzling, der Bläschenschwätzer und der Weizenährenvogel.

Wallace behauptet daher erstens, dass Erkennungszeichen nicht nur den Zusammenhalt pflanzenfressender Tiere unterstützen, sondern auch als Gefahrensignal wirken; Das Mitglied einer Herde, das als erstes den Feind erblickt, rennt davon und zeigt seine weiße Flagge, die den anderen Mitgliedern der Herde die Gefahr signalisiert. Zweitens verhindern diese Erkennungszeichen die Übel unfruchtbarer Kreuzungen. Drittens, dass die Notwendigkeit, einander erkennen zu können, die bilaterale Symmetrie zwischen Tieren im Naturzustand strikt gewahrt hat.

Was die Behauptung Nummer eins angeht, möchten wir darauf hinweisen, dass, wenn ein Schwarm Pflanzenfresser von einem Raubtier verfolgt wird, das Mitglied des Schwarms, das dem Feind am nächsten ist – also das hinterste Mitglied – wahrscheinlich als erstes dabei sein wird beobachte ihn. Da diese Kreatur eine ungünstigere Fluchtmöglichkeit hat als der Rest der Herde, wird es für sie nicht von Vorteil sein, der von ihr eingeschlagenen Linie zu folgen. Darüber hinaus ist er nicht in der Lage, die Führung zu übernehmen, da er am Ende der Herde steht, und sein Verfolger erkennt das Gefahrensignal wahrscheinlich vor seinen Freunden. Es scheint daher, dass „Gefahrensignale", auch wenn sie ihren Besitzern manchmal nützlich sein können, im Großen und Ganzen Schmuck sind, auf den man gewinnbringend verzichten könnte. Der natürlichen Selektion kann kaum die Entstehung eines Charakters zugeschrieben werden, dessen Nutzen für den Organismus so zweifelhaft ist.

Darüber hinaus besitzen blühende Arten vieler geselliger Tiere keine „Signalflagge der Gefahr", während andererseits sehr viele Einzelgängerarten Markierungen aufweisen, die sie in Bewegung sehr auffällig machen. Nehmen wir den berühmten Indischen Reisvogel (*Ardeola greyii*). Im Ruhezustand ist es so gefärbt, dass es sehr schwer ist, es von seiner Umgebung zu unterscheiden, aber der Flug verwandelt es, denn dann zeigt es seine milchweißen Schwingen, die ein perfektes Gefahrensignal abgeben würden, wenn es nur nicht besonders einsam wäre in seinen Gewohnheiten. Seine geselligen Artgenossen, die Kuhreiher (*Bubulcus coromandus*), zeigen hingegen kein Gefahrensignal.

Kreuzung verwandter Arten

Dass diese Erkennungszeichen die Kreuzung verwandter Arten und die Entstehung unfruchtbarer Hybriden verhindern, scheint reine Fiktion zu sein. Wie wir bereits gezeigt haben, sind Hybriden zwischen verwandten Arten keineswegs immer unfruchtbar. Darüber hinaus scheinen sich Arten, die sich nur in der Farbe unterscheiden, normalerweise dort zu kreuzen, wo sie aufeinandertreffen.

„Diese Vermischung", schreibt Finn auf Seite 14 von *Ornithological and Other Oddities* , „findet dort statt, wo die Aaskrähe (*Corvus corone*) auf die Nebelkrähe (*Corvus cornix*) trifft, wo die europäischen und Himalaya-Stieglitze (*Carduelis carduelis* und *C. caniceps*) leben." einander begegnen und wo die Blauwalzen Indiens und Burmas (*Coracias indicus* und *C. affinis*) in Kontakt kommen, ganz zu schweigen von anderen Fällen."

Von diesen anderen Fällen bilden die indischen Bulbuls der Gattung *Molpastes* einen sehr bemerkenswerten Fall. An allen Stellen, an denen zwei der sogenannten Arten aufeinander treffen, scheinen sie sich zu kreuzen, und zwar so freizügig, dass es an den Stellen, an denen die verwandten Arten einander begegnen, nicht möglich ist, die Bulbuls einer der beiden Arten zuzuordnen. So schreibt William Jesse über den Madras-Bulbul (Molpastes *hæmorrhous*) (Seite 487 von *The Ibis* vom Juli 1902): „Dieser Vogel ist, obwohl ich ihm die obige Bezeichnung gegeben habe, nicht der wahre *M. hæmorrhous*.‟ Ich habe die Anzahl der Häute untersucht und immer wieder Nester und Eier entnommen und bin zu dem Schluss gekommen, dass unser Typ sehr konstant ist und sich gleichzeitig von allen bisher beschriebenen rotflügeligen Bulbuls unterscheidet. Die Abmessungen stimmen mit denen von Oates für *M. hæmorrhous* überein, während das Schwarz der Krone ziemlich abrupt am Hinterhals endet und sich nicht entlang des Rückens erstreckt, wie es bei *M. intermedius* und *M. bengalensis der Fall ist*. Andererseits sind die Ohrdecken, wie bei den beiden letzten Arten, aus Schokolade. Darüber hinaus darf ich hinzufügen – obwohl ich darauf wenig Wert lege –, dass die Eier des Lucknow-Vogels, die ich gesehen habe, ausnahmslos viel kleiner sind als meine Eier des echten *M. intermedius* aus dem Punjab. Meiner Meinung nach ist die Lucknow-Rasse das Ergebnis einer Hybridisierung zwischen den anderen drei Arten.‟

Darüber hinaus sah Herr D. Donald in Bannu *M. intermedius* und *M. leucogenys* paarweise im selben Nest. Dieser Herr könnte sich in diesem Punkt unmöglich irren, da die letztere Art weiße Wangen und gelbe Unterschwanzdecken hat, während die Wangen der ersteren Art dunkel gefärbt sind und der Federfleck unter dem Schwanz rot ist. In ähnlicher Weise berichten Whitehead und Magrath, die über die Vögel des Kurram-Tals schreiben (*Ibis* , Januar 1909), dass Ersterer nicht weniger als zwölf Bulbuls schoss, die zweifellos Hybriden zwischen diesen beiden Arten zu sein scheinen. Da sich diese Hybriden *untereinander erheblich unterscheiden* , besteht kein Zweifel daran, dass sie sich untereinander und mit den Elternarten vermehren.

Symmetrie in der Natur

Wallaces dritte Aussage, dass, wenn die beiden Seiten von Tieren im Naturzustand gleich wären, eine einfache Erkennung unter zahlreichen eng verwandten Formen unmöglich wäre, erinnert uns eindringlich an den traurigen Fall des Jungen, dessen Schneider seine Mutter war. *Humanum est errare* : Sie machte ihrem Sohn eine Hose, die hinten geschlossen werden konnte, so dass der arme Junge, wenn er sie trug, nie wusste, ob er zur Schule ging oder von der Schule nach Hause kam! Wenn Tiere in der Lage sind, ihre Partner zu erkennen, scheint ihre bilaterale Symmetrie nicht notwendig zu sein, um ihre Artgenossen von verwandten Arten unterscheiden zu können.

Tatsächlich trifft es zu, dass asymmetrisch markierte Tiere in freier Wildbahn sehr selten zu sehen sind, während sie bei domestizierten Arten eher die Regel als die Ausnahme sind. Dies scheint jedoch nicht auf die Notwendigkeit von Erkennungsmerkmalen in der Natur zurückzuführen zu sein, sondern auf die Tatsache, dass jene Tiere, die eine Tendenz zur Ansammlung von Pigmenten zeigen, im Kampf ums Dasein zugrunde gehen, da diese Ansammlung von Pigmenten offenbar mit einer Schwäche der Pigmentierung einhergeht Verfassung. Mit anderen Worten: Diese Anhäufung von Pigmenten ist eine ungünstige Variante, die unter natürlichen Bedingungen ihren Besitzer zum Scheitern verurteilt. Unter den einfacheren Umständen der Domestizierung können Tiere mit unregelmäßiger Pigmentierung überleben, so dass bei ihnen die fast allgemeine Tendenz zur Pigmentanhäufung ungehindert verfolgt werden kann.

Es ist unnötig, mehr zu diesem Thema zu sagen. Die wenigen Tatsachen, die wir dargelegt haben, reichen aus, um diesen besonderen Auswuchs der darwinistischen Theorie zu zerstören.

DIE FÄRBUNG VON BLUMEN UND FRÜCHTEN

Obwohl das Thema äußerst interessant ist, können wir uns nicht ausführlich mit der allgemein akzeptierten Theorie befassen, dass die Farbmarkierungen und Düfte wilder Blumen das Ergebnis der unbewussten Selektion von Insekten sind.

Während wir nicht leugnen, dass viele Blumen von ihrer Färbung profitieren, dass diese Farben manchmal dazu dienen können, Insekten anzulocken, wodurch eine gegenseitige Befruchtung bewirkt wird, sind wir nicht bereit, so weit zu gehen und zuzugeben, dass alle Farben usw. , die von Blumen und floralen Strukturen dargestellt werden, sind auf die unbewusste Selektion von Insekten zurückzuführen. Es ist eine Sache zuzugeben, dass die Farbe ihrer Blüten für eine Pflanze von direktem Nutzen ist; Es ist etwas ganz anderes, zu behaupten, dass die betreffende Farbe ihren Ursprung und ihre Entwicklung der natürlichen Selektion verdankt. Unsere Haltung gegenüber der allgemein akzeptierten Erklärung der Blumenfarben ähnelt der, die wir gegenüber der Theorie der schützenden Mimikry bei Tieren einnehmen. In bestimmten Fällen sind wir bereit zuzugeben, dass der nachahmende Organismus aus der Ähnlichkeit Nutzen zieht;

Wir behaupten jedoch, dass dies kein Beweis dafür ist, dass die natürliche Auslese diese Ähnlichkeit hervorgebracht hat.

Kreuz- versus Selbstbefruchtung

Die Theorie, dass Blumen ihre Farben entwickelt haben, um Insekten anzulocken und so eine gegenseitige Befruchtung sicherzustellen, basiert auf der Annahme, dass eine gegenseitige Befruchtung für Pflanzen von Vorteil ist. Es ist fraglich, ob diese Annahme berechtigt ist. Es stimmt, dass zahlreiche Experimente durchgeführt wurden, die zeigen, dass künstlich selbstbefruchtete Blumen in vielen Fällen vergleichsweise wenige Samen hervorbringen. Aber Experimente dieser Art beweisen nicht viel.

Im Falle einer Pflanze, die über viele Generationen hinweg kreuzweise befruchtet wurde, Pollen aus den Staubbeuteln derselben Blüte auf die Narbe zu legen, bedeutet, die betreffende Pflanze einer neuen Erfahrung auszusetzen – einer Erfahrung, die mit einer Transplantation verglichen werden kann auf einen anderen Boden. Die unmittelbare Wirkung mag ungünstig erscheinen, doch wenn das Experiment fortgesetzt wird, können sich die letztendlichen Ergebnisse als vorteilhaft für die Pflanze erweisen.

Dass dies bei manchen Blumen der Fall ist, die künstlich gedüngt werden, wird von Rev. G. Henslow behauptet. Dieser Beobachter stellt fest, dass Darwin, wenn er seine Untersuchungen weiter verfolgt hätte, wahrscheinlich seine Ansichten über die Vorteile der Selbstbefruchtung geändert hätte. Darwins Aussage, dass „die Natur ständige Selbstbefruchtung verabscheut", scheint ebenso weit von der Wahrheit entfernt zu sein wie die Aussage „Die Natur verabscheut ein Vakuum".

Aus der bloßen Tatsache, dass kreuzbefruchtete Blüten eine größere Samenmenge ergeben als selbstbefruchtete Blüten, folgt nicht zwangsläufig, dass eine Kreuzbefruchtung vorteilhaft ist. Die Menge der produzierten Samen ist wahrscheinlich nicht immer ein Kriterium für die Vorteile der Kreuzung zur Pflanze. Manche Blumen bringen die meisten Samen hervor, wenn sie mit dem Pollen einer anderen Art befruchtet werden!

Bezeichnenderweise produzieren einige Pflanzen kleistogame Blüten, das heißt Blüten, die sich ausnahmslos selbst befruchten. Solche Blumen öffnen sich nie; so dass der Besuch von Insekten ausgeschlossen ist.

Laut Bentham ist das Stiefmütterchen (*Viola tricolor*) die einzige britische *Viola-Art* , deren auffällige Blüten Samen produzieren. Die anderen Arten vermehren sich alle durch ihre kleistogamen Blüten. Die Gattung *Viola* ist eine fortgeschrittene Art: Es scheint daher, dass die Produktion kleistogamer Blüten einen Fortschritt gegenüber der Produktion entomophiler Blüten darstellt. Kleistogame Blüten sind offensichtlich wirtschaftlicher.

Insekten und Blumen

Bei den Malven, Epilobien und Geranien, wo wir nebeneinander Rassen sehen, deren Individuen durch Insekten befruchtete Blüten hervorbringen, und solche, die sich durch selbstbefruchtete Blüten auszeichnen, gedeihen die letzteren ebenso gut wie die ersteren.

Das Gewöhnliche Kreuzkraut, das laut Lord Avebury „selten von Insekten besucht wird", gedeiht wie der Grüne Lorbeerbaum, wie viele Gärtner zu ihrem Leidwesen wissen. Das Gleiche gilt auch für die Pimpernelle. In diesem Zusammenhang ist es wichtig zu bedenken, dass man annimmt, dass die anemophilen oder windbefruchteten Angiospermen, wie zum Beispiel die Gräser, Nachkommen von insektenbefruchteten oder entomophilen Formen sind.

Ein gewichtiger Einwand gegen die Theorie, dass die Farben von Blumen entwickelt wurden, weil sie Insekten anlocken, wurde von Herrn E. Kay Robinson vorgebracht, nämlich dass unter den Wildblumen die am stärksten gefärbten für Insekten am wenigsten attraktiv sind.

„Zeigen Sie mir", schreibt er auf Seite 222 von *The Country-Side* vom 20. März 1909, „den Insektensammler, der unter den leuchtend roten Mohnblumen nach Exemplaren suchen wird." Welchen Nutzen hat ihm die Heckenrose mit ihren großen rosafarbenen Scheiben? Andererseits findet er nicht, dass die bei weitem attraktivsten Blumen die fast unsichtbaren Wolfsmilchlorbeerblüten im Februar und März, die flockigen gelben Kätzchen im März und April, die Brombeerblüten im Hochsommer und die kleinen grünen Blüten des Efeu sind Herbst? Von diesen hat nur das Brombeerstrauch einen Anspruch auf Farbe, und wenn Sie, wie ich es versucht habe, das Experiment versuchen, jedes Blütenblatt von Brombeersträuchern abzupflücken, werden Sie feststellen, dass seine Anziehungskraft auf Motten nicht nachzulassen scheint.

„Die Tatsache, dass Insekten viele auffällig gefärbte Blumen besuchen, bedeutet nicht, dass die Farbe sie anzieht, wenn man bedenkt, dass sie andere Blumen mit gleicher Farbe vernachlässigen, während die Blumen, die sie besonders heimsuchen, unauffällig sind." Auffällige Blüten *mit reichlich Nektar* locken natürlich Insekten an, aber auch unauffällige Blüten mit Nektar. Wenn sie keinen Nektar haben, locken weder die auffälligen noch die unauffälligen Blüten andere Insekten als Pollen- oder Blütenblattfresser an, deren Besuche der Pflanze nicht gut tun. Das zeigt, dass der Nektar die Insekten anlockt und dass die Farbe der Blüten keinen Unterschied macht."

Im Herbst nehmen viele Blätter leuchtende und schöne Farbtöne an. Es wird nicht angenommen, dass diese für die Pflanze in irgendeiner Weise nützlich sind. Die herbstlichen Farben und Schattierungen werden zu Recht als Gewand von Tod und Verfall angesehen. Solche Farben sind das Ergebnis der Oxidation des Chlorophylls oder des grünen Farbstoffs der Blätter. Warum sollten die Farben der Blütenblätter, die lange vor den grünen Blättern welken und verblassen, nicht eine ähnliche Ursache haben? Die leuchtenden Farben der Früchte sollen durch natürliche Selektion entstanden sein, um fruchtfressende Tiere anzulocken. Sicherlich braucht ein hungriges Tier nicht, dass sein Futter bunt ist, um es zu finden! Wir müssen bedenken, dass die meisten Tiere während des größten Teils des Jahres keine andere Beschäftigung haben, als ihre Nahrung zu finden. Unauffällig gefärbte Früchte, wie die des Efeu, werden häufig von Vögeln gefressen. Die leuchtenden Farben einiger reifender Früchte sind zweifellos die Farben des Verfalls. Viele Pilze und Algen haben leuchtende Farben. Es wird nie angedeutet, dass diese für ihren Besitzer von direktem Nutzen sind.

Jede Blume, jede Pflanze, jeder Organismus muss eine bestimmte Farbe haben.

Honig

Viele Blütenpflanzen produzieren Honig. Einige Botaniker sagen, dass dies direkt auf natürliche Selektion zurückzuführen sei, da der Honig Insekten anlocke. Möglicherweise spannen diejenigen, die diese Haltung einnehmen, das Pferd von hinten auf. Es ist wahrscheinlich, dass Honig wie Sauerstoff ein gewöhnliches Produkt des Stoffwechsels der Pflanze ist und dass die Besuche von Bienen und anderen Insekten bei solchen Pflanzen eher das

Ergebnis als die Ursache dafür sind, dass sich der Honig dort befindet. Boisier fand heraus, dass einige Pflanzen, zum Beispiel *Potentilla tormentilla* und *Geum urbanum* , in Norwegen Honig lieferten, in der Nähe von Paris jedoch nur sehr wenig.

Er entdeckte außerdem, dass er bestimmte Pflanzen durch die reichliche Wasserversorgung dazu bringen konnte, mehr Honig zu produzieren als normal.

Wie es ihre Gewohnheit ist, haben Neo-Darwinisten ihre Lieblingstheorie bei der Anwendung auf Blumen ins Absurde getrieben. Sie behaupten, dass die Besuche von Insekten nicht nur für die allgemeine Farbe jeder Blume verantwortlich sind, sondern auch für die verschiedenen Linien, Flecken und anderen Markierungen der Blumen. Die auf den Blütenblättern häufig vorkommenden Linien sollen den Insekten den Weg zum Honig weisen! Diese besondere Verfeinerung des Neodarwinismus, um Kay Robinson zu zitieren, „bedarf kaum einer Diskussion. Insekten haben ein sehr schlechtes Sehvermögen. Das sieht man, wenn eine Biene oder ein Schmetterling gegen eine weißgetünchte Wand schlägt; wenn sich eine Wespe auf einen schwarzen Fleck auf einem sonnenbeschienenen Boden stürzt und ihn für eine Fliege hält; oder wenn eine sesshafte Libelle es Ihnen erlaubt, ihr mit der Spitze eines Spazierstocks ins Gesicht zu stechen, obwohl sie blitzschnell wegfliegt, wenn Sie Ihren Arm heben. Es gibt daher große Gründe, daran zu zweifeln, ob Insekten überhaupt die feinen Linien in den Blütenschleusen sehen können, die ihnen den Weg zum Nektar weisen sollen. Es ist auch ziemlich absurd anzunehmen, dass solche Linien nötig sein könnten, da Insekten in Schwärmen zu unauffälligen und scheinbar geruchlosen Blumen oder zu „gezuckerten" Baumstämmen im Dunkeln kommen. Wo es Nektar gibt, brauchen Insekten, die aus der Ferne zum Fest kommen, auf dem letzten Viertelzoll ihrer Reise keine Bleistiftlinien, die ihnen den Weg weisen."

Düfte von Blumen

Neo-Darwinisten behaupten außerdem, dass die Düfte von Blumen durch natürliche Selektion entstanden seien, weil sie dazu dienten, Insektenbesucher zu den Blumen zu locken. Zur Untermauerung dieser Behauptung wird darauf hingewiesen, dass die am stärksten duftenden Blumen normalerweise nicht die auffälligsten sind, da es nicht notwendig ist, dass eine Blume sowohl stark gefärbt ist als auch stark duftet. Auch hier gilt, dass

die Blüten, die sich nachts öffnen, normalerweise sehr stark
duften.

So plausibel diese Ansicht auch erscheint, es gibt gewichtige
Einwände dagegen. Diese wurden von Kay Robinson in der
Ausgabe von *The Country-Side* vom 27. März 1909 so
bewundernswert zusammengefasst, dass wir das Gefühl haben,
dass wir nichts Besseres tun können, als seine Worte
wiederzugeben:

„Es ist wahr, dass viele Blumen, die stark duften, von Insekten
besucht werden, aber diese Blumen haben reichlich Nektar, und
die Insekten kommen trotz des Duftes und nicht wegen ihm. Sie
besuchen nicht parfümierte Blumen, sofern sie Nektar haben,
ebenso häufig; und sie besuchen keine Blumen, die ohne Nektar
duften.

„Außerdem duften Früchte allgemeiner noch als Blumen; aber
welche Erklärung haben diejenigen, die den Duft von Blumen auf
den Geschmack von Insekten zurückführen, für den Duft von
Früchten? Insekten, die Früchte besuchen, sind nur Räuber.
Wenn wir also sagen, dass Pflanzen Düfte haben, um Insekten
anzulocken, beschuldigen wir alle Pflanzen, die duftende Früchte
haben, des Selbstmordversuchs.

„Es gibt wiederum eine Vielzahl von Pflanzen mit duftenden
Blättern. Auch hier sind die Insekten nur Räuber, und es ist ganz
klar, dass der Duft nicht dazu geeignet ist, Insekten anzulocken.
Wenn man also die Insektentheorie übernimmt, um den Duft von
Blumen zu erklären, muss man völlig neue Theorien erfinden, um
den Duft von Früchten und Blättern zu erklären.“

Es ist daher offensichtlich, dass die allgemein akzeptierte
Erklärung der Farben, Düfte und Zeichnungen von Blumen alles
andere als zufriedenstellend ist.

Kay Robinsons Theorie

The Country-Side (20., 27. März und 3. April 1909) eine völlig neue
Erklärung des Phänomens vorgelegt , die sorgfältige Betrachtung
verdient. Er behauptet, dass „die wahre, primäre und
ursprüngliche Bedeutung der Farben, Markierungen, des Nektars
und der Düfte von Blumen nicht darin besteht, Insekten
anzulocken, sondern grasende und grasende Tiere
abzuschrecken.“

„Ich sage", schreibt er, „dass grasende und grasende Tiere es vermeiden, auffällige Blumen zu fressen." Ich habe eine Herde von fünfhundert Schafen beobachtet, wie sie über einen meterbreiten Streifen dicht geknabberten Rasens an der Küste von Norfolk zogen und dabei grasten, und die Anzahl der geöffneten Gänseblümchenblüten, nachdem sie vorbeigekommen waren, schien dieselbe zu sein wie vor ihrem Kommen . Jedes der fünfhundert Schafe hatte etwas von diesem Hof Gras gefressen, und keines der etwa hundertdreißig Gänseblümchen hatte gefressen.

„Jeden Sommer werden die Pferde auf dem Bauernhof auf die gleiche alte Weide getrieben, und wenn der Sommer zu Ende geht, zeigt das Feld immer das gleiche Aussehen: das grüne Gras weidet kurz, die hohen Butterblumen stehen hoch oben.

„Als ich mich einmal mit Freunden über ein Tor beugte, machte ich darauf aufmerksam, dass eine Schafherde, die auf einem Esparsettenfeld weidete, das Grünzeug knabberte, nicht aber die Blütenstiele, als ein Schaf in unserer Nähe versehentlich eine ganze Esparsettenpflanze vorbeizog die Wurzeln und fing an, es nach oben zu fressen. Zoll für Zoll drang der Stamm in sein Maul ein, und ich begann zu befürchten, dass er eine „Ausnahme" von meiner Regel darstellen würde. Doch gerade als die leuchtend rosafarbene Esparsettenblüte nur noch fünf Zentimeter von ihren Zähnen entfernt war, drückte sie noch einmal zu und der Blütenkopf fiel zu Boden, und das Schaf machte sich wieder auf die Suche nach Grünzeug.

„Ich behaupte nicht, dass das immer passieren würde – ich würde jede Theorie bedauern, die auf der Intelligenz eines Schafes beruht –, aber es war eine sehr eindrucksvolle Anschauungsstunde für meine beiden Gefährten; Und jeder, der sich in diesem Sommer neugierig umschaut, wird zahlreiche Beweise dafür finden, dass grasende, grasende und knabbernde Tiere Blumen meiden und sich an Grünzeug halten, wenn sie es bekommen können.

„Ich sage nicht, dass alle Tiere die gleichen Blumen meiden. Pferde mögen zum Beispiel möglicherweise keine großen Blumen wie Rosen und auffällige gelbe Blüten wie Butterblumen, aber sie beißen flache Büschel winziger weißer oder blassgelber Blüten ab, wie zum Beispiel Schafgarbe oder wilde Pastinaken. Diese von bestimmten Tierarten vorgenommenen Unterscheidungen werden wahrscheinlich in Zukunft wertvolle Hinweise auf die

Herkunftsregionen unserer Blumen und Tiere liefern. Pflanzen wie die Schafgarbe und die wilde Pastinake stammen vermutlich nicht aus der Heimat des Wildpferdes, da sie nicht davor geschützt sind.

„Allerdings gibt es in der Regel zahlreiche Belege dafür, dass Pflanzen mit auffälligen Blüten einen großen Vorteil im Kampf ums Dasein erlangen, weil Weide- und Weidetiere sie meiden; während es überhaupt keinen wirklichen Beweis dafür gibt, dass auffällige Blumen Insekten anlocken.“

Kay Robinson erweitert diese Erklärung auf die Form, den Duft und den Nektar von Blumen. Er gibt zu, dass viele Blumen an den Besuch von Insekten angepasst sind, aber dies sei, wie er behauptet, nur ein sekundäres Ergebnis. Die „wirkliche, primäre Bedeutung“ der Formen von Blumen mit seltsamer Konfiguration bestehe, so betont er, „in einer Abschreckung für grasende oder grasende Tiere“.

Ihm zufolge meiden grasende Tiere Pflanzen wie den Löwenmäulchen, die „Blüten in Form eines Mundes“ haben, weil sie solche Blumen mit einem Mund verwechseln und nicht gebissen werden wollen! Er behauptet, dass Orchideen „eine starke Abschreckung für grasende und grasende Tiere darstellen, die auf der Suche nach Grünzeug sind und diese bunten, spinnenartigen, geflügelten Blüten als lebende Geschöpfe betrachten.“ „Wenn dies nicht der Wahrheit entspricht“, fragt er, „wird irgendein Anhänger der Theorie, dass wir die Formen von Blumen Insekten verdanken, erklären, warum einige unserer gewöhnlichen britischen Orchideen Bienen, Spinnen usw. so ähnlich sind?“ Einige, die keine besondere Ähnlichkeit mit Insekten haben, weisen dennoch seltsame Formen auf, die für den menschlichen Geist an Lebewesen wie Eidechsen usw. erinnern. Der Grund, warum sie wie Bienen, Spinnen, Eidechsen und verschiedene nicht klassifizierte Kreaturen aussehen, ist ganz einfach. Weidetiere sind auf der Suche nach Grünzeug und möchten keine Lebewesen fressen, die beißen, stechen oder unangenehm schmecken könnten. Dadurch haben die Orchideen die Fähigkeit erlangt, wie Lebewesen auszusehen.

„Jeder“, fährt er fort, „der mit der Blüte der Wilden Möhre vertraut ist – einem flachen Kopf aus winzigen, mattweißen Blüten –, muss bemerkt haben, wie oft die mittlere Blüte in jedem Kopf violett oder rotschwarz ist.“ Dadurch fällt sie besonders gut in der Mitte des flachen weißen Blütenkopfes auf. Welchen

Nutzen kann nun diese karge kleine schwärzliche Blüte – kaum größer als ein Stecknadelkopf – für die wilde Karottenpflanze haben, wenn wir den flachen Kopf der weißen Blüten als Anziehungspunkt für Insekten betrachten? Wenn wir andererseits den flachen Kopf der weißen Blüten zu Recht als ein Zeichen für Weidetiere betrachten, dass es sich nicht um gesundes Grünzeug, sondern um nährstoffreiche Blüten handelt, die leicht von Ameisen und anderen stechenden Insekten befallen werden können, erkennen wir sofort den großen Nutzen dieser kleinen schwärzlichen Blume in der Mitte. Es sieht aus wie ein Insekt, und möglicherweise gibt es in der Heimat der wilden Karotte ein winziges schwärzliches Insekt mit einem besonders bösartigen Geruch oder Geschmack – oder vielleicht einem starken Stachel –, das grasende Tiere sorgfältig meiden, wann immer sie es sehen können. So gedeiht die wilde Karotte; Allerdings können wir hier in Großbritannien – wo sich die wilde Karotte mittlerweile etabliert hat – zunächst vielleicht nicht erkennen, was der Trick genau bedeutet. Ich denke jedoch, dass es, wenn wir es verstehen, wunderbar in die Theorie passt, dass die Formen und Farben von Blumen in erster Linie als Abschreckung für grasende und grasende Tiere dienen und nicht als Anziehungspunkt für Insekten.

„Wir sehen also", schlussfolgert er, „dass die seltsamen Formen dieser Orchideen, die ein großer Stein des Anstoßes für diejenigen sind, die predigen, dass wir die Formen von Blumen dem Geschmack von Insekten verdanken, eine starke Bestätigung dafür werden." Meine Theorie, dass wir die Formen von Blumen grasenden und grasenden Tieren verdanken."

Über den Nektar der Blumen schreibt Kay Robinson: „Da Scharen von Insekten, deren Besuche in den meisten Fällen für die Blumen von Nutzen sind, diesen eifrig suchen, erscheint es nur natürlich anzunehmen, dass wir in diesem Zusammenhang Ursache und Wirkung sehen."

„Hier werde ich jedoch meine Theorie zur Entstehung von Nektar und von Blumen im Allgemeinen darlegen.

„Ich denke, es besteht überhaupt kein Zweifel daran, dass alle Teile einer Blume modifizierte Blätter sind. Die ursprüngliche Art der Blütenpflanze – das können wir mit Sicherheit annehmen – hatte einen einzigen Stamm und brachte ihren Samen auf dem Gipfel hervor, als Krönung ihrer diesjährigen Anstrengung.

Bevor die Blume zu dem wurde, was wir als Blume erkennen würden, bestand sie aus einer Ansammlung schützender Blätter um die Samen bildenden Teile der Pflanze. Für die Produktion des Samens wurde die gesamte Energie der Pflanze aufgewendet und in der Blattbüschel an der Spitze des Stängels wurden alle Essenzen der Pflanze konzentriert. Wenn Sie im kommenden Frühjahr die Blätter an den Enden der kräftigen Triebe von Dornen oder Obststräuchern anfassen und untersuchen, werden Sie feststellen, dass die Oberfläche der jungen Blätter ziemlich klebrig ist. Wenn Sie auch grasende Tiere beobachten, werden Sie feststellen, dass sie wider Erwarten keine stark wachsenden, saftigen Triebe mögen, sondern offenbar reife Blätter weiter unten am Ast bevorzugen. Dies zeigt meiner Meinung nach, dass Pflanzen die Fähigkeit haben, ihre neuen Triebe zu schützen, indem sie die ätherischen Öle und Essenzen, die sie zum Schutz vor Tieren produzieren, in sie hineindrängen. Nun scheint Nektar für grasende und grasende Tiere immer unangenehm zu sein; und duftende Blumen mögen sie auch nicht. Ich denke daher, dass man vernünftigerweise annehmen kann, dass der Nektar und die Düfte, die heute so viele Blumen auszeichnen, zunächst als Ausdünstung konzentrierten Saftes auf den Oberflächen der schützenden Blätter rund um die samenbildenden Teile der ursprünglichen Blüten entstanden sind. Als diese Blätter einen wirksameren Schutz boten, indem sie Farben, Formen und Markierungen annahmen , die die Tiere auf ihren Charakter aufmerksam machten, spezialisierten sich ihre Vorrichtungen zur Herstellung von Duftstoffen und Honig. und zu diesem Zeitpunkt erschien das Insekt als Faktor für den Lebenserfolg der Pflanze.“

Das ist also Kay Robinsons kühne und originelle Theorie. In mancher Hinsicht scheint es weit hergeholt. Die natürliche Neigung besteht darin zu fragen: „Ist es möglich, dass Rinder so dumm und blind sein können, dass sie wirklich glauben, ein Löwenmäulchen sei das Maul eines Tieres oder eine Orchidee eine Spinne?“

Derzeit wissen wir so wenig über die Tierpsychologie, dass wir noch nicht in der Lage sind, eine Antwort auf diese Frage zu geben. Wir wissen, dass Pferde vor den harmlosesten Dingen Angst haben, zum Beispiel vor einem Stück braunem Papier, das auf der Straße liegt. Die Theorie von Herrn Robinson sollte einen Anstoß für das Studium des Geistes von Tieren geben – ein Studium, das, wenn es richtig durchgeführt wird, wahrscheinlich eine Flut von Licht auf einige der Probleme der Evolution werfen wird. Mr. Robinsons Theorie versagt ebenso wie die allgemein akzeptierte Hypothese völlig darin, die Ursprünge von Farben, Düften usw. zu erklären. Wenn eine Blume einmal eine gewisse Farbe angenommen hat, ist es leicht zu verstehen, wie diese Blume Insekten anlocken oder abstoßen kann Grasende Tiere. Doch wie lässt sich der Ursprung der Farbe oder eines anderen Merkmals erklären?

Wir haben Herrn Kay Robinson gefragt, wie er den großen Erfolg einiger Gräserarten im Kampf ums Überleben erklären würde, von denen sich pflanzenfressende Tiere so stark ernähren. Er antwortete in der Ausgabe von *The Country-Side* vom 3. April 1909:

„Das Gras hat eine Wuchsart, die dem grasenden Tier trotzt. Seine langen, dünnen Blätter drängen ständig vom Boden nach oben, und wenn sie an einem Tag abgestreift werden, sind sie am nächsten schon wieder nach oben gedrückt. Wenn außerdem der äußere Grashalm seine Wachstumskraft erschöpft hat, gibt es in seinem Inneren einen weiteren Halm, der noch viele Zentimeter wachsen muss, und einen weiteren im Inneren, der kaum zu wachsen begonnen hat, und noch einen weiteren, der noch kein Tageslicht gesehen hat ; und so weiter. Im Naturzustand gibt es nirgendwo so viele Weidetiere, dass sie von Tag zu Tag auf einem bestimmten Stück Land grasen, um das Gras niedrig zu halten. Wenn dies der Fall wäre, würden fleischfressende Tiere dort bleiben, um die grasenden Tiere zu fressen, fett zu werden und sich zu vermehren. So sind die grasenden Herden zerstreut und wandern umher, gefolgt von den Raubtieren, wohin sie auch gehen; und in ihrer Abwesenheit drängt das Gras voran, so dass bei der Rückkehr der Weidetiere sein Büschel größer und seine Wurzeln stärker sind und es Angriffe besser überstehen kann als zuvor.

„Die Methode der Kleeblätter und Kleeblätter ist ganz anders. Wenn die Umstände günstig sind und es nur wenige Feinde gibt, werden sie großblättrige, üppige Büschel mit feinen Blütenköpfen bilden; aber wo es viele Weidetiere gibt, haben sie die Fähigkeit, sich an veränderte Umstände anzupassen. Sie kriechen so dicht am Boden entlang, dass die Zähne des grasenden Tieres sie nicht zwischen dem umgebenden Gras aufnehmen können, und sie produzieren Blätter, die so klein und kurzstielig sind, dass ihr Verzehr so wäre, als würde man den Haufen vom Samt abknabbern. Jedes Kleeblatt oder Kleeblatt, das zur Selbstverteidigung wächst, wird als „Kleeblatt" Irlands angesehen. und es ist sicherlich ein schönes Symbol für eine Rasse, die glaubt, trotz unaufhörlicher Unterdrückung überleben zu können.

„Das sind jedoch die Gründe, warum die Gräser und Kleeblätter weiterhin alte Weiden bereichern, während die meisten anderen Pflanzen verschwinden, mit Ausnahme von Gänseblümchen und Butterblumen sowie den sauren Sauerampfer."

Wir würden uns freuen zu hören, wie Herr Robinson die auffälligen Blüten der Art „Kaktusfeige" (*Euphorbia*) erklärt, die in Indien so häufig vorkommt und von Tieren nicht abgefressen wird.

Wir bedauern, dass wir dieser höchst interessanten Theorie nicht mehr Raum widmen können. Wir können nur hinzufügen, dass es, auch wenn es keine breite Akzeptanz findet, von großem Wert ist, da es zeigt, dass es möglich ist, eine plausible Erklärung für eine große Anzahl von Phänomenen anzubieten, die neun von zehn Botanikern auf ganz unterschiedliche Weise erklären .

Die Mehrheit der Naturforscher ist mit der „Insektentheorie" so zufrieden, dass sie dem Thema der Blütenfärbung in den letzten Jahren scheinbar nur wenig Aufmerksamkeit geschenkt hat. Dies ist ein eindrucksvolles Beispiel für den verderblichen Einfluss, den der Neodarwinismus auf den Geist der heutigen Menschen ausübt. Es tendiert dazu, die Forschung zu unterdrücken, anstatt sie anzuregen.

Akzeptierte Theorien unbefriedigend

Wir haben uns nun mit der Theorie der Schutzfärbung, der Theorie der Warnfärbung, der Theorie der Mimikry und der Theorie der Erkennungsmarkierungen beschäftigt. Wir haben gezeigt, dass, obwohl viele Organismen zweifellos von der Tatsache profitieren, dass sie in ihrer natürlichen Umgebung schwer zu sehen sind oder von ihrer Ähnlichkeit mit anderen Organismen, die Hypothese, dass diese Unauffälligkeit oder Nachahmung dieser Tiere durch die natürliche Selektion verursacht wurde kleine Abweichungen sind unhaltbar.

Warnfarben sind, wie wir gezeigt haben, zwar ein Nachteil für ihre Besitzer, kommen aber manchmal in der Natur vor, weil sie mit einem unangenehmen Geschmack einhergehen. Wir befürchten, dass die Theorie der Erkennungsmarkierungen im Grab explodierter Hypothesen beigesetzt werden muss.

Die extreme Popularität der bestehenden Theorien zur Tierfärbung und ihre sehr allgemeine Akzeptanz sind erstens auf ihre Einfachheit zurückzuführen; zweitens auf die Tatsache, dass sie viele Phänomene ans Licht gebracht haben, die zuvor unerklärlich erschienen; Drittens: Wenn wir, wie die große Mehrheit der Biologen, davon ausgehen, dass die Evolution durch die Anhäufung zahlreicher Variationen von geringem Ausmaß und unbestimmter Richtung bewirkt wurde, schienen wir gezwungen zu sein, entweder den Neodarwinismus zu akzeptieren oder anzuerkennen, dass das gesamte Thema Die Theorie der Tierfärbung verwirrt uns, mit anderen Worten, das, was wie ein Kosmos erscheint, abzulehnen und es durch Chaos zu ersetzen.

Mit wenigen Ausnahmen scheinen Bücher, die sich mit den Farben von Organismen befassen, zwar die Beweise zugunsten der allgemein anerkannten Theorien hervorzuheben, aber die Vielzahl von Fakten, die nicht zu ihnen zu passen scheinen, fast vollständig zu ignorieren.

Dies ist größtenteils auf die fast unvermeidliche Voreingenommenheit des menschlichen Geistes zurückzuführen, wenn er von einer Lieblingstheorie besessen ist. Es gibt niemanden, der so blind ist wie diejenigen, die nicht sehen wollen. Dies ist zum Teil auch die Folge der vorherrschenden Vernachlässigung der wissenschaftlichen Vergleichsmethode, die Menschen dazu verleitet, Theorien auf der Grundlage unzureichender Beweise aufzustellen. Dies ist natürlich eine natürliche Folge der Spezialisierung auf Biologie. Naturforscher haben die Angewohnheit, ihr Studium auf die Gewohnheiten der Tiere eines bestimmten Landes zu beschränken und daraus dann weitreichende Verallgemeinerungen zu ziehen.

Als Beispiel für die Art der Theoriebildung, zu der diese Methode führt, können wir die oft zitierte Theorie anführen, die die grüne Färbung einiger fruchtfressender Baumtauben der Anpassung an ein Leben inmitten tropischer Vegetation zuschreibt und die Tatsache ignoriert, dass dies in Amerika der Fall ist Baumtauben haben nie diese Farbe und sie ist keineswegs universell, selbst unter den Tauben der alten Welt.

Weiße Daunen von Nestlingen

In ähnlicher Weise wurde eine Theorie aufgestellt (WP Pycraft, *Knowledge* , 1904, S. 275), dass die weißen Daunen einiger Nestvögel eine Anpassung an den Widerstand gegen die Hitze der Sonne in offenen Nestern sind. Dies wird jedoch dadurch zunichte gemacht, dass junge Eulen, die normalerweise an schattigen Orten schlüpfen, im Allgemeinen ebenfalls weiß sind, während junge Kormorane, die in offenen Nestern leben, schwarz sind; Dennoch haben die verbündeten Schlangenhalsvögel, die in einigen Fällen die gleichen Brutplätze haben, weiße Junge. Damit nicht angenommen werden sollte, dass Schwarz bei einem ausgesetzt lebenden Nestling einen besonderen Wert hat, können wir erwähnen, dass junge Sturmvögel, die in Löchern geboren werden, schwarze oder dunkle Daunen haben.

Wie wir bereits betont haben, haben die Naturforscher dadurch, dass sie zu bereitwillig die Theorie akzeptiert haben, dass die Variation nur einen winzigen Grad und eine unbestimmte Richtung aufweist, völlig unnötige Schwierigkeiten aufgeworfen, selbst für die Selektionshypothese. Wir haben bestimmte Tatsachen angeführt, die zu zeigen scheinen, dass Variationen in der Regel keine unbestimmte Richtung haben; Von diesen sind die Vögel am auffälligsten, deren Schwanzfedern stark verlängert sind. Wären die Variationen unbestimmt, könnten wir vernünftigerweise erwarten, dass die Verlängerung bei einer bestimmten Feder oder einem bestimmten Federpaar einer Art, bei einem anderen Paar bei einer zweiten Art, bei einem dritten Paar bei einer dritten Art usw. auftrat. Dies ist jedoch nicht der Fall; Kein Vogel hat eine *einzige* lange Feder im Schwanz, und wenn zwei verlängert sind, wie es so häufig der Fall ist, handelt es sich fast immer um das mittlere oder das äußere Paar; *Beispielsweise* ist es beim Bienenfresser und Fasan ersterer, bei Schwalbe und Mönchsgrasmücke letzterer.

Ausnahmen sind so selten, dass man fast sagen könnte, sie bestätigen die Regel; Obwohl *beispielsweise* die äußeren Schwanzfedern der meisten Seeschwalben verlängert sind, ist bei einigen Seeschwalben (*Anous*, *Gygis*) das dritte Paar, bei anderen das vierte Paar der Schwanzfedern am längsten. Dies muss eines von zwei Dingen bedeuten: Entweder kommt die Variation in der Länge der Schwanzfedern, außer der mittleren oder äußeren, normalerweise nicht vor, oder sie kommt zwar vor, ist aber in irgendeiner Weise schädlich für das Wohlergehen der Art . Die letztere Hypothese erscheint nicht wahrscheinlich, da die Noddies dort, wo sie vorkommen, nämlich in den tropischen Meeren, besonders häufig vorkommen; Daher können wir nur den Schluss ziehen, dass diese besondere Variation bei Vögeln insgesamt nicht aufgetreten ist.

Wir haben zahlreiche Beweise dafür vorgelegt, dass Mutationen oder diskontinuierliche Variationen in der Natur vorkommen; und da diese viel günstigeres Material liefern, auf das die natürliche Selektion einwirken kann, ist es vernünftig anzunehmen, dass sie eine beträchtliche Rolle in der Evolution gespielt haben.

Bei der Erörterung der Vererbungsphänomene haben wir versucht zu zeigen, dass diese diskontinuierlichen Variationen nicht unwahrscheinlich auf einer Neuordnung der Bestandteile der Einheitsmerkmale oder biologischen Moleküle, wie wir sie genannt haben, zurückzuführen sind.

Kräne

In diesem Zusammenhang können wir das scheinbar einzigartige Phänomen erwähnen, dass verschiedene Arten derselben natürlichen Gruppe entweder einen deutlichen Überschuss oder Mangel an Gefieder am Kopf aufweisen. Bei den Kranichen sind die meisten Arten mehr oder weniger kahl; Aber die Prachtlibelle (*Anthropoides virgo*) hat einen vollständig gefiederten Kopf mit langen Seitenfedern, während der Kopf des Stanley-Kranichs (*A. paradisea*) geschwollen zu sein scheint, so reichlich ist er gefiedert. Die gekrönten Kraniche haben zwar nackte Wangen, haben aber doppelte Wappen, deren beide Teile jeweils mit einem Federwischer und einem Bündel Zahnstochern verglichen werden!

Unter den Perlhühnern gibt es mehrere Arten mit Haube, während andere, wie zum Beispiel das Haushuhn, barhäuptig sind. Nun sind in der Evolutionstheorie Phänomene wie diese durch die Anhäufung winziger Variationen schwer zu erklären; Aber wenn man davon ausgeht, dass eine geringfügige Neuanordnung der biologischen Atome im Molekül zu sehr unterschiedlichen Ergebnissen führen kann, wie wir es im Fall chemischer Moleküle und jahreszeitlich dimorpher Schmetterlinge sehen, gibt es bei einem solchen Phänomen keinen besonderen Grund zur Überraschung.

In diesem Zusammenhang können wir die wichtige Tatsache anführen, die Kanarienvogelzüchtern so gut bekannt ist, dass zwei

Haubenvögel bei der Paarung dazu neigen, einen kahlköpfigen Vogel hervorzubringen.

Wenn die Farbe eines Teils eines Organismus auf die innere Anordnung der Bestandteile des biologischen Moleküls zurückzuführen ist, aus dem er stammt, sollten wir damit rechnen, dass jede Neuanordnung der Bestandteile eine ganz andere Farbe erzeugt. Mit anderen Worten: Wir sollten damit rechnen, gelegentlich Farbmutationen zu sehen. Genau das sehen wir. Wenn das Farbschema eines Organismus auf eine bestimmte Gruppierung biologischer Moleküle zurückzuführen ist, sollten wir in ähnlicher Weise davon ausgehen, dass das gleiche Farbschema auch bei Organismen auftritt, die nicht annähernd verwandt sind. Auch das beobachten wir in der Natur.

Viele Phänomene der Mimikry und alle Fälle, die wir als Pseudomimikry bezeichnet haben, scheinen uns darauf zurückzuführen zu sein.

Elster-Färbung

Nehmen wir zum Beispiel die Elsterfärbung bei Vögeln — also ein Farbschema, bei dem der Körper weiß und Kopf, Flügel und Schwanz schwarz sind. Dies kommt bei folgenden Vögeln vor, die den unterschiedlichsten Gruppen angehören:

Die Elster.

Der Elster-Tanager (*Cissopis Leveriana*).

Der Elster-Rotkehlchen (*Copsychus saularis*), nur Hahn; Bei der Henne wird das Schwarz durch bräunliches Grau ersetzt.

Der Trauerschnäpper (*Entomophila picata*).

Die Kaplan-Krähe (weißkörperige Form der Kapuzenkrähe).

Der Neuirische Schwalbenwürger (*Artamus insignis*).

Die Elstergans (*Anseranas melanoleucus*).

Solche Kombinationen, bei denen das Schwarz durch Braun oder Grau ersetzt wird, sind äußerst selten.

Andererseits sehen wir bei mehreren Vögeln die Kombination, bei der das Weiß durch Gelb ersetzt wird:

Der Gewöhnliche Troupial (*Icterus vulgaris*).

Der Schwarzkopfpirol (*Oriolus melano cephalus*).

Der Schwarz-gelbe Kernbeißer, nur Männchen.

Was wir als unvollkommene Elsterfärbung bezeichnen können, *also* wenn der Kopf weiß wird, kommt bei mehreren Vogelarten vor. Der Kopf einer schwarzen Art wird manchmal als Mutation weiß; Bei der heimischen Flugente zum Beispiel wird manchmal ein Individuum mit weißem Kopf erzeugt, obwohl das Schwarz des restlichen Gefieders unverändert bleibt.

Als Beispiele für dieses Farbschema können wir Folgendes anführen:

Schwarz-weiße Fruchttauben (*Myristicivoræ*).

Mehrere Basstölpel (*Sula capensis* , *S. serrator* usw.)

Schwalbenschwanzmilan (*Elanoides furcatus*).

Mehrere Störche (*Euxenura maguari* , *Anastomus oscitans* , *Pseudotantalus cinereus*).

Darüber hinaus hat eine häufig vorkommende Variante des Haushuhns auch einen weißen Körper und schwarze Handschwingen und einen schwarzen Schwanz, was darauf hindeutet, dass dieses Farbschema als Mutation entstanden sein könnte.

Eine weitere Eliminierung von Schwarz im Schwanz und Körper führt uns zu weißen Vögeln mit mehr oder weniger schwarzen Flügeln: —

Weißstörche (*Ciconia alba* , *C. boyciana* und *Euxenura maguari*).

Der Weiße Kranich (*Grus leucogeranus*).

Die Schneegänse (*Chen nivalis* , *C. rossi*).

Der Basstölpel (*Sula bassana*).

Der Weiße Bussard (*Leucopternis*).

Die Aasgeier (*Nephron*).

Eine bei Säugetieren wiederkehrende Kombination ist Schwarz mit einer weißen Markierung auf der Brust.

Die meisten Bären, auch junge Braunbären, neigen dazu. Es kommt auch beim Tasmanischen Teufel und in verschiedenen Arten unserer Hauskatzen, Ratten und Hunde vor; auch bei der Hausente.

Das weiß gefleckte Fell, das bei Hirschen, insbesondere bei Rehen, nicht ungewöhnlich ist, wiederholt sich seltsamerweise auch bei den australischen fleischfressenden Beuteltieren, den sogenannten Native Cats (*Dasyurus*).

Bei Haustieren finden wir häufig die folgende Lokalisation von Weiß: weiße Socken, Kragen, Brust und Schnauze. Die Anordnung kommt bei Katzen, Hunden, Kaninchen, Meerschweinchen und Mäusen vor, auch bei Pferd und Schwein, jedoch ohne Halsband. Diese Anordnung kommt weder bei Ziegen, Rindern oder Schafen noch bei Wildtieren jeglicher Art vor. Dies würde zu dem Schluss führen, dass die Kombination mit einem Charakter zusammenhängt, der für das Überleben unter natürlichen Bedingungen ungünstig ist.

Viele Variationen, die sowohl bei Wild- als auch bei Haustieren häufig vorkommen, kommen in der Natur nicht vor.

Albinos

Als Beispiele für solche Variationen können wir reine Albinoformen nennen, also solche, bei denen kein Pigment in den Augen vorkommt.

Es ist leicht einzusehen, warum diese Variation in der Natur nicht fortbestehen darf. Seine Besitzer sind durch ihr schlechtes Sehvermögen gehandicapt und haben daher im Kampf ums Dasein keine Überlebenschance. Auf diese Weise wirkt die natürliche Selektion. Weiße Arten mit pigmentierten Augen sind dagegen recht zahlreich. Diese verfügen über ein normales Sehvermögen, leiden jedoch unter dem Nachteil, dass sie von ihren Feinden leicht gesehen werden können. Daher stellen wir fest, dass weiße Arten im Allgemeinen entweder in einem schneebedeckten Lebensraum vorkommen oder mächtig und sowohl fähig als auch bereit sind, sich zu verteidigen. In diesem Zusammenhang ist es interessant festzustellen, dass in Neuseeland alle Vögel, ob eingeführte oder einheimische, besonders anfällig für Albinismus sind. Aufgrund der geringen Anzahl ihrer Feinde können diese albinistischen Formen bestehen bleiben.

Eine Variante bzw. Mutation, die bei domestizierten Vögeln häufig vorkommt, aber nur bei sehr wenigen Wildarten zu finden ist, ist die Form der weißen Primärfedern am Flügel. Diese Variation muss in der Natur häufig vorkommen, aber sie setzt sich selten durch, offenbar weil weiße Federn der Abnutzung nicht so gut widerstehen wie farbige.

Biologische Moleküle und Farbe

Die schwarz-gelbe Färbung kommt bei mehreren weit voneinander entfernten Vogelarten vor. Die Anordnung der beiden Farben folgt gewissermaßen den gleichen Regeln wie die Schwarz-Weiß-Kombination.

Mehrere Vögel haben einen gelben Körper mit schwarzem Kopf, Flügeln und Schwanz, wie zum Beispiel –

Der Schwarzkopfpirol (*Oriolus melanocephalus*).

Der Schwarz-Gelbe Kernbeißer (*Pycnorhamphus icteroides* , *P. affinis*) (Hahn).

Der Gewöhnliche Troupial (*Icterus vulgaris*).

Bei anderen ist das Schwarz am Kopf fast oder ganz unterdrückt, während das Schwarz am Schwanz mehr oder weniger stark erhalten bleibt; solche sind—

Die Pirol (*Oriolus galbula* , *O. kundoo* usw.).

Mehrere Arten von *Icterus* .

Mehrere Fliegenfänger der Gattung *Piezorhynchus* (nur Männchen).

BRASILIANISCHE TRUPPE

Diese Art (*Icterus vulgaris*) wird am häufigsten in Gefangenschaft gesehen; Das Farbmuster findet sich in mehreren anderen verwandten Formen.

INDISCHER SCHWARZKOPF-PIRAL

Mehrere andere Pirole außer diesem (*O. melanocephalus*) haben den schwarzen Kopf.

Wir haben genug gesagt, um zu zeigen, dass bestimmte Farbkombinationen in der Natur bei Arten vorkommen, die weder annähernd miteinander verwandt sind noch einer ähnlichen Umgebung ausgesetzt sind. Für solche Phänomene ist es schwierig, wenn nicht unmöglich, die Theorie zu erklären, dass die natürliche Auslese, die auf winzige Variationen einwirkt, für die vielfältige Färbung des Tierreichs verantwortlich ist. Die Tatsachen stimmen jedoch mit der Annahme überein, dass der Organismus das Ergebnis des Wachstums und der Entwicklung einer Reihe von Einheiten oder biologischen Molekülen ist, die in der befruchteten Eizelle vorhanden sind.

Wenn diese Annahme wahr ist, muss die Färbung jedes Tieres auf die Entwicklung eines oder mehrerer dieser Moleküle zurückzuführen sein. Die Färbung kann Ausdruck der Anordnung aller Moleküle in der befruchteten Eizelle sein, oder sie kann auf die Entwicklung einer Reihe von Molekülen zurückzuführen sein, deren Funktion darin besteht, die Färbung eines Organismus zu bestimmen, oder sie kann das Ergebnis der Entwicklung von sein ein solches Molekül, das sich möglicherweise so aufspaltet, dass sich ein Teil an jedes der anderen Moleküle anlagert.

Aber es ist müßig, darüber zu spekulieren. Wie wir bereits betont haben, ist die Tendenz, ausgefeilte Theorien auf sehr dürftigen Grundlagen aufzubauen, ein allzu häufiges Versagen von Zoologen. Wir möchten lediglich die Tatsache betonen, dass die Phänomene der Tierfärbung uns fast zu dem Schluss zwingen, dass die Färbung jedes Organismus das Ergebnis der Entwicklung einer Anzahl von Einheiten ist.

Man könnte einwenden, dass in diesem Fall die Anzahl der Einheiten, die zur Farbe eines Organismus beitragen, außerordentlich groß sein muss, da wir in der Natur eine nahezu unbegrenzte Anzahl verschiedener Farbschemata sehen. Wenn die Farbe jedes Tieres das Ergebnis der Entwicklung einiger weniger Einheiten wäre, könnte man erstens annehmen, dass die Vielfalt der Farbschemata, die wir in der Natur beobachten, unmöglich vorkommen könnte; und zweitens, dass unter solchen Umständen das Farbmuster eines Vogels oder Tieres die Art eines Mosaiks haben sollte, wobei jede Farbe klar definiert und von jeder anderen Farbe getrennt sein sollte, anstatt dass die Farben, wie es ist, ineinander übergehen so häufig der Fall.

Solche Einwände würden auf einer falschen Vorstellung über die Natur der Einheiten beruhen, die zusammen die Färbung eines Organismus hervorrufen. *Diese Einheiten zeigen sich als Farbentwicklungszentren* , als Punkte, von denen aus sich die Farbe oder Färbung, die sie darstellen, ausbreitet, bis sie auf andere Farbflecken trifft und sich mit ihnen vermischt, die von anderen Zentren aus entwickelt werden . Die in einem Zentrum erzeugte Farbe kann sich schneller ausbreiten als die, die sich in einem anderen Zentrum bildet; Dies führt natürlich dazu, dass im Organismus die Farbe überwiegt, die im früheren Zentrum erzeugt wird.

Darüber hinaus müssen wir bedenken, dass die Entwicklung jeder farbproduzierenden Einheit weitgehend von äußeren Bedingungen beeinflusst wird, wie wir beim Umgang mit Sexualdimorphismus sehen werden.

Mehr als ein Naturforscher, der sich sorgfältig mit dem Thema der Tierfärbung beschäftigt hat, hat erkannt, dass durch die

scheinbar endlose Vielfalt der Farben von Organismen so etwas
wie eine Ordnung verläuft.

Herr Tylor zitiert

Vor über dreißig Jahren machte Herr Alfred Tylor auf diese
wichtige Tatsache aufmerksam. Dieser Beobachter, dessen
Ansichten Wallaces Zustimmung fanden, war der Meinung, dass
die Farbe der Struktur folgt und dass sie sich bei einem
vielfarbigen Tier an Punkten ändert, an denen sich die Funktion
ändert.

„Wenn wir", schreibt Herr Tylor, „hochdekorierte Arten nehmen
– das heißt Tiere, die durch abwechselnde dunkle oder helle
Streifen oder Flecken gekennzeichnet sind, wie das Zebra, einige
Hirsche oder die Fleischfresser, dann stellen wir zunächst fest,
dass die Region ..." die Wirbelsäule ist durch einen dunklen
Streifen gekennzeichnet; zweitens, dass die Regionen der
Anhängsel oder Gliedmaßen unterschiedlich markiert sind;
drittens, dass die Flanken entlang oder zwischen den Bereichen
der Rippenlinien gestreift oder gefleckt sind; viertens, dass die
Schulter- und Hüftregionen durch geschwungene Linien
gekennzeichnet sind; fünftens, dass sich das Muster und die
Richtung der Linien oder Flecken am Kopf, am Hals und an
jedem Gelenk der Gliedmaßen ändert; und schließlich, dass die
Spitzen der Ohren, der Nase, des Schwanzes und der Füße sowie
die Augen farblich hervorgehoben sind."

In jüngerer Zeit hat Herr J. Lewis Bonhote diesem wichtigen
Thema große Aufmerksamkeit gewidmet. Die Ergebnisse seiner
Forschungen sind auf Seite 185 von Bd. zusammengefasst. xxix.
der *Proceedings of the Linnæan Society* und auf Seite 258 der *Proceedings
des Fourth International Ornithological Congress* , 1905. Herr Bonhote
stellt fest, dass das Vorhandensein oder Fehlen von Farbe fast
immer zuerst auf bestimmten, bestimmten Gebieten in
Erscheinung tritt , die sowohl bei Säugetieren als auch bei Vögeln
verbreitet ist und die er *Pœcilomeres nennt* .

Poecilomere

„Pœcilomeres", schreibt er, „befinden sich an den folgenden
Teilen, nämlich am Kinn, am Backenstreifen, am
Oberkieferstreifen, an einem Fleck über und leicht vor dem Auge,
an einem Fleck unter oder leicht hinter dem Auge, am Ohr, am
Scheitel." des Kopfes, des Hinterkopfes, des vorderen Endes des

Brustbeins, der Bauchhöhle, des Gesäßes, der Oberschenkel, des Handgelenks, der Schultern (oben und unten).

„Nun gibt es kaum eine Vogelart, bei der nicht eines oder mehrere dieser Pœcilomere (um den Ausdruck eines Malers zu verwenden) in einer anderen Farbe als die der umgebenden Teile ‚herausgepickt‘ sind, und tatsächlich sind es die meisten davon Auf diesen Patches finden sich sogenannte Erkennungs- oder Schutzmarkierungen.

„Andererseits ist bei vielen Arten die Farbdifferenzierung der Poecilomere nicht so auffällig, dass sie das Auge anzieht oder in irgendeiner Weise zum Schutz oder zur Nachahmung dient, dennoch finden wir sie immer noch durch so geringfügige Farbunterschiede gekennzeichnet, *dass Wenn man nicht besonders danach suchte, würde man sie nie bemerken* .

„Oder wiederum zeigen einige Arten gelegentlich, aber nicht immer, ein paar weiße Federn an bestimmten Teilen ihres Körpers, und wenn dies der Fall ist, wird man feststellen, dass diese weißen Federn an den Poecilomeren erscheinen. . . . Es gibt kaum eine Art, in der keine Beispiele dieser Pœcilomere vorkommen. . . . Der Eisvogel (*Alcedo ispida*) zeigt die verschiedenen Kopf-Pœcilomere sehr deutlich und als Beispiele für unauffällige Unterschiede auf diesen Trakten das Hinterteil von Hühnersperling (*Passer Domesticus*) und Buchfink (*Fringilla cœlebs*), den Backenstreifen und die dunkle Ohrklappe Bekannte Beispiele hierfür sind der dunkle Anteorbitalbereich der Schleiereule (*Emberiza citrinella*) und der dunkle Anteorbitalfleck der Schleiereule (*Strix flammea*). Und schließlich ist das Junge des Kuckucks (*Cuculus canorus*) ein gutes Beispiel für die Klasse, in der einige weiße Federn häufig, aber nicht immer vorkommen.

„Diese Flecken können jedoch vorübergehend auftreten, beispielsweise wenn ein Gefiederwechsel (nicht unbedingt eine Mauser) stattfindet.“

Als Beispiel dafür führt Bonhote den Fall eines jungen männlichen Löffelentenfisches (*Spatula clypeata*) an, „bei dem sich die metallische Farbe auf dem Kopf zuerst an den postorbitalen und aurikulären Pœcilomeren zeigte, die sich nach und nach trafen und sich über den Kopf hinweg mit ihnen verbanden.“ die Scheitel- und Hinterhauptspoecilomere und breitet sich dann schließlich nach vorne aus. Und es ist vielleicht gut anzumerken, dass die Verbindung der aurikulären und postorbitalen Pœcilomere einen metallischen Fleck bildete, der in Größe und Position dem ähnelte, der bei der männlichen Krickente (Querquedula *crecca*) gefunden wurde, und darüber hinaus im letzten Stadium, als Der gesamte Kopf, mit Ausnahme des Teils rund um den Schnabel, war aus Metall, die Markierungen ähneln denen, die dauerhaft bei der Hühner-Scaup (*Fuligula marila*) zu finden sind.

„Da nun diese Ähnlichkeiten beim normalen, reinrassigen, wilden Löffelenten auftreten, stellt sich die Frage der Umkehrung nicht, und niemand würde annehmen, dass diese Ähnlichkeiten auf etwas mehr als eine Übergangsvariation zurückzuführen sind, und das ist der Gegenstand dieses Teils des." Papier, um zu zeigen, dass Farbvariationen bestimmten Linien folgen."

Biologische Moleküle

Herr Bonhote fährt fort: „Als weiteres Beispiel dafür, wie weit verbreitet diese Linien im Säugetier- und Vogelreich sind, können wir die Annahme des Braunkopfes im Fall der Lachmöwe (Larus Ridibundus) erwähnen, die ausnahmslos auf jede dieser *Linien* folgt Jahr auf ähnlichen Linien wie im Fall des Löffelbaggers und . . . Die Methode, mit der das Hermelin bei Herannahen des Winters sein weißes Kleid anzieht, verläuft (obwohl der Wechsel von Braun zu Weiß erfolgt) wiederum nach genau denselben Grundsätzen." Herr Bonhote argumentiert mit Nachdruck, dass die grundlegende Ursache tief verwurzelt sein muss, da der Prozess bei zwei so weit voneinander entfernten Tieren auftritt. Es besteht kein Zweifel, dass diese Poecilomere von Bonhote mit unseren biologischen Molekülen verbunden sind. Jedes dieser Poecilomere ist das Ergebnis der Entwicklung eines dieser Einheitsmerkmale; Jedes ist als Aktivitätszentrum, als Einflussbereich eines biologischen Moleküls oder als Teil davon zu betrachten, der die Färbung einer bestimmten Region des Organismus steuert. Bei Lebewesen, die durchgehend die gleiche Farbe aufweisen, führen diese Moleküle alle zu derselben Färbung; Bei Tieren, die unterschiedliche Farben und Zeichnungen aufweisen, führen die verschiedenen Moleküle zu verschiedenen Farben. Wir müssen jedoch bedenken, dass die endgültige Farbe, die jedes farberzeugende Molekül hervorbringt, in gewissem Maße von anderen Umständen als der Konstitution des Moleküls abhängt. Daher unterscheiden sich die Jungtiere der meisten Organismen in Farbe und Zeichnung von den Erwachsenen. Davon hängen auch die Phänomene des saisonalen und sexuellen Dimorphismus ab. Das gleiche farberzeugende Molekül kann unter bestimmten Bedingungen eine Farbe und unter anderen Bedingungen eine völlig andere Farbe erzeugen.

Es ist eine bedeutsame Tatsache, dass die Federn von Vögeln unter abnormalen Bedingungen dazu neigen, genau an den Stellen zu verschwinden, an denen die Poecilomere von Bonhote vorkommen.

So neigen die Federn eines kränklichen Käfigvogels häufig dazu, an den folgenden Stellen abzufallen: Scheitel, Backen, Kiefer, Kopf im Allgemeinen, Rumpf, Bauch und Oberschenkel.

Viele Wildvögel – wie zum Beispiel die Kraniche – weisen auf dem Kopf Flecken nackter Haut auf, die sich meist auf Poecilomeren befinden. In ähnlicher Weise kommt es tendenziell zu einer natürlichen übermäßigen Entwicklung des Gefieders an den Poecilomeren oder vielmehr an den durch Poecilomeren gekennzeichneten Stellen – zum Beispiel am Gefolge des Pfaus. Das Loralgefieder ist zwar selten lang, aber oft von eigenartiger Beschaffenheit.

Farbmutationen treten tendenziell auf den Pœcilomeren auf. Daher bilden diese Poecilomere häufig die Unterscheidungsmerkmale und Markierungen verwandter Arten. Genau das sollten wir erwarten, wenn die Pœcilomere biologischen Molekülen entsprechen und Mutationen das Ergebnis der Neuanordnung der Bestandteile dieser Moleküle sind.

Noch bedeutsamer ist die Tatsache, dass die Farbmarkierungen bei Hybriden dazu neigen, Pœcilomeren zu folgen.

Bonhote hat zahlreiche Experimente zur Hybridisierung von Enten durchgeführt. Einige seiner Hybriden gingen aus drei reinen Vorfahren hervor, wie zum Beispiel der Spießente, der Spotbill und die Stockente; andere von zwei Vorfahren. Einige dieser Hybriden wurden mit anderen Hybriden und andere mit den Elternformen gekreuzt, daher sicherte sich Bonhote eine Reihe von Hybriden, von denen jede ein unverwechselbares Aussehen hatte; Es wurde jedoch festgestellt, dass *alle* zwischen den Hybriden auftretenden Variationen auf einem oder mehreren Poecilomeren beginnen.

Einige der Hybriden zeigten Ähnlichkeit mit der einen oder anderen Elternart, andere unterschieden sich von beiden Elternarten und ähnelten entweder keiner bekannten Art oder anderen Arten als ihren Eltern.

Wenn ein Hybrid eine Ähnlichkeit mit einer anderen Art aufweist als der, zu der ein Elternteil gehört, spricht man von einem Atavismus- oder Umkehrphänomen – das Individuum soll auf eine angestammte Form „zurückgeworfen" worden sein.

Die wahre Erklärung des Phänomens scheint darin zu liegen, dass durch die Kreuzung biologische Moleküle in der befruchteten Eizelle entstanden sind, die bei der Entwicklung zu Farbkombinationen führen, wie sie auch bei anderen Arten vorkommen.

Wir glauben, dass die Phänomene „Mimikry" und „Reversion" auf die Tatsache zurückzuführen sind, dass in der befruchteten Eizelle sowohl das Muster als auch seine Kopie eine ähnliche Anordnung biologischer Moleküle aufweisen. Wenn wir den Geschlechtsakt in vielerlei Hinsicht als eine chemische Synthese betrachten, muss uns das Phänomen nicht überraschen.

Zusammenfassend lässt sich sagen, dass die beobachteten Tatsachen der Tierfärbung darauf hinweisen, dass es in jedem Organismus etwa zwölf oder dreizehn Farbzentren gibt, die unserer Meinung nach Teilen der befruchteten Eizelle entsprechen könnten. Von jedem dieser Zentren aus entwickelt und breitet sich die Farbe aus, so dass schließlich jeder Teil des Organismus gefärbt ist. Diese Farbzentren sind nicht völlig unabhängig voneinander. Manchmal ergeben sie alle den gleichen Farbton, dann haben wir einen einheitlich gefärbten Organismus wie den Raben. Häufiger entwickelt sich aus einigen eine Farbe und aus anderen eine andere; Wenn diese beiden Farben zufällig Schwarz und Weiß sind, entsteht ein gescheckter Organismus, der aufgrund der Korrelation der verschiedenen farberzeugenden biologischen Moleküle ein bestimmtes Muster aufweist.

So kommt es gelegentlich vor, dass zwei sehr unterschiedliche Organismen sehr ähnliche Markierungen aufweisen und sich daher ähneln. Wenn angenommen wird, dass diese Ähnlichkeit für die eine oder andere ähnlich gefärbte Art von Vorteil sei, nennen die Naturforscher sie Mimikry und behaupten, dass die Ähnlichkeit auf die Wirkung natürlicher Zuchtwahl zurückzuführen sei; Wo jedoch keiner der Organismen von der Ähnlichkeit profitieren kann, unternehmen Zoologen keinen Versuch, sie zu erklären. Wir schlagen vor, dass die Färbung eines Tieres von der Struktur oder zumindest von der Natur der Teile des Eies abhängt, die diese Farbzentren produzieren. Dies ist jedoch keineswegs die einzige Ursache, die die Färbung des Organismus bestimmt. Wenn es so wäre, würden junge Lebewesen in ihrem ersten Gefieder ausnahmslos den Eltern ähneln, die beiden Geschlechter wären immer gleich und es gäbe kein Phänomen wie den saisonalen Dimorphismus.

Tatsächlich zeigen sich die Teile des Eies (der Klarheit halber nennen wir sie farberzeugende biologische Moleküle), aus denen die Poecilomere entstehen, lediglich in Form von Tendenzen; Die endgültige Form der Färbung hängt zu einem großen Teil von anderen und äußerlichen Umständen ab, beispielsweise von der Ausschüttung von Hormonen.

Daher scheinen Organismen eine nahezu endlose Vielfalt an Farben zu zeigen. Aber hinter all dieser Vielfalt sehen wir so etwas wie Ordnung. Es kommt gelegentlich vor (*warum* , wissen wir nicht), dass eines oder mehrere der biologischen Moleküle, aus denen der Kern der befruchteten Eizelle besteht, beim Geschlechtsakt verändert werden, was dazu führt, dass im Ergebnis eine diskontinuierliche Variation oder Mutation auftritt Organismus. Die Mutation kann günstig sein oder eine solche, die die Chancen eines Organismus im Kampf ums Dasein in keiner Weise beeinträchtigt, oder eine ungünstige. Im letzten der drei Fälle geht der Organismus früh zugrunde und hinterlässt keine Nachkommen, die seine Besonderheit aufweisen.

Auf diese Weise wirkt die natürliche Selektion. Die natürliche Selektion eliminiert gnadenlos alle Organismen, die ungünstige Variationen aufweisen. Es ist daher offensichtlich, dass viele Arten existieren können und unserer Meinung nach existieren, die Eigenschaften besitzen, die für sie nicht direkt nützlich oder sogar leicht schädlich sind. Aus diesem Grund scheitern Wallace und seine Anhänger bei ihren Versuchen zu beweisen, dass jeder Farbfleck in jedem Organismus von direktem Nutzen ist. Die natürliche Selektion muss ein Tier so nehmen, wie es es vorfindet – das Gute mit dem Schlechten. Wenn ein Organismus als Ganzes nicht mangelhaft ist – das heißt, wenn er in der Lage ist, sich gegen andere Organismen zu behaupten und geeignet ist, jeden Platz in der Natur einzunehmen –, wird dieser Organismus wahrscheinlich überleben, auch wenn er in vielen Fällen mangelhaft sein kann Respekt. Wie der Name schon sagt, handelt es sich bei der natürlichen Selektion lediglich um eine Selektionsinstanz. Es muss aus dem, was ihm präsentiert wird, eine Auswahl treffen. Es ist nicht, wie viele zu glauben scheinen, ein Hersteller oder Auslöser von Variationen. Die natürliche Selektion kann ein Tier ebenso wenig in eine bestimmte Richtung *verändern* wie der menschliche Züchter. Seine Macht beschränkt sich auf die Vernichtung aller Varianten, die den darin vorgeschriebenen Test nicht bestehen.

Kapitel VII
SEXUELLER DIMORPHISMUS

Bedeutung des Begriffs – Fatal für den Wallaceismus – Sexuelle Selektion – Das Gesetz des Kampfes – Weibliche Präferenz – Gegenseitige Selektion – **Finns** Experimente – Einwände gegen die Theorie der sexuellen Selektion – **Wallaces** Erklärung der Sexualität Dimorphismus dargelegt und als unbefriedigend erwiesen – Die Erklärung von Thomson und Geddes erwies sich als unzureichend – **Stolzmanns** Theorie dargelegt und kritisiert – Neo-Lamarcksche Erklärung des Sexualdimorphismus dargelegt und kritisiert – Einige Merkmale des Sexualdimorphismus – Unähnlichkeit Die Veränderung der Geschlechter entsteht wahrscheinlich als plötzliche Mutation – Die vier Arten von Mutationen – Nachdem sich der sexuelle Dimorphismus gezeigt hat, bestimmt die natürliche Selektion, ob die Organismen, die ihn aufweisen, überleben oder nicht.

Bei einigen Arten sind die Geschlechter im Aussehen so ähnlich, dass es nicht möglich ist, durch bloße äußere Betrachtung zu erkennen, welchem Geschlecht ein bestimmtes Individuum angehört.

Bei anderen Arten unterscheiden sich die Geschlechter im äußeren Erscheinungsbild so stark, dass man kaum glauben kann, dass Männchen und Weibchen derselben Art angehören. Zwischen diesen beiden Extremen gibt es eine große Anzahl von Arten, bei denen die Geschlechter mehr oder weniger unterschiedlich sind. Diejenigen Arten, bei denen sich die Geschlechter im Aussehen unterscheiden, werden als sexuell dimorph bezeichnet. Die Phänomene des Geschlechtsdimorphismus sind für jene Form des Neodarwinismus verhängnisvoll, die in der natürlichen Selektion eine Erklärung aller Eigentümlichkeiten der Tierstruktur und -färbung sieht.

, beispielsweise beim Paradiesschnäpper (Terpsiphone paradisi), bei dem *Hahn und Henne ihre Nahrung beziehen* auf die gleiche Weise und teilen sich gleichermaßen die Aufgaben des Nestbaus, der Brut und der Fütterung der Jungen.

Natürlich muss es bei allen Arten, bei denen jedes Individuum nur eine der beiden Arten von Sexualorganen trägt, zwangsläufig einen geringfügigen Unterschied zwischen den Individuen geben, die das männliche Organ tragen, das eine Funktion erfüllt, und denen, die das weibliche Organ tragen. das eine andere Funktion erfüllt.

Aber bei vielen Arten weisen die Geschlechter Unterschiede auf, die keinen direkten Zusammenhang mit den Geschlechtsorganen haben – zum Beispiel beim Hirsch, wo nur der Hirsch Hörner hat.

Diejenigen Merkmale, die sich je nach Geschlecht unterscheiden, aber nicht direkt mit den Fortpflanzungsorganen zusammenhängen, werden als sekundäre Geschlechtsmerkmale bezeichnet.

KÖNIGIN WHYDAH

Diese Art (*Tetraenura regia*) ist ein typisches Beispiel für saisonalen Geschlechtsdimorphismus, wobei das Männchen nur während der Brutzeit einen langen Schwanz und eine auffällige Farbe hat und zu anderen Zeiten dem spatzenartigen Weibchen ähnelt.

Bei fast allen Arten, bei denen sich Männchen und Weibchen in ihrer Schönheit unterscheiden, ist es das Männchen, das das Weibchen übertrifft. Die natürliche Selektion ist in vielen Fällen nicht in der Lage, den Ursprung dieser Unterschiede zu erklären oder warum, wenn sie auftreten, das Männchen schöner sein sollte als das Weibchen. Das sah Darwin. Um das Phänomen des Sexualdimorphismus zu erklären, formulierte er die Theorie der sexuellen Selektion. Diese Hypothese basiert auf der Annahme, dass es bei allen Tierarten einen Wettbewerb zwischen den Männchen um die Weibchen als Partner gibt. Es ist nicht schwer zu verstehen, wie dieser Wettbewerb bei polygamen Arten entsteht. Unter der Annahme, dass etwa gleich viele Männchen und Weibchen geboren werden (eine Annahme, die für die meisten Arten gerechtfertigt erscheint), ist klar, dass für jeden Mann, der mehr als eine Frau bekommt, mindestens ein Mann leben muss in einem Zustand der einmaligen Seligkeit.

Doch wie kann es bei monogamen Arten zu Konkurrenz kommen? Da die Anzahl der Geschlechter ungefähr gleich ist, gibt es genügend Weibchen, um für jedes Männchen einen Partner zu finden.

Das Gesetz der Schlacht

Es liegt in der Natur der Sache, sagte Darwin, dass es selbst unter diesen Umständen einen Wettbewerb zwischen den Männern um Frauen gibt.

„Nehmen wir jede Art", schreibt er auf Seite 329 von „ *The Descent of Man*" (Hrsg. 1901), „z. B. einen Vogel, und teilen wir die Weibchen, die einen Bezirk bewohnen, in zwei gleiche Körper auf, wobei der eine aus den kräftigeren besteht." und besser ernährte Individuen, und die anderen sind weniger kräftig und gesund. Es besteht kaum ein Zweifel daran, dass erstere im Frühjahr vor den anderen zur Brut bereit wären; und das ist die Meinung von Herrn Jenner Weir, der sich viele Jahre lang sorgfältig mit den Gewohnheiten der Vögel beschäftigt hat. Es besteht auch kein Zweifel daran, dass es den kräftigsten, am besten ernährten und frühesten Züchtern im Durchschnitt gelingen würde, die größte Anzahl schöner Nachkommen aufzuziehen. Wie wir gesehen haben, sind die Männchen im Allgemeinen vor den Weibchen zur Fortpflanzung bereit; die stärksten und bei manchen Arten auch die am besten bewaffneten Männchen vertreiben die schwächeren; und die ersteren würden sich dann mit den kräftigeren und besser ernährten Weibchen vereinigen, weil sie die ersten sind, die sich fortpflanzen. Solche kräftigen Paare würden sicherlich eine größere Anzahl von Nachkommen hervorbringen als die zurückgebliebenen Weibchen, die gezwungen wären, sich mit den eroberten und weniger kräftigen Männchen zu vereinigen, vorausgesetzt, die Geschlechter seien zahlenmäßig gleich; und das ist alles, was man im Laufe der Generationen erreichen möchte, um die Größe, Stärke und den Mut der Männchen zu vergrößern oder ihre Waffen zu verbessern."

Aus dieser Konkurrenz unter den Männchen entstehen erstens Kämpfe zwischen den Männchen um Partner; zweitens die Vorliebe der Weibchen für bevorzugte Männchen.

Es ist allgemein bekannt, dass die Männchen fast aller, wenn nicht aller Arten zur Brutzeit sehr kampflustig sind. Oft liefern sich zwei Männchen verzweifelte Kämpfe um ein oder mehrere Weibchen; Der Sieger vertreibt seinen Feind und sichert den Harem. In solchen Wettbewerben gewinnt der stärkere Mann, und so entsteht jene besondere Form der sexuellen Selektion, die Darwin „das Gesetz des Kampfes" nannte.

„Es gibt", schreibt Darwin auf Seite 324 von „*The Descent of Man*", „viele andere Strukturen und Instinkte, die sich durch sexuelle Selektion entwickelt haben müssen – etwa die Angriffswaffen und die Verteidigungsmittel der Männchen zum Kämpfen und Fahren." vertreiben ihre Rivalen – ihren Mut und ihre Kampfeslust – ihre verschiedenen Ornamente – ihre Vorrichtungen zur Erzeugung von Vokal- oder Instrumentalmusik – und ihre Drüsen zum Ausstoßen von Gerüchen." Die ersteren Charaktere sind nach Darwin durch das Gesetz des Kampfes entwickelt worden, und die letzteren, da sie nur dazu dienen, das Weibchen zu verführen oder zu erregen, durch die Vorliebe des Weibchens.

„Es ist klar", fährt Darwin fort, „dass diese Charaktere das Ergebnis sexueller und nicht gewöhnlicher Selektion sind, da unbewaffnete, schmucklose oder unattraktive Männer im Kampf ums Leben und beim Hinterlassen zahlreicher Nachkommen gleichermaßen erfolgreich sein würden, wenn nicht." die Anwesenheit besser ausgestatteter Männer. Wir können daraus schließen, dass dies der Fall ist, da die Weibchen, die unbewaffnet und schmucklos sind, in der Lage sind, zu überleben und sich fortzupflanzen. . . . So wie der Mensch die Zucht seiner

Wildhähne verbessern kann, indem er diejenigen Vögel auswählt, die im Cockpit siegreich sind, so scheint es, dass die stärksten und kräftigsten Männchen oder diejenigen, die mit den besten Waffen ausgestattet sind, in der Natur die Oberhand gewonnen haben zur Verbesserung der natürlichen Rasse oder Art geführt haben.“

Auswahl durch Frauen

„Bei Säugetieren“, sagt Darwin (*loc. cit.* , S. 763), „scheint das Männchen das Weibchen viel mehr durch das Gesetz des Kampfes zu gewinnen als durch die Zurschaustellung seiner Reize.“

Bei Vögeln spielt jedoch eher die weibliche Vorliebe eine Rolle. Es ist bekannt, dass Hähne den Hennen während der Brutzeit ihre Reize zeigen, und Darwin glaubte, dass die Henne den schönsten ihrer Rivalen auswählte.

„So wie der Mensch“, schreibt er (S. 326 von *The Descent of Man* , Neuauflage, 1901), „seinen männlichen Hühnern Schönheit verleihen kann, je nach seinem Geschmacksmaßstab, oder, genauer gesagt, die Schönheit modifizieren kann.“ Ursprünglich von der Elternart erworben, kann dem Sebright-Hühner ein neues und elegantes Gefieder sowie eine aufrechte und eigenartige Haltung verliehen werden, so dass es den Anschein hat, dass weibliche Vögel im Naturzustand durch eine lange Selektion attraktiverer Männchen dazu beigetragen haben ihre Schönheit oder andere attraktive Eigenschaften.“

Somit basiert die Theorie der sexuellen Selektion auf drei Annahmen. Erstens, dass es bei allen Arten einen Wettbewerb zwischen den Männchen um Weibchen gibt, mit denen sie sich paaren können. Zweitens, dass dies entweder zum „Gesetz des Kampfes“ unter den Männern führt oder dass die Frau einen unter mehreren Bewunderern auswählt. Drittens, dass die Frau in der Regel den attraktivsten ihrer Verehrer auswählt.

Die Beweise, auf denen Darwin diese Theorie begründet, lassen sich wie folgt zusammenfassen:

1. In Fällen, in denen sich die Geschlechter im Aussehen oder in der Gesangskraft unterscheiden, ist fast immer der Hahn der schönere bzw. der bessere Sänger.

2. Alle männlichen Vögel, die zusätzliche Federn oder andere Reize besitzen, zeigen diese vor den Weibchen zur Paarungszeit

aufs Äußerste, daher „ist es offensichtlich wahrscheinlich, dass diese die Schönheit ihrer Freier zu schätzen wissen."

3. Darwin konnte konkrete Fälle anführen, in denen die Hennen Vorliebe zeigten.

Bei polygamen Arten besteht kein Zweifel daran, dass es unter den Männchen einen erheblichen Wettbewerb um ihre Frauen gibt. Man kann nicht sagen, dass die Behauptung im Fall monogamer Arten so wohlbegründet ist. D. Dewar schlägt vor, dass Umstände auftreten können, in denen die Hennen um den Hahn kämpfen müssen oder in denen das Männchen in der glücklichen Lage ist, seinen Partner auswählen zu können. Er bringt seine Überzeugung zum Ausdruck, dass die Auswahl in vielen Fällen auf Gegenseitigkeit beruht, wie im Fall von Menschen.

„Ich habe gesehen", schreibt er auf Seite 13 von „ *Birds of the Plains* ", „eine Henne des Paradiesschnäppers (*Terpsiphone paradisi*) vertrieb eine andere und machte sich dann auf den Weg zu einem Hahnenvogel." Ebenso habe ich zwei Pirol-Hühner gesehen, die sich zueinander sehr undamenhaft verhielten, weil sie beide auf denselben Hahn abzielten. Er saß da und schaute aus der Ferne dem Wettbewerb zu."

Darwin zitiert auf Seite 500 von „ *The Descent of Man* " einen Fall eines Männchens, das Selektion ausübt: „Es scheint selten vorzukommen, dass das Männchen ein bestimmtes Weibchen ablehnt, aber Herr Wright von Geldersley House, ein großartiger Hundezüchter, teilt mir das mit." Er kennt einige Fälle: Er zitiert den Fall eines seiner eigenen Deerhounds, der sich nicht um eine bestimmte Dogge kümmerte, so dass ein anderer Deerhound eingesetzt werden musste."

In ähnlicher Weise berichtet Finn in *The Country-Side* vom 29. August 1908, dass der männliche Kugel-Curassow (*Crax globicera*) im Londoner Zoologischen Garten mit dem weiblichen Heck-Curassow (*C. hecki*) gebrütet hat, wie auf S. 104, wählte die Henne dieser sehr deutlich gefärbten Form oder Art gegenüber allen typischen Hühnern seiner eigenen Art aus.

Männliche Attraktivität

Die Fälle, in denen Hähne in der Lage waren, ihre Partner auszuwählen, sind verhältnismäßig selten, während die Fälle einer Selektion seitens der Hennen weitaus zahlreicher sind.

Daher scheint es, dass das Geschlecht, das in der Minderheit ist und daher die Möglichkeit hat, einen Partner auszuwählen, tatsächlich eine Wahl trifft und ein bestimmtes Individuum bevorzugt; und dass es aus den von Darwin dargelegten Gründen in den meisten Fällen das Weibchen ist, das sich seinen Partner aussuchen kann. Es ist, wie Darwin wirklich sagte, weitaus schwieriger zu entscheiden, welche Eigenschaften die Wahl der Frau bestimmen. Er glaubte, dass es „zu einem großen Teil an den äußeren Reizen des Mannes liegt, obwohl zweifellos seine Kraft, sein Mut und andere geistige Qualitäten eine Rolle spielen.“

Darwin argumentierte, dass es die Liebe der Hühnervögel zu „äußeren Reizen“ bei Hahnenvögeln sei, die all die wunderbaren Federn entstehen ließ, die solche Vögel wie den Pfau charakterisieren. „Viele weibliche Vorfahren des Pfaus“, schreibt er auf Seite 661 von *The Descent of Man* (Hrsg. 1901), „haben während einer langen Abstammungslinie diese Überlegenheit geschätzt, denn sie haben es unbewusst durch die anhaltende Bevorzugung des Pfaus getan.“ Die schönsten Männchen machten den Pfau zum prächtigsten aller lebenden Vögel.“

Diese Schlussfolgerung wurde heftig angegriffen. Es wird mit einiger Vernunft argumentiert, dass es absurd ist, Vögeln einen ästhetischen Geschmack zuzuschreiben, der dem der raffiniertesten und zivilisiertesten Menschen gleichwertig, wenn nicht sogar überlegen ist.

Ist es wahrscheinlich, wird gefragt, dass ein Vogel, der in einem alten Schuh nistet, den ein Landstreicher weggeworfen hat, die Schönheit seines Gefieders zu schätzen weiß?

Wie Geddes und Thomson sagen (Seite 29 von *The Evolution of Sex*): „Wenn wir die Komplexität der Markierungen des männlichen Vogels oder Insekts und die langsamen Abstufungen von einer Stufe der Perfektion zur nächsten betrachten, scheint es schwierig zu sein, Vögeln oder Insekten zuzuordnen.“ Schmetterlinge mit einem Grad an ästhetischer Entwicklung, den kein Mensch ohne besonderen ästhetischen Scharfsinn und besondere Ausbildung an den Tag legt. Darüber hinaus fliegt der Schmetterling, der über diese außergewöhnliche Entwicklung psychologischer Feinheit verfügen soll, naiv zu einem weißen Stück Papier auf dem Boden und wird von dem primären ästhetischen Reiz einer altmodischen Tapete angezogen, um nicht zu sagen von der knalligen und eintönigen Helligkeit einiger unserer Gartenblumen. Somit haben wir die weitere Schwierigkeit, dass wir annehmen müssen, dass der weibliche Schmetterling einen doppelten Geschmacksmaßstab hat: einen für die Blumen, die er und sein Partner besuchen, und den anderen für die weitaus komplexeren Farben und Markierungen der Männchen. Und selbst bei den Vögeln, wenn wir die unverkennbaren Anzeichen eines wirklichen Erwachens des ästhetischen Sinnes annehmen, die der australische Laubenvogel oder die Dohle in ihrer Vorliebe für helle Gegenstände zeigen, wie sehr ist sein Geschmack im Vergleich zur kritischen Prüfung unhöflich unendlich kleiner Variationen des Gefieders, auf die sich Darwin verlässt. Ist seine Grundannahme daher nicht zu offensichtlich anthropomorph?

„Auch hier sind die schönsten Männer oft äußerst kämpferisch; und aus herkömmlicher Sicht ist dies ein bloßer Zufall, für Herrn Darwin jedoch ein höchst bedauerlicher. Der Kampf entscheidet somit ständig über die Frage der Paarung, und in Fällen, in denen das Weibchen der Hypothese nach die größte Wahl haben sollte, muss es sich einfach dem Sieger ergeben.“

Darwin führt mit charakteristischer Fairness einige Beispiele an, die der Theorie zu widersprechen scheinen, dass die Henne den schönsten ihrer Verehrer auswählt. Er teilt uns mit, dass die Herren Hewitt, Tegetmeier und Brent, die alle über langjährige Erfahrung mit domestizierten Vögeln verfügen, „nicht glauben, dass die Weibchen bestimmte Männchen wegen der Schönheit ihres Gefieders bevorzugen.“ . . . Herr Tegetmeier ist davon überzeugt, dass ein Kampfhahn, obwohl er durch das Stutzen und die Stutzen seiner Nackenhaare entstellt ist, ebenso bereitwillig akzeptiert wird wie ein Männchen, das alle seine natürlichen Verzierungen behält. Herr Brent gibt jedoch zu, dass die Schönheit des Mannes wahrscheinlich dazu beiträgt, das Weibchen zu erregen; und ihre Zustimmung ist notwendig. Herr Hewitt ist davon überzeugt, dass die Verbindung keineswegs dem bloßen Zufall überlassen bleibt, denn das Weibchen bevorzugt fast ausnahmslos das energischste, trotzigste und mutigste Männchen“; und wenn es auf dem Hof einen Wildhahn gibt, werden alle Hühner zu ihm greifen und ihnen den Hahn ihrer eigenen Rasse vorziehen. Darwin ist der Meinung, dass „dem künstlichen Zustand, in dem diese Vögel seit langem gehalten werden, Rechnung getragen werden muss“, und führt zu seinen Gunsten den Fall von Mr. Cupples‘ weiblichem Hirschhund an, der dreimal Welpen zur Welt brachte und jedes Mal eine deutliche Vorliebe für sie zeigte einer der größten und schönsten, aber nicht der eifrigsten der vier mit ihr lebenden Deerhounds, alle in der Blüte ihres Lebens.

Die Frage, was die Wahl des Weibchens bestimmt, ist offensichtlich von erheblicher Bedeutung, und es war zu erwarten, dass viele Zoologen Experimente durchgeführt hätten, um darüber zu entscheiden. Diese berechtigte Erwartung hat sich nicht erfüllt.

Die Frage der sexuellen Selektion bleibt bis heute praktisch dort, wo Darwin sie verlassen hat. Wallace lehnt die gesamte Theorie ab und glaubt, dass die natürliche Selektion allein alle Phänomene des Sexualdimorphismus erklären kann. Die verlockende Vorstellung von der Allmacht der natürlichen Selektion beherrscht die Köpfe der Wissenschaftler so sehr, dass nur wenige von ihnen der Frage der sexuellen Selektion überhaupt Aufmerksamkeit geschenkt haben. Diese Vernachlässigung des Themas ist ein Beispiel für die verhängnisvollen Folgen der allzu bereitwilligen Annahme einer verlockenden Theorie: „Natürliche Auslese erklärt alles, warum sollte man dann weiter forschen?" scheint die allgemeine Einstellung unserer heutigen Naturforscher zu sein.

Edmund Selous und D. Dewar haben einige Beobachtungen an Vögeln und die Peckhams an Spinnen im Naturzustand gemacht. Solche Beobachtungen zeigen, dass es in der Natur zu selektiver Paarung kommt, zeigen aber größtenteils nicht, was die Wahl bestimmt.

D. Dewar stellt jedoch fest (*Birds of the Plains* , S. 42), dass die farbigen Pfauenhühner im Zoologischen Garten von Lahore eine deutliche Vorliebe für die weißen Hähne zeigen, die zusammen mit normal gefärbten Hähne in der Voliere gehalten werden. Er vertritt die Meinung, dass „die Hühner die weißen Hähne auswählen, nicht weil sie weiß sind, sondern wegen der Stärke der Sexualinstinkte dieser letzteren." Die weißen Hähne zeigen sich ständig vor den Hühnern; Das sexuelle Verlangen ist bei ihnen stärker entwickelt als bei den gewöhnlichen Hähnen, und das ist es, was die Hühner anzieht."

Pearsons Untersuchungen

Finn zu sein . Ersterer versuchte durch tatsächliche Messungen festzustellen, ob es hinsichtlich körperlicher Merkmale eine bevorzugte Paarung zwischen Menschen gibt. „Unsere Statistiken", schreibt er auf Seite 427 von *The Grammar of Science* , „belaufen sich auf nur wenige Hundert und wurden nicht *ad hoc* erhoben . " Dennoch zeigen sie, soweit sie gehen, keine Hinweise auf eine bevorzugte Paarung bei Menschen auf der Grundlage der Statur oder eines Charakters, der *sehr* eng mit der Statur zusammenhängt. Männer scheinen beispielsweise weder große Frauen zu ihren Frauen auszuwählen, noch weigern sie sich, sich mit sehr großen oder sehr kleinen Frauen zu paaren." Bezüglich der Augenfarbe scheint Pearson zu etwas eindeutigeren Ergebnissen gekommen zu sein. „Wir kommen zu dem Schluss", schreibt er (S. 428), „dass es bei der Menschheit sicherlich eine bevorzugte Paarung in Bezug auf die Augenfarbe oder einen eng verwandten Charakter des Mannes gibt; Beim Weibchen scheint es aufgrund der bevorzugten Paarung ebenfalls zu einer Typveränderung zu kommen. . . . Die allgemeine Tendenz besteht darin, dass helläugigere Tiere sich paaren, wohingegen dunkeläugigere Tiere relativ seltener gepaart werden."

Aber Pearsons Experimente scheinen zu zeigen, dass es hinsichtlich Statur und Augenfarbe „eine durchaus spürbare Tendenz von Gleichem gibt, sich mit Gleichem zu paaren". „Tatsächlich", schreibt Pearson, „sind sich Ehemann und Ehefrau bei einer dieser Figuren ähnlicher als Onkel und Nichte und bei der anderen ähnlicher als Cousins ersten Grades." Er fügt hinzu: „Ein solcher Grad an Ähnlichkeit zwischen zwei Partnern, von dem wir vernünftigerweise annehmen, dass er nicht dem Menschen eigen ist, könnte von Bedeutung sein, wenn alle Stufen zwischen Gleichem und Ungleichem durch unterschiedliche Selektion zerstört würden."

Uns fallen zwei offensichtliche Kritikpunkte an den Ergebnissen von Prof. Pearson ein. Erstens scheinen seine Schlussfolgerungen nicht mit der weit verbreiteten Vorstellung übereinzustimmen, dass blonde Männer dunkles Haar bei Frauen bevorzugen, während dunkelhaarige Männer blonde Frauen bevorzugen und *umgekehrt* . Das zweite ist, dass der Mensch kein typisches Tier ist. Ehemänner und Ehefrauen werden eher nach geistigen und moralischen als nach körperlichen Eigenschaften ausgewählt. Das Gleiche mag natürlich bis zu einem gewissen Grad auch für Tiere gelten, aber bei ihnen muss es zwangsläufig weit weniger Unterschiede hinsichtlich der geistigen Eigenschaften geben. Darüber hinaus ist die Einkommensfrage stark mit menschlichen Ehebündnissen verknüpft; Ein reicher Mann oder eine reiche

Frau hat den gleichen Selektionsvorteil wie ein Tier, das über eine überdurchschnittliche Körperkraft seiner Art verfügt.

Finns Experimente

Finn übernahm den von Prof. Moseley vorgeschlagenen Versuchsplan. Sein Apparat bestand aus einem Käfig , der durch Drahttrennwände in drei Fächer unterteilt war , so dass ein Vogel, der in einem von ihnen lebte, seinen Nachbarn im nächsten Fach sehen konnte. In das mittlere Fach platzierte er eine Henne Amadavat (*Sporæginthus amandava*), und in jedes der anderen Fächer legte er einen Hahnenvogel. Unter solchen Umständen sitzt die Henne im mittleren Abteil neben dem Hahn, den sie bevorzugt. Das männliche Amadavat, schreibt er in *The Country-Side* , Bd. ip 142, „ist im Brutgefieder rot mit weißen Flecken und die Henne braun." Selbst bei vollgefiederten Vögeln variiert die Intensität des Rots, und ich habe der Henne zunächst zwei männliche Vögel vorgelegt, eines von kupferfarbener und das andere von kräftigem Scharlachrot. Schon nach kurzer Zeit hatte sie sich für den letztgenannten Vogel entschieden; der andere starb leider sehr bald; und da er vollkommen gesund schien, fürchte ich, dass Trauer für sein Ende verantwortlich war – eine Warnung an zukünftige Experimentatoren, den abgelehnten Bewerber so früh wie möglich zu entfernen. Im vorliegenden Fall nahm ich den bevorzugten Vogel weg und steckte ihn in die Seitenfächer, in denen er und sein Rivale zwei andere Hähne bewohnt hatten, die sich in ähnlicher Weise, wenn auch nicht im gleichen Ausmaß, unterschieden. Wieder blieb die Henne an der Seite des kräftig roten Exemplars, und da ich glaubte, ihre Ansichten über die richtige Farbe für ein Amadavat zu kennen, nahm ich sie ebenfalls mit und versuchte es mit einer zweiten Henne mit diesen beiden Männchen. Dies war ein ungewöhnlich großer Vogel und ein sehr unabhängiger Vogel, da er sich überhaupt nicht entscheiden konnte, und schließlich habe ich alle drei freigelassen, ohne dass ich irgendein Ergebnis erzielt hätte.

„Anschließend habe ich ein weiteres Experiment mit Hänflingen durchgeführt. In diesem Fall durften alle drei zusammen in einem großen Volierenkäfig fliegen, eine Methode, die ich nicht empfehle.

„In diesem Fall jedoch hatte der schönste Hahn, der an der Brust ein viel kräftigeres Rot zeigte, einen verkrüppelten Fuß und zeigte, wie ich erwartet hatte, Angst vor dem anderen; dennoch paarte sich die Henne mit ihm. Um dem stumpferen Vogel gerecht zu werden, muss man sagen, dass er den Vorteil, den ihm seine Gesundheit verschaffte, nicht genutzt hat, aber bei einem weniger sanften Vogel als dem Hänfling wäre das passiert."

Es ist offensichtlich, dass es auf diesen Linien ein weites Beobachtungsfeld gibt. Bei großen Vögeln ließe sich das Experiment noch aussagekräftiger gestalten, indem man die drei zu experimentierenden Vögel in einem einzigen Gehege einsperrte, das durch Zäune in drei Abteilungen unterteilt war. Die Männchen sollten jeweils in einem separaten Abteil untergebracht werden und mit einem Flügel versehen werden, um sie daran zu hindern, ihr jeweiliges Abteil zu verlassen, während der Henne Flugkraft gegeben werden sollte, damit sie nach Belieben jedes Abteil aufsuchen kann.

einige andere Beobachtungen aufgezeichnet (*loc. cit.*), *die sich auf die Frage der sexuellen Selektion beziehen.* Er schreibt:-

„Man kann die Gewohnheiten von Vögeln nicht genau beobachten oder darüber lesen, ohne herauszufinden, dass Stärke, egal welchen Wert Schönheit hat, eine große Rolle spielt. Männliche Vögel kämpfen ständig um ihre Partner, und das geschlagene Individuum wird, wenn es nicht getötet wird, jedenfalls von seinem erfolgreichen Rivalen auf Distanz gehalten, so dass ihm seine Schönheit, wenn es wirklich schöner ist, nicht unbedingt von großem Nutzen ist . Besonders beeindruckt hat mich das vor etwa ein paar Jahren, als ich in der Paarungszeit häufig die halbdomestizierten Stockenten im Regent's Park beobachtete. Die Farben dieser Vögel waren sehr unterschiedlich; bei manchen fehlte die üppige weinrote Brust, und bei anderen war der Kopf sogar schieferfarben statt des normalen leuchtenden Grüns. Dennoch stellte ich fest, dass es diesen „ungewöhnlichen" Vögeln gelingen konnte, Partner zu finden und zu behalten, während korrekt gekleidete Erpel sich in einsamem Junggesellendasein sehnten; einem graubrüstigen Vogel war es sogar gelungen, sich der Bigamie hinzugeben. Dass hier Stärke herrschte, zeigte sich an der Art und Weise, wie die verheirateten Vögel ihre unverheirateten Rivalen vertrieben, ein Vorgehen, bei dem ihre Frauen größtes Mitgefühl hatten.

„Offensichtlich zählt Schönheit bei der Parkente nicht viel, und das Gleiche scheint auch beim Geflügel der Fall zu sein. Als Junge besuchte ich oft einen Hof, in dem es eine sehr vielfältige Auswahl an Geflügel gab. Darunter war ein sehr hübscher Hahn, der die typische schwarz-rote Farbe des Wildvogels hatte und mit Hechel- und Sichelfedern sehr „ausgestattet" war. Doch die Hühner schätzten ihn nicht besonders, während der Herr des Hofes, ein großer schwarzer Vogel mit viel spanischem Blut und einem riesigen Paar Sporen, so bewundert wurde, dass er jedoch immer von einigen kleinen Zwerghühnern begleitet wurde Sie könnten zierliche Ehemänner ihrer eigenen Klasse gehabt haben.

„Man muss jedoch bedenken, dass diese Enten und Hühner eine unnatürlich große Auswahl hatten. In der Natur sind Sorten selten und die konkurrierenden Bewerber sind sich wahrscheinlich alle sehr ähnlich; Dies macht die Sache für den Beobachter sehr schwierig, da er kleine Unterschiede, die für die Augen der Hühnervögel deutlich genug sind, leicht übersehen kann."

WERBUNG VON SKYLARK

Veranschaulichende Darstellung einer Art ohne dekorative Färbung oder Geschlechtsunterschied.

Ausstellung schmuckloser Schwänze

Finn beobachtete, dass sich ein junger Paradiesvogel (*Paradies apoda*) im Londoner Zoologischen Garten mit einem ausgewachsenen Hahn im Nebenabteil paarte, obwohl ein junger Hahn im weiblichen Gefieder in ihrem eigenen Abteil sein Bestes gab, um anzugeben.

Es scheint daher, dass die derzeit sehr begrenzten Beweise nicht ausreichen, um die Theorie zu stützen, dass die Hennen den attraktivsten ihrer Verehrer auswählen. Es ist bezeichnend, dass einfarbig gefärbte Vogelarten mit ebenso viel Sorgfalt zur Schau stehen wie ihre buntgefiederten Artgenossen; und wenn sie nahezu verbündet sind, nehmen sie eine ähnliche Werbehaltung an. So zeigen sich die heimelig gekleideten Männchen der Schnabelente (*Anas poecilorhyncha*), der Schnatterente und der Schwarzen Ente (*Anas superciliosa*) genauso wie die hübsche Stockente.

Howard beschreibt und schildert in seiner hervorragenden und wunderschön illustrierten Monographie die aufwändige Darstellung einiger unserer einfarbigen kleinen Waldsänger während der Paarungszeit. Auch die Feldlerche kann sich sehen lassen.

Das Rebhuhn nimmt eine bräutliche Haltung ein, die der des Fasans ähnelt, und obwohl der Hahn der erstgenannten Art nichts Glanzvolles zu zeigen hat, legt das Rebhuhn weitaus mehr Wert auf die Zurschaustellung seines Verehrers als der Hühnerfasan.

Die Tatsache, dass einige Hahnenvögel *nach* der Paarung angeben, scheint gegen die Theorie der sexuellen Selektion zu sprechen oder zumindest auf die rein mechanische Natur der Darbietung hinzuweisen. Finn hat diese nachnuptiale Zurschaustellung im Zoologischen Garten (London) bei der Bachstelze, dem Pfau, der Andamanenkrickente (*Nettium albigulare*), dem Säbelschnäbler, der Nilgans (*Chenatopex ægyptiaca*) und der Mähnengans (*Chenonetta jubata*) miterlebt. .

Ein weiterer Einwand gegen die Theorie, dass die leuchtenden Farben von Hahnenvögeln auf weibliche Selektion zurückzuführen sind, wird von Vögeln vorgebracht, die in unreifem Gefieder brüten. Darwin gibt zu, dass dieser Einwand berechtigt wäre, „wenn die jüngeren und weniger dekorativen Männchen ebenso erfolgreich darin wären, Weibchen zu gewinnen und ihre Art zu vermehren, wie die älteren und schöneren Männchen." Aber", fährt er fort, „wir haben keinen Grund anzunehmen, dass dies der Fall ist."

Unglücklicherweise für die Theorie der sexuellen Selektion gibt es Hinweise darauf, dass der Paradiesschnäpperhahn (*Terpsiphone paradisi*) im unreifen Gefieder bei der Partnersuche genauso erfolgreich ist wie der Hahn im letzten Gefieder. Der Hahn dieser schönen Art hat im zweiten Lebensjahr ein kastanienbraunes

Gefieder und im dritten und folgenden Lebensjahr ein weißes. Dennoch handelt es sich bei einem beträchtlichen Teil der gefundenen Nester um Kastanienhähne.

Gefieder der Reiher

Darwin war der Meinung, dass jede Neuheit in der Farbgebung des Mannes vom Weibchen bewundert wird; und auf diese Weise versuchte er, einige Schwierigkeiten seiner Theorie zu überwinden, die bestimmte Vögel aufwiesen.

Er schreibt über die Familie der Reiher:

„Die Jungen der *Ardea asha* sind weiß, die Erwachsenen sind schieferfarben; und nicht nur die Jungen, sondern auch die Erwachsenen des verwandten *Buphus coromandus* sind in ihrem Wintergefieder weiß, wobei sich ihre Farbe während der Brutzeit in ein sattes Goldgelb ändert. Es ist unglaublich, dass die Jungen dieser beiden Arten sowie einiger anderer Mitglieder derselben Familie speziell rein weiß gemacht und so für ihre Feinde auffällig gemacht wurden; oder dass die Erwachsenen einer dieser beiden Arten während des Winters in einem Land, das nie mit Schnee bedeckt ist, speziell weiß gemacht werden sollten. Andererseits haben wir Grund zu der Annahme, dass sich viele Vögel das Weiß als sexuelles Schmuckstück zugelegt haben. Wir können daher schließen, dass ein früher Vorfahre der *Ardea asha* und der *Buphus* zu Hochzeitszwecken ein weißes Gefieder erwarb und diese Farbe an ihre Jungen weitergab; so dass die Jungen und die Alten weiß wurden wie bestimmte existierende Reiher, wobei das Weiß später von den Jungen beibehalten wurde, während es von den Erwachsenen gegen stärker ausgeprägte Farbtöne ausgetauscht wurde. Aber wenn wir noch weiter zurück in die Vergangenheit schauen könnten, zu den noch früheren Vorfahren dieser beiden Arten, würden wir wahrscheinlich die erwachsenen Tiere dunkel gefärbt sehen. Ich schließe, dass dies der Fall sein würde, aus der Analogie vieler anderer Vögel, die dunkel sind, während sie jung sind, und wenn sie ausgewachsen sind, weiß; und insbesondere von der erwachsenen Art *Ardea gularis*, deren Farben denen von *A. asha umgekehrt* sind, denn die Jungen sind dunkel gefärbt und die erwachsenen Tiere weiß, wobei die Jungen ihren früheren Zustand des Gefieders beibehalten haben. Es scheint daher, dass die Vorfahren der *A. asha*, der *Buphus* und einiger Verbündeter im erwachsenen Zustand während einer langen Abstammungslinie die folgenden Farbveränderungen durchgemacht haben: erstens einen dunklen Farbton, zweitens reines Weiß, und drittens aufgrund eines weiteren Modewechsels (wenn ich mich so ausdrücken darf) ihre gegenwärtigen schieferfarbenen, rötlichen oder goldbraunen Farbtöne. Diese aufeinanderfolgenden Veränderungen sind nur aufgrund des Prinzips der Neuheit verständlich, da sie von den Vögeln um der Neuheit willen bewundert wurden."

Diese Argumentation mag weit hergeholt und nicht überzeugend erscheinen. Es scheint jedoch sehr wahrscheinlich, dass die Henne einen Verehrer zu ihrem Partner wählt, der sich auffallend von den anderen unterscheidet, und zwar nicht, weil sie das Neue bewundert, sondern weil seine Auffälligkeit ihre Aufmerksamkeit erregt und es ihr ermöglicht, sich schnell zu entscheiden, ihn zu nehmen und befreit sich so von den anderen lästigen Verehrern, die sich alle sehr ähneln.

Sexuelle Unähnlichkeit

Es ist vielleicht bemerkenswert, dass, nachdem es dem erfolgreichsten ihrer Verehrer gelungen ist, sich die Henne zu sichern, es vorkommen kann, dass ein enttäuschter Rivale in Abwesenheit ihres Herrn und Meisters mit ihr Liebe macht und dadurch die Wirkung ihrer vorherigen Auswahl zunichte macht .

Es ist zu beachten, dass wir, selbst wenn wir davon ausgehen, dass die Hennen allein die Partnerwahl treffen, wie Darwin glaubte, bewiesen haben und dass sie den schönsten ihrer Verehrer auswählen, wir noch weit davon entfernt sind, zu einer Erklärung dafür zu gelangen die Tatsache, dass nur die Männchen Schönheit erlangt haben. Wenn wir zugeben, dass sich die Hennen immer mit den schönsten Hähnen paaren, sollten wir davon ausgehen, dass die Nachkommen jeder Verbindung in ihrer Schönheit alle mehr oder weniger gleich sind – das heißt schöner als die Mutter und weniger schön als der Hahn. Wie ist die einseitige Vererbung dieser Schönheit zu erklären? Warum ist es auf die Schwänze beschränkt?

Um diesem Einwand zu begegnen, musste Darwin unbekannte Erbgesetze zu Hilfe rufen. „Die Gesetze der Vererbung", schreibt er (*Descent of Man* , S. 759), „scheinen unabhängig von der Selektion darüber entschieden zu haben, ob die Charaktere, die Männer zum Zwecke der Zierde, zur Erzeugung verschiedener Laute und zum gemeinsamen Kämpfen erworben haben, wurden zu bestimmten Jahreszeiten dauerhaft oder periodisch entweder nur auf die Männchen oder auf beide Geschlechter übertragen. Warum verschiedene Zeichen manchmal auf die eine und manchmal auf eine andere Weise übertragen wurden, ist in den meisten Fällen nicht bekannt; aber die Periode der Variabilität scheint oft die entscheidende Ursache gewesen zu sein. Wenn die beiden Geschlechter alle gemeinsamen Merkmale geerbt haben, ähneln sie notwendigerweise einander; aber da die aufeinanderfolgenden Variationen unterschiedlich übertragen werden können, kann jede mögliche Abstufung gefunden werden, selbst innerhalb derselben Gattung, von der größten Ähnlichkeit bis zur größten Unähnlichkeit zwischen den Geschlechtern."

Obwohl diese Aussage kein Licht auf das Problem wirft, schadet sie doch der Theorie der sexuellen Selektion. Wenn man zugibt, dass die Unähnlichkeit zwischen den Geschlechtern darauf zurückzuführen ist, dass sich die Männchen auf die eine und die Weibchen auf die andere Weise unterschieden haben, scheint es nicht nötig zu sein, sich auf die weibliche Bevorzugung zu berufen.

Noch größer ist die Schwierigkeit bei den Arten, bei denen nur die Männchen mit Hörnern oder Geweihen ausgestattet sind. „Wenn", schreibt Darwin (*Descent of Man* , S. 767), „die Männchen mit Waffen ausgestattet sind, die bei den Weibchen fehlen, kann es kaum einen Zweifel daran geben, dass diese zum Kampf mit anderen Männchen dienen; und dass sie durch sexuelle Selektion erworben und nur auf das männliche Geschlecht übertragen wurden. Es ist zumindest in den meisten Fällen unwahrscheinlich, dass die Weibchen daran gehindert wurden, solche Waffen zu erwerben, weil sie nutzlos, überflüssig oder auf irgendeine Weise schädlich waren. Im Gegenteil, da sie von den Männchen häufig für verschiedene Zwecke verwendet werden, insbesondere zur Verteidigung gegen ihre Feinde, ist es eine überraschende Tatsache, dass sie bei den Weibchen so vieler Tiere so schwach entwickelt sind oder ganz fehlen."

Wir glauben, dass Darwins Theorie der sexuellen Selektion nicht in der Lage ist, alle Phänomene des sexuellen Dimorphismus zufriedenstellend zu erklären. Aber wie wir gesehen haben, ist es durchaus möglich, dass die sexuelle Selektion ein echter Faktor der Evolution ist.

Wir gehen davon aus, dass das, was wir gesagt haben, einen entspannten Naturforscher dazu anregen wird, sich mit der Frage der männlichen und weiblichen Präferenzen zu befassen.

Wir gehen nun dazu über, kurz einige der anderen Versuche zu betrachten, die unternommen wurden, um die Phänomene des Sexualdimorphismus zu erklären.

WALLACES ERKLÄRUNG DER SEXUELLEN UNÄHNLICHKEIT

Wallace akzeptiert die Theorie der sexuellen Selektion nicht. Er gibt zu, dass die Form der männlichen Rivalität, die Darwin „das Gesetz des Kampfes" nennt, „eine echte Macht in der Natur" ist, und glaubt, dass „wir ihr die Entwicklung außergewöhnlicher Stärke, Größe und Aktivität zuschreiben müssen." männlich, zusammen mit dem Besitz spezieller Angriffs- und Verteidigungswaffen und aller anderen Charaktere, die sich aus der Entwicklung dieser Waffen ergeben oder mit ihnen korrelieren" (*Darwinismus* , S. 283). Aber die Ansicht, dass die Frau die schönsten ihrer Verehrer auswählt, schien Wallace immer „nicht durch Beweise gestützt zu sein, während sie auch völlig unzureichend ist, um die Fakten zu erklären." Beispielsweise erscheinen die zusätzlichen Federn von Vögeln „normalerweise an einigen wenigen bestimmten Körperteilen." Wir brauchen einen Grund, die Entwicklung in einem Teil und nicht in einem anderen in Gang zu setzen."

Wallace ist der Ansicht, dass die natürliche Selektion alle Phänomene des Sexualdimorphismus erklären kann. Er weist darauf hin, dass bei unterschiedlichen Geschlechtern bei Vögeln fast immer das Weibchen eine stumpfere Farbe hat. Der Grund dafür liegt seiner Meinung nach darin, dass die Hühnervögel beim Sitzen „der Beobachtung und dem Angriff der zahlreichen Eierfresser und Vögel ausgesetzt sind, und es ist von entscheidender Bedeutung, dass sie an allen diesen Stellen schützend gefärbt sind." dem Körper, die während der Inkubation freigelegt werden. Um dies sicherzustellen, wurden nicht alle leuchtenden Farben und auffälligen Ornamente, die das Männchen schmücken, vom Weibchen übernommen, das oft in den nüchternen Farbtönen gekleidet bleibt, die wahrscheinlich einst dem gesamten Orden, dem es angehörte, gemeinsam waren. Die unterschiedlichen Farbmengen, die die Weibchen annahmen, hing zweifellos von den Besonderheiten der Gewohnheiten und der Umgebung sowie von der Verteidigungs- und Tarnfähigkeit der Art ab."

Zur Untermauerung seiner Behauptung behauptet Wallace, dass alle Vogelarten, von denen die Hühner ebenso auffällig gefärbt sind wie die Hähne, in Löchern nisten oder Kuppelnester bauen. Die Federn und anderen Verzierungen, die die Hähne bestimmter Arten tragen, würde Wallace auf einen Überschuss an Kraft, Vitalität und Wachstumskraft zurückführen, der sich auf diese Weise ohne Schaden entfalten kann.

wahren Grund für die Entstehung von Zieranhängen von Vögeln und anderen Tieren in einem Überschuss an Lebensenergie gefunden haben, der zu abnormalem Wachstum in den Teilen der Haut führt, in denen die Muskel- und Nerventätigkeit am größten ist , Die kontinuierliche Entwicklung dieser Anhängsel wird aus der gewöhnlichen Wirkung der natürlichen Selektion bei der Erhaltung der gesündesten und kräftigsten Individuen und der noch weiteren selektiven Wirkung des sexuellen Kampfes resultieren, um den Stärksten und Energiereichsten die Abstammung der nächsten Generation zu verleihen." (*Darwinismus* , S. 293.) „Warum", sagt er, „bei verwandten Arten die Entwicklung von Nebenfahnen unterschiedliche Formen angenommen hat, können wir nicht sagen, außer dass es an der individuellen Variabilität liegen könnte, die als Ausgangspunkt diente." Es ist ein Hinweis auf so vieles von dem, was uns sowohl in der Tier- als auch in der Pflanzenwelt seltsam in der Form oder fantastisch in der Farbe vorkommt."

Wallaces Theorie kritisiert

Wallaces Ansicht, dass das stumpfe Gefieder des Hühnervogels auf dessen größeres Schutzbedürfnis zurückzuführen sei, basiert auf der Annahme, dass der Hühnervogel allein an der Brutzeit teilnimmt.

Ist diese Annahme richtig?

Dies ist sicherlich nicht in allen Fällen der Fall. Wie D. Dewar in „*Birds of the Plains*" festgestellt hat , sitzt der auffällige weiße Paradiesschnäpperhahn (*Terpsiphone paradisi*) am helllichten Tag genauso oft auf dem offenen Nest wie die Henne. Und das gilt möglicherweise auch für viele andere Vogelarten. Auch hier sind die Hähne der verschiedenen Arten indischer Nektarvögel leuchtend gefärbt, während die Hühner mattbraun sind. Bei diesen Arten sitzt die Henne allein auf den Eiern, aber da das Nest gut abgedeckt ist, zeigt die Henne möglicherweise alle Farben des Regenbogens, ohne dass sie für vorbeiziehende Vögel sichtbar ist. Darüber hinaus weist D. Dewar in einem Artikel vor der Royal

Society of Arts (*Journal* , Bd. lvii., S. 104) darauf hin, dass die Geschlechter bei den meisten indischen Taubenarten kaum oder gar nicht unterschiedlich sind eine Art (*Œnopopelia tranquebarica*), die einen erheblichen Sexualdimorphismus aufweist. Aber die Brutgewohnheiten dieser besonderen Art ähneln in jeder Hinsicht denen der anderen Taubenarten. Warum dann die ausgeprägte Unähnlichkeit der Geschlechter?

Ein weiterer Einwand gegen die Theorie von Wallace ist der von JT Cunningham (*Archiv für Entwicklungsmechanik der Organismen* , Bd. xxvi., S. 378), nämlich, dass die sekundären Geschlechtsmerkmale bei den Arten, die sie besitzen, eine völlige Abwesenheit von Einheitlichkeit in Natur und Stellung aufweisen. „Warum", fragt Cunningham, „sollte sich die männliche Konstitution des Hirsches in knöchernen Auswüchsen des Schädels zeigen, beim Pfau in übermäßigem Wachstum des anderen Endes des Körpers? Warum sollte bei einem Säugetier der Kehlkopf verändert sein, bei einem anderen die Zähne, bei einem anderen die Nase? Warum zeichnet sich der männliche Molch durch eine Rückenflosse aus, der männliche Frosch durch eine Schwellung am Vorderfuß?"

Ein weiterer Einwand gegen die von Wallace vorgeschlagene Erklärung des Geschlechtsdimorphismus besteht darin, dass bei vielen Vogelarten, wie zum Beispiel dem Haussperling und den Grünen Paroketten in Indien, die äußerlichen Unterschiede zwischen den Geschlechtern so gering sind, dass es unvernünftig ist, sie zu glauben dass sie das Ergebnis natürlicher Selektion sind. Es scheint unmöglich zu sein, anzunehmen, dass der Rosenringelhuhn (*Palæornis torquatus*) – eine Art, die in Höhlen nistet – ausgestorben wäre, wenn die Hühner den schmalen rosafarbenen Kragen entwickelt hätten, der für die Hähne charakteristisch ist.

Darwin wies darauf hin, dass Wallaces Hypothese zwar plausibel erscheinen könnte, wenn man sie auf die Farbe anwendet, man aber kaum sagen kann, dass sie den Ursprung von Strukturen wie dem Musikapparat bestimmter männlicher Insekten oder dem größeren Kehlkopf einiger Vögel und Säugetiere erklärt. Wir sehen also, dass die Vorschläge von Wallace, obwohl sie ein Minimum an Wahrheit enthalten, die Phänomene des Sexualdimorphismus nicht erklären können.

Die fairste Kritik an diesen Ansichten kommt von Darwin:

„Es hat sich gezeigt, dass ich Herrn Wallace nicht in der Annahme folgen kann, dass stumpfe Farben, wenn sie auf die Weibchen beschränkt sind, in den meisten Fällen speziell aus Schutzgründen gewonnen wurden. Es kann jedoch, wie schon früher bemerkt, kein Zweifel daran bestehen, dass bei vielen Vögeln die Farben beider Geschlechter verändert wurden, um der Aufmerksamkeit ihrer Feinde zu entgehen; oder in manchen Fällen, um sich ihrer Beute unbemerkt zu nähern, so wie das Gefieder von Eulen weich gemacht wurde, damit ihr Flug nicht belauscht werden kann" (*The Descent of Man* , S. 745).

DIE THEORIE VON THOMSON UND GEDDES

Thomson und Geddes haben versucht, den sexuellen Dimorphismus mit der Hypothese zu erklären, dass Männer im Wesentlichen Energieverteiler sind, während Frauen dazu neigen, Energie zu sparen. Sie weisen darauf hin, dass das Spermatozoon ein kleiner, äußerst aktiver Körper ist, der seine Energie in Bewegung zerstreut, während die Eizelle ein großer, inaktiver Körper ist – das Ergebnis der weiblichen Tendenz, Energie zu sparen und Material aufzubauen. Die verschiedenen Verzierungen und Auswüchse, die in männlichen Organismen auftreten, sind das Ergebnis dieser männlichen Tendenz, Energie zu zerstreuen. Im Spermatozoon zeigt sich die dissipierte Energie in Form aktiver Bewegung; im erwachsenen Organismus nimmt es die Form von Federn und anderen Ornamenten an, für die Weibchen von Gesang und Wettkämpfen.

Diese Theorie erklärt jedoch nicht, was wir die zufällige Natur des Sexualdimorphismus nennen könnten. Wenn sexuelle Unähnlichkeit auf die Tendenz des Männchens zurückzuführen ist, Energie zu verschwenden, warum sehen wir dann bei einer Art einen sehr ausgeprägten Dimorphismus und bei einer nahezu verwandten Art keinen Dimorphismus? Warum sind die Männchen bei manchen Arten größer und bei anderen kleiner als die Weibchen? Wie kommt es wiederum, dass bei bestimmten Vogelarten – den Wachteln der Gattung *Turnix* , der Buntschnepfe (*Rhynchæa*) und den Phalaropes – das Weibchen das auffälligere Gefieder besitzt? Darüber hinaus erklärt diese Theorie, ebenso wie die von Wallace, nicht, warum die Auswüchse, die das Männchen charakterisieren, in verschiedenen Körperteilen verschiedener Arten auftreten.

STOLZMANNS THEORIE

Stolzmann hat einen genialen Erklärungsversuch unternommen, warum bei Vögeln der Hahn so häufig auffälliger gefärbt ist als die Henne. Er behauptet, dass bei Vögeln die Männchen zahlreicher seien als die Weibchen und dass dieses Übergewicht für die Art nicht vorteilhaft sei. Männchen, denen es nicht gelungen ist, einen Partner zu finden, neigen dazu, die Weibchen zu verfolgen, während sie auf den Eiern sitzen, was sich zum Nachteil dieser Letzteren auswirkt. Bei der natürlichen Selektion geht es laut Stolzmann eher um das Wohlergehen der Art als um das Wohlergehen des Einzelnen. Daher wäre alles, was dazu führen würde, die Zahl der Männchen zu verringern, eine gute Sache für die Art, so dass eine Besonderheit, wie ein helles Gefieder, das die Männchen auffällig macht, oder Zierfedern, die ihren Flug langsamer machen, und so weiter zu ihrer Zerstörung führt, wird durch natürliche Auslese erfasst und aufrechterhalten. Er weist darauf hin, dass der Hahn einer Kolibriart – *Loddigesia mirabilis* – nicht nur längere Schwanzfedern, sondern auch kürzere Flügel als das Weibchen hat und es daher vergleichsweise schwierig haben muss, an Nahrung zu kommen, und dass er häufiger stürzt Opfer von Greifvögeln als die Henne. Stolzmann weist weiter darauf hin, dass die übermäßige Kampfbereitschaft männlicher Vögel zur Brutzeit zur Zerstörung einiger Individuen führen und sich so als Vorteil für die Art erweisen könnte.

Gegen diese äußerst geniale Theorie scheinen sich mehrere Einwände zu ergeben.

Erstens scheint es keine zufriedenstellenden Beweise dafür zu geben, dass mehr Hähne als Hennen geboren werden.

Wir können zugeben, dass ein Überfluss an Hähne für jede Art schädlich ist, da die unbegatteten Hähne wahrscheinlich die Hühner verfolgen; Wir können auch zugeben, dass viele Hähne im Kampf ums Dasein durch das übermäßige Wachstum bestimmter ihrer Federn behindert werden, aber wir sehen nicht, wie diese übermäßige Entwicklung durch natürliche Selektion in der von Stolzmann vorgeschlagenen Weise verursacht wurde. Obwohl es für die Art von Vorteil sein kann, wenn die Hähne auffällig sind, kann die natürliche Selektion dies nur aufrechterhalten, indem sie die am wenigsten auffälligen Hähne aussortiert. Aber es sind die auffälligeren Arten, die laut Stolzmann der Art zugute kommen, die durch natürliche Selektion eliminiert werden. In diesem Fall wird diese Kraft also in einer Art und Weise handeln, die den Interessen der Art zuwiderläuft, wenn Stolzmanns Idee richtig ist.

Die fragliche Theorie erscheint daher unhaltbar. Dennoch ist zweifellos etwas Wahres an der Annahme, dass zu viele Männchen die Art verderben. Daher können eine übermäßige Auffälligkeit und eine hohe Sterblichkeit der Männchen für die Art von Vorteil sein. Aber wir dürfen nicht vergessen, dass je vorteilhafter es ist, desto stärker muss die Tendenz der natürlichen Selektion sein, die Männchen zu eliminieren, die die gewünschte Besonderheit besitzen.

NEO-LAMARCKSCHE ERKLÄRUNG

Cunninghams Theorie

JT Cunningham unternimmt den Versuch, die Phänomene des Sexualdimorphismus auf neo-lamarckschen Prinzipien zu erklären. Seine Theorie wird in einem Aufsatz mit dem Titel „*The Heredity of Secondary Sexual Characters in relation to Hormones*" dargelegt , der vor der Zoological Society of London gelesen und vollständig im *Archiv für Entwicklungsmechanik der Organismen veröffentlicht wurde* . „Der signifikante Zusammenhang männlicher Sexualcharaktere", schreibt er, „besteht nicht mit einer allgemeinen oder wesentlichen Eigenschaft des männlichen Geschlechts, wie zum Beispiel dem Katabolismus (oder der Tendenz, Energie zu zerstreuen, wie wir es genannt haben), sondern mit bestimmten Gewohnheiten und." Funktionen sind auf ein Geschlecht beschränkt, unterscheiden sich jedoch bei verschiedenen Tieren. . . . Bei den Tieren, die über solche (sekundären Sexual-)Merkmale verfügen , sind die betroffenen Teile des Somas (*also* des Körpers) so unterschiedlich, wie sie nur sein können; Jeder Teil des Soma kann einen Geschlechtsunterschied aufweisen: Zähne bei einem Säugetier, Schädel bei einem anderen; Schwanzfedern bei einem Vogel, Halsfedern bei einem anderen und so weiter. Aber in allen Fällen entsprechen solche eingeschlechtlichen Charaktere ihren Funktionen oder ihrem Gebrauch in Gewohnheiten und Instinkten, die, aber nur indirekt, mit der sexuellen Produktion verbunden sind. Diese Gewohnheiten sind ebenso vielfältig und unregelmäßig in ihrer Verbreitung wie die Charaktere. Die Hähne der gewöhnlichen Hühner und der Phasianidae sind im Allgemeinen polygam, kämpfen miteinander um den Besitz der Weibchen und beteiligen sich nicht an der Brut oder der Pflege der Jungen, und sie unterscheiden sich von den Hühnern durch ihr vergrößertes, glänzendes Gefieder und die Sporen die Beine und Kämme, Flechten oder andere Auswüchse am Kopf. Bei den Columbidae *hingegen* leben die Männchen nicht polygam, sondern paaren sich ein Leben lang, die Männchen kämpfen nicht und teilen sich die elterlichen Pflichten zu gleichen Teilen mit den Weibchen.

„Diesem Kontrast der sexuellen Gewohnheiten entspricht der Kontrast des sexuellen Dimorphismus, der in den Columbidae praktisch nicht vorhanden ist.

„Ich denke also, dass die einzige wissenschaftliche Erklärung darin besteht, dass der Unterschied in den Gewohnheiten die Ursache für den sexuellen Dimorphismus ist und dass die besonderen sexuellen Gewohnheiten, die bei einigen Arten vorkommen, bei anderen jedoch nicht, die Ursachen für die sexuellen Charaktere sind. . . . Bei den betreffenden Gewohnheiten handelt es sich immer um bestimmte bestimmte Reize, die auf jene Körperteile ausgeübt werden, deren Veränderung die somatischen Sexualcharaktere ausmacht. Die Reize sind, wie die Charaktere, auf ein Geschlecht, auf einen Lebensabschnitt, auf eine Jahreszeit, auf die Tiere, die die Charaktere haben, auf die Körperteile, die verändert sind, beschränkt." Herr Cunningham glaubt, dass diese Stimulationen eine Hypertrophie oder ein übermäßiges Wachstum des betroffenen Teils verursachen und dass diese Besonderheit auf die Nachkommen übertragen wird. Und so vermutet er, dass alle Verzierungen und Auswüchse der Männchen verschiedener Arten entstanden sind.

Als Beweis für seine Ansicht weist er darauf hin, dass diese Auswüchse bei vielen Arten nicht nur funktionslos, sondern auch absolut schädlich sind, wie im Fall des Kamms und der Kehllappen des Dschungelhahns und seiner domestizierten Nachkommen, die lediglich als Nahrung dienen Griff, den Feinde ergreifen können.

Cunningham behauptet, der einzige Einwand gegen seine Theorie sei das Dogma, dass erworbene Charaktere nicht vererbt werden können. Diese Behauptung ist jedoch nicht korrekt. Es ist in der Tat ein sehr schwerwiegender Einwand, dass alle verfügbaren Beweise darauf hindeuten, dass erworbene Eigenschaften nicht vererbt werden, aber das ist keineswegs die einzige Schwierigkeit.

Bevor wir diese weiteren Einwände erwähnen, wollen wir noch ein Wort zum Thema der Vererbung erworbener Charaktere sagen. Herr Cunningham selbst vergleicht die Bildung einer Schiene oder eines Spats bei einem Pferd als Folge besonderer Belastung mit dem Erwerb sekundärer Geschlechtsmerkmale.

Unglücklicherweise für Cunninghams Theorie, aber zum Glück für die Menschheit im Allgemeinen, zeugen spavine Pferde und Stuten keine spavinen Nachkommen. Wenn Spat also nicht vererbt wird, ist es dann nicht unangemessen zu behaupten, dass die Verdickung des Knochens, die sich auf dem Kopf eines Tieres entwickelt, das aneinander stößt, vererbt wird?

Ein weiterer Einwand gegen Cunninghams Theorie ist, dass viele Vögel, die ihr Gefieder am kräftigsten zur Schau stellen, keine Zierfedern besitzen. Wie Howard berichtet hat, zeigen sich viele unserer stumpf gefärbten britischen Grasmücken auf die gleiche Art und Weise wie bunte Vögel. Wenn die Übung bei einigen Arten zur Entwicklung und Vererbung von Federfahnen geführt hat, warum nicht auch bei anderen?

Auch hier hat Cunningham nicht Recht, wenn er sagt, dass es bei den Columbidae „praktisch keinen Geschlechtsdimorphismus“ gibt. Nur wenige Vögel weisen einen so auffälligen Geschlechtsdimorphismus auf wie die Orange-Taube (*Chrysœna victor*) auf Fidschi, bei der das Männchen leuchtend orange und die Henne grün ist. Wir haben bereits den Fall der neugierigen, sexuell dimorphen Roten Turteltaube angeführt. Nun sind die Balzhaltungen und -handlungen dieser Art genau die gleichen wie die anderer verwandter Turteltauben; Warum haben diese Übungen dann dazu geführt, dass nur eine Art sexuell dimorph wurde?

Bestehende Theorien sind nicht zufriedenstellend

Unser Überblick über die wichtigeren Versuche, die Phänomene des Sexualdimorphismus zu erklären, führt zu dem Schluss, dass diese noch einer Aufklärung bedürfen. Wir haben jede Theorie abgewogen und festgestellt, dass sie mangelhaft ist.

Das herausragende Merkmal der sexuellen Unähnlichkeit ist die scheinbar zufällige Art und Weise ihres Auftretens.

Auf den Fall der Tauben in Indien haben wir bereits hingewiesen. In diesem Land sind vier Arten weit verbreitet: die Tüpfeltaube (*Turtur suratensis*), die Ringeltaube (*Turtur risorius*), die kleine braune Taube (*Turtur cambayensis*) und die Rote Turteltaube (*Œnopopelia*). *tranqebarica*). Die Gewohnheiten aller dieser vier Arten scheinen identisch zu sein, dennoch zeigen die Geschlechter bei den ersten drei kaum oder gar keine Unähnlichkeit im äußeren Erscheinungsbild, während bei der letzten der Geschlechtsdimorphismus so groß ist, dass man früher annahm, dass Hahn und Huhn zu verschiedenen Arten gehörten Spezies.

Ein weiterer sehr merkwürdiger Fall ist der der südamerikanischen Gänse der Gattung *Chloëphaga* , bei denen einige Arten, wie die bekannte Hochland- oder Magellangans unserer Parks (*C. magellanica*), völlig ungleiche Geschlechter haben, während bei anderen, wie bei der Rötelgans, die Geschlechter völlig unterschiedlich sind Kopfgans (*C. rubidiceps*), sie sind einander ziemlich ähnlich.

Die Enten liefern uns ein weiteres sehr gutes Beispiel für die scheinbar zufällige Natur des Geschlechtsdimorphismus. Bei der Stockente oder Wildente (*Anas boscas*) ist der Hahn weitaus auffälliger gefärbt als die Henne, aber bei allen mit ihr am nächsten verwandten Arten sind die Männchen ebenso unauffällig wie die Weibchen, z. B. *bei* der Indischen Tüpfelente (*Anas) . pœcilorhyncha*), die Australische Grauente (*A. superciliosa*), der Afrikanische Gelbschnabel (*Anas undulata*) und die Amerikanische Schwarzente (*A. obscura*). Da die Schwarzente in Nordamerika lebt, wo auch die Stockente vorkommt, ist der Fall besonders auffällig.

Unter den Säugetieren sind der Löwe und der Tiger sowie die Rappen- und Pferdeantilopen (*Hippotragus niger* und *H. equinus*) bekannte Beispiele nahezu verwandter Arten, bei denen die Geschlechter bei der einen gleich und bei der anderen unähnlich aussehen.

Hormone

Ein weiterer wichtiger Punkt, der berücksichtigt werden muss, ist der enge Zusammenhang zwischen den Fortpflanzungsorganen und dem allgemeinen Erscheinungsbild des Organismus, insbesondere der sekundären Geschlechtsmerkmale. Letztere zeigen sich in den meisten Fällen erst mit der Reife der Geschlechtsorgane. Die bekannten Auswirkungen der Kastration verdeutlichen diesen Zusammenhang. Auch hier nehmen Frauen, bei denen die Fortpflanzungsorgane nicht mehr funktionsfähig sind, häufig männliche Charaktere an.

In jüngster Zeit wurde durch Experimente nachgewiesen, dass die Entwicklung der für die Geschlechter charakteristischen Ornamente usw. zumindest in vielen Fällen auf der Sekretion sogenannter Hormone durch die Sexualzellen beruht, d. h. Sekrete, die die Entwicklung der sekundären

Geschlechtsmerkmale anregen. Die Tendenz, die äußeren Merkmale des Geschlechts, zu dem ein Organismus gehört, hervorzurufen, wird vererbt, ihre tatsächliche Entwicklung hängt jedoch in vielen Fällen von der Sekretion dieser Hormone ab. Wenn also ein Mann vollständig kastriert wird, entwickelt er die äußeren Merkmale seines Geschlechts nicht mehr. Die Beweise, auf denen die Hormonlehre basiert, sind in dem oben zitierten Artikel von Cunningham bewundernswert zusammengefasst. Auf diese Beweise können wir nicht näher eingehen. Es muss genügen, dass die Lehre mit allen beobachteten Ergebnissen der Kastration völlig übereinstimmt.

Es ist erwähnenswert, dass die verschiedenen Merkmale, die die Geschlechter bei sexuell dimorphen Tieren charakterisieren, nicht mit einem bestimmten Organ oder Körperteil verbunden sind und bei verwandten Arten auch nicht notwendigerweise denselben Teil betreffen. „Wir können nicht sagen", schreibt JT Cunningham, „dass irgendein Teil des Somas (*also* des Körpergewebes) stärker spezifisch sexuell ist als ein anderer Teil, außer dass solche Unterschiede zwischen den Geschlechtern normalerweise äußerlich sind." Sie betreffen meist die Haut und insbesondere die epidermalen Anhängsel sowie die oberflächlichen Teile des Skeletts oder ganze Gliedmaßen und Anhängsel; oder der Unterschied kann in der Größe des gesamten Somas liegen. Bei Säugetieren und Vögeln ist das Männchen oft das größere, manchmal sogar sehr große, aber es gibt Fälle, in denen das Weibchen größer ist. Es gibt keine allgemeine Regel."

Ein weiterer wichtiger Punkt ist, dass Weibchen, obwohl sie selbst keine Spur des männlichen Charakters aufweisen, in der Lage sind, ihn an ihre Nachkommen weiterzugeben. Dies kann durch die Kreuzung einer Fasanenhenne mit einem Haustürhuhn nachgewiesen werden; Die männlichen Nachkommen der Verbindung zeigen die für den Fasanenhahn so charakteristischen Federn. Diese können nicht vom Scheunentürhuhn-Vater abgeleitet sein; Sie müssen vom matten Hühnerfasan stammen.

In diesem Zusammenhang können wir die merkwürdige Tatsache erwähnen, die von Bonhote auf Seite 245 der *Proceedings of the Fourth International Ornithological Congress aufgezeichnet* wurde, dass im Fall von Enten, die von Kreuzungen zwischen Spießente, Stockente und Spotbill abstammen, die Erpel vollständig abstammen Das brütende Gefieder zeigte eine Mischung aus Spießenten- und Stockentenmerkmalen, während in ihrem nicht brütenden Gefieder die Färbung des Spotbills vorherrscht.

Ein wichtiger Punkt, auf den anscheinend kein Zoologe hingewiesen hat, ist, dass Augenfarbe, Kamm und Sporen bei Vögeln und Hörner bei Säugetieren nicht in derselben Beziehung zu den Geschlechtsorganen stehen wie die anderen äußere Merkmale. Beispielsweise erhält der kastrierte Nilgai (*Boselaphus tragocamelus*) Hörner, jedoch nicht die charakteristische männliche Farbe. Beim Gewöhnlichen Indischen Frankolin-Rebhuhn (*Francolinus Pondicerianius*) unterscheidet sich der Hahn von der Henne nur durch den Besitz von Sporen. Gleiches gilt für die verschiedenen Arten des Schneehahns (*Tetraogallus*). Es gibt eine Rasse von Wildhähnen, deren Gefieder dem der Henne ähnelt, aber bei solchen Vögeln sind Kamm und Sporen wie bei normal gefiederten Hähnen entwickelt.

Das weiße Auge des weißäugigen Tafelenten (*Nyroca africana*) und das gelbe Auge des Hahns Goldfasan (*Chrysolophus pictus*), bei denen es sich um rein männliche Charaktere handelt, zeigen sich früher als das männliche Gefieder. Gelegentlich nimmt eine Goldfasan-Henne das Gefieder des Hahns an, aber sie bekommt nie das gelbe Auge.

Viele Vögel verlieren in Gefangenschaft etwas von der Schönheit ihres Gefieders, was normalerweise darauf zurückzuführen ist, dass die Geschlechtsorgane beeinträchtigt sind und auf das Körpergewebe reagieren. Diese Erklärung kann jedoch nicht in allen Fällen richtig sein, da der Hänfling zwar in Gefangenschaft sein männliches Gefieder verliert, aber lange und gut in einem Käfig lebt und sich problemlos mit Kanarienvögeln vermehrt.

Eine weitere merkwürdige Tatsache ist, dass das männliche Gefieder bei Hühnervögeln manchmal pathologisch erscheint, insbesondere bei solchen, die aufgrund des Alters oder einer Krankheit unfruchtbar geworden sind. Dieses Phänomen tritt vergleichsweise häufig beim Goldfasan auf, seltener beim Fasan, beim Geflügel und bei der Ente.

Phänomene wie diese scheinen darauf hinzudeuten, dass die leuchtenden Farben des Mannes in manchen Fällen pathologisch sein können und dass die Hormone, die die männlichen Geschlechtszellen absondern, eine schädliche Wirkung auf das Körper- oder Körpergewebe haben können. Es ist bekannt, dass der Verfall bei Blättern mit der Bildung von leuchtend farbigen Pigmenten einhergeht. Finn vermutet, dass das weiße Gefieder, das der Hahnenparadies-Fliegenfänger im vierten Jahr seines

Bestehens annimmt, eine Lackierung des Verfalls sein könnte, ein Zeichen von Senilität.

Die vier Arten von Mutationen

Wir glauben, dass sexueller Dimorphismus häufig, wenn nicht immer, als Mutation auftritt. Es gibt vier verschiedene Arten von Mutationen.

Diejenigen, die nur oder besonders in Verbindung mit den männlichen Organen auftreten, zum Beispiel das Weiß bei domestizierten Gänsen, dürfen sich wahllos fortpflanzen.

Diejenigen, die nur oder besonders in Verbindung mit den weiblichen Organen auftreten; Mutationen dieser Art scheinen sehr selten zu sein, aber es ist anzumerken, dass bei Hühnern, die sich wie in Indien wahllos fortpflanzen dürfen, völlig schwarze Hühner häufig vorkommen, völlig schwarze Hähne hingegen selten, wenn überhaupt, zu sehen sind. Dies deutet auf einen Zusammenhang zwischen Schwarzsein und Weiblichkeit hin.

Diejenigen, die bei beiden Geschlechtern in gleicher Weise auftreten. Die große Mehrheit der Mutationen scheint von dieser Art zu sein.

Schließlich diejenigen, die bei beiden Geschlechtern vorkommen, aber bei beiden Geschlechtern eine unterschiedliche Form annehmen; So hat eine Mutation bei Katzen sandige Männchen und schildpattfarbene Weibchen hervorgebracht. Die Mutation, die den Schwarzflügelpfau hervorgebracht hat, zeigt sich in Form eines schwarzen Flügels beim Hahn, während sie dafür sorgt, dass das Gefieder der Henne grizzlyweiß ist.

Wir werden uns im nächsten Kapitel ausführlicher mit dem Phänomen der Korrelation befassen. Es handelt sich um ein Thema, dem nicht genügend Aufmerksamkeit geschenkt wurde. So wie bestimmte Merkmale bei bestimmten Arten korrelieren, so korrelieren in manchen Fällen auch bestimmte Merkmale mit dem Geschlecht.

Warum das so sein sollte, können wir nicht sagen; Dies ändert jedoch nichts an der unbestreitbaren Tatsache, dass ein solcher Zusammenhang besteht.

Ärzte stoßen in ihrer Praxis manchmal auf sehr merkwürdige Fälle von Korrelationen beim Menschen.

Einseitige Übertragung

„Es ist", schreibt Thomson (*Heredity* , S. 290), „eine interessante Tatsache, dass ein abnormales Element in der Vererbung nur bei Männern oder nur bei Frauen zum Ausdruck kommen kann." Wenn wir das verstehen könnten, könnten wir besser verstehen, was Sex wirklich bedeutet.

„Hämophilie oder Blutungsneigung ist eine vererbbare Anomalie, die teilweise mit einer Schwäche der Blutgefäße einhergeht, die sich nicht wie vorgesehen zusammenziehen und zum Platzen neigen, und teilweise mit einem Mangel an Gerinnungskraft im Blut zusammenhängt." Es ist normalerweise auf Männer beschränkt. Aber wenn es vom Vater über die Tochter zum Enkel usw. übergeht, muss es ein latenter Teil der Keimvererbung der Weibchen sein, obwohl es aus irgendeinem unklaren physiologischen Grund bei ihnen keinen Ausdruck findet oder seinen Ausdruck findet ziemlich verkleidet. Farbenblindheit oder Daltonismus wurden nur bei den Männchen von sieben Generationen festgestellt (Horner). Dejerine führt einen weiteren Fall an (*fide* Appenzeller), bei dem alle Männer in einer Familie über vier Generationen hinweg Katarakt hatten. Es gibt noch andere Fälle dessen, was manchmal unbeholfen als einseitige Übertragung abnormaler Eigenschaften bezeichnet wird. Edward Lambert, geboren 1717, soll mit „Stacheln" bedeckt gewesen sein. Seine Kinder zeigten die gleiche Besonderheit, die sich vom sechsten bis zum neunten Monat nach der Geburt zu manifestieren begann. Eines seiner Kinder wuchs auf und gab die Besonderheit an eine andere Generation weiter. Tatsächlich soll die Krankheit fünf Generationen lang bestanden haben, und zwar nur bei den Männchen – eine einseitige Übertragung."

Aus unserer Sicht sind diese Anomalien so beschaffen, dass sie nur im Zusammenhang mit dem männlichen Organ möglich sind; mit anderen Worten, es handelt sich um Mutationen der ersten der vier oben genannten Arten – also derjenigen, die nur im Zusammenhang mit dem männlichen Organ auftreten.

Es ist eine merkwürdige Tatsache, dass die allgemeine Regel in der Natur zu sein scheint, dass das Männchen im Laufe der Evolution dem Weibchen voraus ist. Die Geschlechter können zu einem bestimmten Zeitpunkt in der Lebensgeschichte der Art gleich sein. Derzeit tritt eine Mutation auf, die nur auf das Männchen beschränkt ist; So entsteht das Phänomen des Sexualdimorphismus. Der nächste Schritt in der Evolution der

Art ist häufig eine Mutation des Weibchens, die es wieder an das Männchen anpasst und so den Geschlechtsdimorphismus zumindest für eine Weile verschwindet. Ein gutes Beispiel hierfür sind die Spatzen; Beim gemeinen Spatz eines großen Teils Afrikas (*Passer swainsoni*) sind beide Geschlechter sehr schlicht, wie bei der Henne des Haussperlings; Wie jeder weiß, ist bei dieser Art (*P. Domesticus*) der Hahn, obwohl er keineswegs brillant ist, auffallend hübscher als sein Partner; während beim Feldsperling (*P. montanus*) beide Geschlechter ein Gefieder männlicher Art haben, ähnlich dem des Haussperlings.

Wenn wir die verschiedenen oben genannten Tatsachen im Zusammenhang betrachten, beginnen wir, die Natur der Phänomene des Sexualdimorphismus zu verstehen.

Betrachten wir einen imaginären Fall eines wehrlosen kleinen Vogels, der ein offenes Nest baut. Nehmen wir an, dass es ein unauffälliges Gefieder hat. Nehmen wir nun an, es zeige sich eine Mutation der ersten Art, eine Mutation, die nur den Hahn betrifft und ihn auffälliger macht. Nehmen wir weiter an, dass der Hahn nicht an den Brutaufgaben beteiligt ist. Es ist durchaus möglich, dass die Art trotz dieser scheinbar ungünstigen Mutation überlebt, da sie, wie wir gesehen haben, die Henne nicht beeinträchtigt und diese, da sie allein brütet, am meisten auf eine schützende Färbung angewiesen ist. Darüber hinaus kann es sich die Art, wie Stolzmann vermutet hat, möglicherweise leisten, ein paar Männchen zu verlieren. Nehmen wir jedoch an, dass sich sowohl Hahn als auch Henne an den Brutaufgaben beteiligen, dann ist es sehr wahrscheinlich, dass die Mutation zum Aussterben der Art durch die Eliminierung aller Männchen führt. Oder nehmen wir an, dass die Mutation in Richtung auffälliges Gefieder beide Geschlechter betrifft, dann wird die Art in einem solchen Fall mit ziemlicher Sicherheit aussterben. Wenn die hypothetische Art jedoch in Baumhöhlen nistete, ist es durchaus möglich, dass sie trotz ihres auffälligen Gefieders überlebt.

Höherer Wert von Frauen

Sei es, wie Wallace andeutet, dass die Henne den Großteil des Brütens übernimmt und einer besonderen Gefahr ausgesetzt ist, wenn sie im offenen Nest auf ihren Eiern sitzt, oder, wie Stolzmann betont, dass es für die Art von Vorteil ist, dass es nicht zu viele davon gibt Bei Männchen ist das Ergebnis dasselbe: Die Art kann es sich leisten, den Hahn fröhlicher zu kleiden als die Henne. In beiden Fällen ist die Färbung des Hahns für die Art von vergleichsweise geringer Bedeutung, und dies, gepaart mit der Tatsache, dass das Männchen dazu neigt, leichter zu mutieren als das Weibchen, erklärt, warum bei den meisten Arten, die sexuellen Dimorphismus aufweisen, Es sind die Schwänze, die am auffälligsten sind. Bei bestimmten Arten brüten nur die Hähne, und diese werden dann für die Rasse wichtiger als die Weibchen, so dass es ihnen nicht gestattet wurde, auffällig zu werden, während den Hühnern in dieser Hinsicht mehr Freiheit eingeräumt wurde. Die extreme Variabilität des Brutgefieders des Kampfläufers (*Pavoncella pugnax*) weist darauf hin, dass seine Farbe im Vergleich zur Art vergleichsweise gleichgültig ist; Infolgedessen wird seiner Tendenz zur Variation viel Spielraum eingeräumt.

Unsere Ansicht ist also, dass die Evolution durch Mutationen voranschreitet, die groß oder klein sein können.

Die Mutation ist das Ergebnis einer Neuordnung eines Teils oder von Teilen der befruchteten Eizelle, und diese Neuordnung zeigt sich im erwachsenen Organismus als Veränderung eines oder mehrerer seiner Merkmale. Die Mutation kann nur mit einem der Geschlechtsorgane zusammenhängen, und wenn dies der Fall ist, führt sie zum Phänomen des Geschlechtsdimorphismus. Das Auftreten bestimmter, wenn nicht aller Merkmale beim Erwachsenen wird durch andere Ursachen als die Natur der biologischen Moleküle, aus denen sie abgeleitet sind, beeinflusst. Die Tendenz, sich in eine bestimmte Richtung zu entwickeln, ist vorhanden, aber häufig ist noch etwas anderes, etwa die Ausschüttung von Hormonen aus den Geschlechtszellen, notwendig, damit sich eine bestimmte Tendenz vollständig entwickeln kann. Daher wirkt sich die Kastration häufig auf das körperliche Erscheinungsbild der operierten Tiere aus. Wenn eine Mutation auftritt, entscheidet die natürliche Selektion darüber, ob sie bestehen bleibt oder nicht.

KAPITEL VIII
DIE FAKTOREN DER EVOLUTION

Variation entlang bestimmter Linien und natürliche Selektion sind zweifellos wichtige Faktoren der Evolution – Ob sexuelle Selektion ein Faktor ist oder nicht, können wir noch nicht entscheiden – *Modus operandi* der natürlichen Selektion – Korrelation ein wichtiger Faktor – Beispiele für Korrelation — Korrelation ist ein Thema, das eingehend untersucht werden muss . — Isolierung ist **ein Faktor** in der Evolution . — Ansichten von **Romanes** — Kritik an diesen — Wahllose Isolation erweist sich als ein Faktor —Zusammenfassung der Methoden, mit denen neue Arten entstehen — Natürliche Selektion schafft keine Arten —Sie entscheidet lediglich, welche von bestimmten vorgefertigten Formen überleben werden – Natürliche Selektion im Vergleich zu einer Auswahlprüfung und einem medizinischen Gremium – Wir sind noch im Dunkeln über die grundlegenden Ursachen der Entstehung der Arten – Die Hoffnung, die Natur der Arten zu entdecken, liegt eher in Experimenten und Beobachtungen als in Spekulationen diese Ursachen.

Bisher haben wir drei Faktoren der Evolution betrachtet. Die erste davon ist die Tendenz von Organismen, sich entlang bestimmter Linien zu verändern. Dies ist ein äußerst wichtiger Faktor, denn solange keine Variation in eine bestimmte Richtung auftritt, kann es keine Entwicklung in diese Richtung geben. Variationen sind die Materialien, auf denen die anderen Faktoren oder Ursachen der Evolution wirken. Der zweite große Faktor ist die natürliche Selektion. Natürliche Auslese kann mit einem Baumeister und Variationen seiner Materialien verglichen werden. Welche Art von Gebäude ein Bauunternehmer errichten kann, hängt ganz wesentlich von dem Material ab, das ihm zur Verfügung gestellt wird. Die Forth Bridge hätte nicht gebaut werden können, wenn den Erbauern außer Ziegeln und Mörtel kein Material zur Verfügung gestellt worden wäre. Wallaceianer betrachten die natürliche Auslese als einen Bauunternehmer, der mit allen Arten von Baumaterialien versorgt wird – Stein, Ziegeln, Holz, Eisen, Aluminium, in jeder gewünschten Menge. Sie betrachten daher die natürliche Auslese als die einzige Ursache, die die Evolution bestimmt. Dies ist jedoch eine falsche Idee. Die natürliche Auslese ist eher mit einem Bauunternehmer zu vergleichen, dem nur eine begrenzte Auswahl an Baumaterialien zur Verfügung steht, so dass seine Bautätigkeit erheblichen Einschränkungen unterliegt. Die Türen, Fenster, Kamine usw. werden ihm fertig geliefert. Er wählt lediglich aus, welche davon er für jedes Gebäude verwenden möchte.

Der dritte Faktor der Evolution, den wir betrachtet haben, ist die sexuelle Selektion. Wie wir gesehen haben, wurde diesem Thema nicht genügend Aufmerksamkeit geschenkt, so dass wir noch nicht in der Lage sind, zu sagen, welchen Einfluss es auf den Verlauf der Evolution ausgeübt hat, wenn überhaupt.

Der Kampf ums Dasein

Zusätzlich zu diesen drei Faktoren gibt es unserer Meinung nach noch einige andere. Bevor wir mit der Betrachtung dieser Aspekte fortfahren, ist es wichtig, den *Modus Operandi* der natürlichen Auslese sorgfältig zu studieren, oder mit anderen Worten, die Natur des Kampfes ums Dasein, wie es uns in vielen Aussagen neuerer Bücher über die Evolution erscheint auf einer falschen Vorstellung dieses wichtigen Faktors beruhen.

Wie üblich ist es Darwins Schülern nicht gelungen, seine Darstellung der Natur des Kampfes ums Dasein zu verbessern. Dies wird in Kapitel III dargelegt. Vom *Ursprung der Arten* .

„Die Ursachen", schreibt Darwin (neue Ausgabe, S. 83), „die die natürliche Tendenz jeder Art, ihre Zahl zu erhöhen, hemmen, liegen höchst unklar." Schauen Sie sich die kräftigsten Arten an. Je mehr es an Zahl zunimmt, desto mehr wird es tendenziell noch mehr zunehmen. Wir wissen nicht einmal in einem einzigen Fall genau, wie hoch die Kontrollen sind." Das ist völlig richtig. Dennoch wurden ausgefeilte Theorien zur schützenden und warnenden Färbung und Mimikry auf der stillschweigenden Annahme aufgebaut, dass die Vermehrung aller oder fast aller Arten durch die Lebewesen verhindert wird, die ihnen nachjagen. Möglicherweise behauptet kein Wallaceianer dies mit so vielen Worten, aber es ist eine logische Schlussfolgerung aus der übermäßigen Bedeutung, die jeder den verschiedenen Theorien der Tierfärbung beimisst; Denn wenn die Hauptfeinde eines Organismus nicht die Geschöpfe sind, die ihn jagen, wie können dann die besondere Farbe und das Muster seines Fells für ihn von so großer Bedeutung sein?

Schecks bei Erhöhung

Wir werden uns bemühen zu zeigen, dass die Vermehrung einer Art weitaus stärkeren Hemmnissen unterliegt als die Verwüstung durch die Lebewesen, die sich von ihr ernähren. Lassen Sie uns jedoch zunächst kurz einige der Kontrollen der Vermehrung von Organismen darlegen, die Darwin in „Die *Entstehung der Arten*" *erwähnt* .

„Eier oder sehr junge Tiere scheinen im Allgemeinen am meisten zu leiden, aber das ist nicht immer der Fall." Dies ist, wie wir bereits betont haben, ein äußerst wichtiger Punkt, den es zu bedenken gilt, insbesondere wenn man die verschiedenen aktuellen Theorien zur Tierfärbung betrachtet . Wenn ein durchschnittliches Tier erst einmal ausgewachsen ist, erhöhen sich seine Überlebenschancen enorm.

Eine zweite von Darwin erwähnte Kontrolle ist die Begrenzung des Nahrungsmittelangebots. „Die Nahrungsmenge für jede Art", schreibt er (S. 84), „gibt natürlich die extreme Grenze an, bis zu der jede Art wachsen kann; aber sehr häufig ist es nicht die Nahrungsgewinnung, sondern die Bereitstellung als Beute für andere Tiere, die die durchschnittliche Anzahl einer Art bestimmt. Daher scheint kaum ein Zweifel daran zu bestehen, dass der Bestand an Rebhühnern, Auerhühnern und Hasen auf einem großen Landgut hauptsächlich von der Vernichtung von Ungeziefer abhängt. . . . Andererseits wird in manchen Fällen, wie bei Elefanten und Nashörnern, keiner von ihnen von Raubtieren getötet."

Wir neigen dazu zu glauben, dass weder die Nahrungsgrenze noch die Raubtiere ein sehr wichtiges Hemmnis für die Vermehrung von Organismen darstellen. Der Löwe zum Beispiel war nie so zahlreich, dass er die Grenze seines Nahrungsangebots erreichte. Bevor der weiße Mann in Afrika Fuß fasste, gab es in den Gebieten, in denen es am häufigsten Löwen gab, riesige Herden von Pflanzenfressern. Dies ist eine äußerst wichtige Tatsache, denn wenn die Anzahl einer Art nicht durch die der Tiere bestimmt wird, die sie jagen, ist die besondere Farbe eines Organismus für ihn wahrscheinlich nicht von direkter Bedeutung. Dies entzieht einigen allgemein anerkannten Theorien zur Tierfärbung ihre Grundlage.

„Das Klima", schreibt Darwin (S. 84), „spielt eine wichtige Rolle bei der Bestimmung der durchschnittlichen Anzahl einer Art, und periodische Jahreszeiten extremer Kälte oder Dürre scheinen die wirksamste aller Kontrollen zu sein." Ich schätzte (hauptsächlich aufgrund der stark verringerten Anzahl von Nestern im Frühjahr), dass im Winter 1854/55 vier Fünftel der Vögel auf meinem eigenen Gelände getötet wurden, und das ist eine enorme Zerstörung, wenn wir uns an diese 10 Prozent erinnern. ist eine außerordentlich schwere Sterblichkeit durch Epidemien beim Menschen."

Unserer Meinung nach hat Darwin die Bedeutung des Klimas als Eindämmung des Artenwachstums nicht annähernd genug betont. Wir haben gesehen, dass er seine Überzeugung geäußert hat, dass es sich um die wirksamste aller Kontrollen handelt. Aber selbst dies ist keine hinreichend starke Aussage. Es scheint uns, dass vor dieser Prüfung alle anderen Prüfungen zur Bedeutungslosigkeit verblassen.

Darwin war sich der starken Wirkung von Feuchtigkeit nicht bewusst. Feuchtigkeit ist für die meisten Arten schädlicher als Kälte oder Dürre, wie jeder weiß, der in England versucht hat, Vögel zu halten. Alle Entomologen wissen, wie schädlich Feuchtigkeit für Insekten ist. Raupen scheinen eher unter Blättern Schutz zu suchen, um Feuchtigkeit zu vermeiden, als sich vor Vögeln zu verstecken, da diese bei der Suche nach Insekten Wert darauf legen, stets genau unter die Blätter zu schauen.

Es ist eine bekannte Tatsache, dass ein nasser Winter in England zu einer hohen Sterblichkeit bei Kaninchen führt. Die Zunahme des Kaninchens in Australien wird meist darauf zurückgeführt, dass das kleine Nagetier dort nicht so viele Raubtiere zu bekämpfen hat wie in Europa. Das ist nicht so. In Australien muss das Kaninchen gegen Adler, andere große Greifvögel, fleischfressende Beuteltiere, Wildkatzen, Warane und große Schlangen kämpfen, ganz zu schweigen von den gut organisierten und hartnäckigen Angriffen des Menschen.

Wären Raubtiere die wichtigsten Feinde des Kaninchens, hätte es in Australien nie festen Fuß fassen können. Feuchtigkeit scheint sein Hauptfeind zu sein. In Australien gibt es das nicht. Daher die bemerkenswerte Zunahme der Art. Stärkere Beweise für die Wirksamkeit von Feuchtigkeit als Hemmnis für die Vermehrung einer Art und für die vergleichsweise geringe Kraftlosigkeit der Angriffe von Raubtieren wären nicht möglich.

Wir glauben, dass das Scheitern des Sandhuhns, in England Fuß zu fassen, auf die Tatsache zurückzuführen ist, dass er von Natur aus nicht dazu geeignet ist, unserem feuchten Klima standzuhalten.

Das Kamel ist ein Tier, das trockene Lebensräume liebt, weshalb es schwierig ist, Kamele im feuchten Bengalen zu halten, obwohl sie in den trockeneren Teilen Indiens offenbar gut genug gedeihen.

„Wenn eine Art", schreibt Darwin (S. 86), „aufgrund äußerst günstiger Umstände in einem kleinen Gebiet übermäßig stark zunimmt, kommt es häufig zu Epidemien – zumindest scheint dies bei unseren Wildtieren allgemein vorzukommen; und hier haben wir eine vom Kampf ums Leben unabhängige Begrenzungskontrolle. Aber selbst einige dieser sogenannten Epidemien scheinen auf parasitäre Würmer zurückzuführen zu sein, die aus irgendeinem Grund, möglicherweise teilweise aufgrund der Möglichkeit, sich unter den zusammengedrängten Tieren zu verbreiten, überproportional bevorzugt wurden: und hier kommt es zu einer Art Kampf zwischen den Parasiten und seine Beute."

Somit geht Darwin nur unzureichend auf dieses Hindernis für die Vermehrung von Organismen ein, das nach der Wirkung des Klimas nur an zweiter Stelle steht. Der durch Krankheiten und Parasiten hervorgerufenen Schädlingsbekämpfung haben Naturforscher bislang nur wenig Beachtung geschenkt. Das Ergebnis ist ein sehr allgemeines Missverständnis der wahren Natur des Kampfes ums Dasein, mit anderen Worten, des *Modus Operandi* der natürlichen Selektion.

Die Tsetsefliege ist in Afrika ein weitaus wichtigerer Hemmschuh für die Vermehrung mancher Tiere als die Löwen und andere Raubtiere. Auf diesem Kontinent gibt es große Landstriche, sogenannte Tsetsefliegengürtel, in denen weder Pferde noch Ochsen noch Hunde leben können. Wenn Rassen dieser Tiere entstehen würden, die dem Stich der Tsetsefliege standhalten könnten, könnten sich diese Arten schneller vermehren als das Kaninchen in Australien, und es würde auch keine Rolle spielen, wenn die betreffenden Tiere leuchtend purpurrot wären oder sonst etwas Auffälliges hätten Farbe.

Nehmen wir den Löwen in Afrika. Das Haupthindernis für die Zunahme der Bestände dieser Art scheinen die Kinderkrankheiten zu sein, denen die Welpen ausgesetzt sind. Nehmen wir nun an, dass beim Löwen eine Mutation auftreten würde. Angenommen, mehrere Mitglieder eines Wurfs wären alle leuchtend blau und hätten keine Kinderkrankheiten. Wahrscheinlich würden sie alle erwachsen werden, und obwohl sie aufgrund ihrer auffälligen Färbung als Jäger gewisse Nachteile haben, würden sie sich dennoch wahrscheinlich auf Kosten der normal gefärbten Löwen vermehren, da ihre Nachkommen vor dem Tod durch Kinderkrankheiten immun sind. Zoologen wären dann nicht in der Lage, ihre leuchtende Färbung zu erklären. Wir müssten alle möglichen genialen Vorschläge machen, nämlich, dass diese Kreaturen im Mondlicht tatsächlich überhaupt nicht auffielen, sondern dass sie sogar eine unmerkliche Farbe hatten. Mit anderen Worten: Es würde eine völlig falsche Erklärung ihrer Farbgebung gegeben und akzeptiert. Wir sind davon überzeugt, dass viele der vorgebrachten und akzeptierten Erklärungen zur Färbung existierender Arten falsch sind.

Wie allen Imkern bekannt ist, verursacht die als Faulbrut bekannte Krankheit bei ihren Bienen größere Schäden als bei allen insektenfressenden Lebewesen zusammen.

In ähnlicher Weise tragen Halskrankheiten bei Waldtauben mehr dazu bei, ihre Zahl niedrig zu halten, als alle Bemühungen räuberischer Vögel.

Eine von Darwin nicht erwähnte Kontrolle der Vermehrung ist diejenige, die manchmal von den Individuen der Art einander auferlegt wird. So verschlingt das Männchen bei manchen Tieren, wie zum Beispiel bei der Hyäne, gelegentlich seine eigenen Jungen.

Eine ähnliche Hemmung ergibt sich aus der Angewohnheit der Indischen Hauskrähe (*Corvus splendens*), die Paarungsvorgänge ihrer Nachbarn zu unterbrechen.

Eigenschaften erfolgreicher Arten

Wir sind nun in der Lage, die wichtigeren Voraussetzungen für den Erfolg im Kampf ums Dasein kurz zusammenzufassen.

Dabei handelt es sich weniger um eine spezialisierte Struktur als vielmehr um Mut, eine gute Konstitution, geistige Leistungsfähigkeit und Produktivität.

Nur wenige Tiere besitzen alle diese Eigenschaften in herausragendem Maße, denn um die Worte von Herrn Thompson Seton zu verwenden: „Jedes Tier hat eine Stärke, sonst könnte es nicht leben, und eine Schwäche, sonst könnten die anderen Tiere nicht leben." Es gibt zwei Arten von Mut: aktiven

Mut, wie der des Engländers, oder passiven Mut, wie den des Juden.

Wie D. Dewar gesagt hat: „Im Kampf ums Dasein ist „eine Unze guter, solider Kampfkraft viele Pfund schützender Farbe wert."

Es ist natürlich möglich, dass ein Tier zu viel Mut besitzt. Zu viel Mut führt oft dazu, dass eine Kreatur unnötige Schlachten kämpft, was zu ihrem vorzeitigen Tod führen kann. Dies ist vielleicht der Grund, warum die kämpferische schwarze Form des Leoparden nicht häufiger vorkommt.

Zu einer guten Konstitution gehört die Fähigkeit, den Strapazen des Klimas, insbesondere der Feuchtigkeit, zu widerstehen, die Fähigkeit, Krankheiten zu widerstehen, und die Freude an einer guten Verdauung. Wenn aus irgendeinem Grund die normale Nahrung einer Art knapp wird, müssen die Mitglieder dieser Art hungern oder die normale Ernährung durch Nahrung ungewöhnlicher Art ergänzen; und diejenigen, die über eine gute Verdauung verfügen, werden in der Lage sein, die neue Nahrung zu verdauen und so zu überleben, während diejenigen, die die Nahrung, an die sie ungewohnt sind, nicht aufnehmen können, abmagern und zugrunde gehen. Wir sehen dies in jedem harten Winter in England, wenn die Rotdrossel, die sich im Gegensatz zu anderen Drosseln nicht von Beeren ernähren kann, als erstes stirbt. Die meisten der erfolgreicheren Vögel – zum Beispiel Krähen und Möwen – sind Allesfresser, das heißt, sie sind in der Lage, alle Arten von Nahrung zu verdauen.

Zu den geistigen Fähigkeiten zählen Gerissenheit und ausreichende Intelligenz, um sich an veränderte Bedingungen anzupassen. Es ist vor allem der überlegenen geistigen Leistungsfähigkeit des Menschen zu verdanken, dass er zur dominierenden Spezies geworden ist. Es ist wahr, dass er auch Mut und eine gute Konstitution an den Tag legt und sich dem Leben unter den verschiedensten Bedingungen anpassen kann; aber das liegt natürlich zum Teil an seiner geistigen Leistungsfähigkeit, die es ihm ermöglicht, seine Umgebung bis zu einem gewissen Grad an sich selbst anzupassen.

Die Vorteile der Produktivität sind so offensichtlich, dass es unnötig ist, näher darauf einzugehen. Fast genauso wichtig wie eine übermäßige Fruchtbarkeit ist die Fähigkeit der Eltern, für ihre Jungen zu sorgen.

Jede erfolgreiche Art besitzt in besonderem Maße mindestens eine der oben genannten Eigenschaften. Es ist interessant, die verschiedenen Arten, die am weitesten verbreitet sind, der Reihe nach zu betrachten und zu prüfen, inwieweit sie diese verschiedenen Eigenschaften besitzen.

Betrachten wir nun einen Faktor in der Evolution, der fast so wichtig ist wie die natürliche Selektion selbst – wir spielen auf das Phänomen der Korrelation an.

KORRELATION

Wir können Korrelation als die gegenseitige Abhängigkeit von zwei oder mehr Charakteren definieren. Dieses Phänomen kommt weitaus häufiger vor, als die Mehrheit der Naturforscher zu glauben scheint. Es kommt sehr häufig vor, dass ein bestimmtes Zeichen nie in einem Organismus erscheint, ohne dass es von einem anderen Zeichen begleitet wird, von dem wir nicht erwarten sollten, dass es in irgendeiner Weise damit zusammenhängt.

Darwin machte auf dieses Phänomen aufmerksam. „Bei Monstrositäten", schreibt er auf Seite 13 von „ *Origin of Species*" (Neuauflage), „sind die Zusammenhänge zwischen ganz unterschiedlichen Teilen sehr merkwürdig, und in Isidore Geoffroy St. Hilaires großartigem Werk zu diesem Thema finden sich viele interessante Beispiele." Züchter glauben, dass lange Gliedmaßen fast immer von einem verlängerten Kopf begleitet werden. Einige Korrelationsbeispiele sind ziemlich skurril: So sind Katzen, die völlig weiß sind und blaue Augen haben, im Allgemeinen taub; Herr Tait hat jedoch kürzlich festgestellt, dass dies auf die Männchen beschränkt ist.

„Farbe und konstitutionelle Besonderheiten gehen Hand in Hand, wovon bei Tieren und Pflanzen viele bemerkenswerte Fälle angeführt werden könnten. Aus den von Heusinger gesammelten Fakten geht hervor, dass weiße Schafe und Schweine durch bestimmte Pflanzen verletzt werden, während dunkelfarbige Individuen entkommen. Professor Wyman hat mir kürzlich ein gutes Beispiel für diese Tatsache geliefert: Als er einige Bauern in Virginia fragte, warum alle ihre Schweine schwarz seien, teilten sie ihm mit, dass die Schweine die Farbwurzel (Lachnanthes) fraßen, die ihre Knochen *rosa* färbte , und was dazu führte, dass die Hufe aller außer den schwarzen Sorten abfielen; und einer der

„Cracker" (*d. h.* Hausbesetzer aus Virginia) fügte hinzu: „Wir wählen die schwarzen Mitglieder eines Wurfs zur Aufzucht aus, da nur sie gute Überlebenschancen haben."

„Haarlose Hunde haben unvollkommene Zähne; langhaarige und grobhaarige Tiere neigen dazu, wie behauptet wird, lange oder viele Hörner zu haben; Tauben mit gefiederten Füßen haben Haut zwischen den äußeren Zehen; Tauben mit kurzen Schnäbeln haben kleine Füße, Tauben mit langen Schnäbeln große Füße.

„Wenn der Mensch also weiterhin irgendeine Besonderheit auswählt und dadurch erweitert, wird er aufgrund der mysteriösen Gesetze der Wachstumskorrelation mit ziemlicher Sicherheit unbeabsichtigt andere Teile der Struktur verändern."

Die große Bedeutung des Prinzips der Korrelation von Organen besteht darin, dass *natürliche Selektion indirekt das Überleben ungünstiger Variationen oder von Variationen bewirken kann, die für den Organismus keinen Nutzen haben, weil sie zufällig vorhanden sind mit Organen oder Strukturen in Zusammenhang stehen, die nützlich sind* .

Physiologen betonen immer mehr die enge gegenseitige Abhängigkeit der verschiedenen Teile des Organismus. Alle neueren Forschungen zeigen tendenziell, dass jedes Organ neben seiner primären Funktion eine Reihe untergeordneter Aufgaben zu erfüllen hat und dass die Entfernung eines Organs Auswirkungen auf alle anderen hat.

Angesichts dieser Tatsachen hätten wir von den Zoologen, die Darwin folgten, erwartet, dass sie dem Thema Korrelation große Aufmerksamkeit schenkten. Tatsächlich scheint das Phänomen fast völlig vernachlässigt worden zu sein. Dies ist ein Beispiel dafür, wie die oberflächlichen Theorien, die heute breite Akzeptanz finden, dazu neigen, den Weg zur Forschung zu versperren.

Es scheint jedenfalls bei manchen Organismen eine deutliche Korrelation zwischen ihrer Färbung und ihrer Konstitution oder ihren geistigen Charakteren zu bestehen. Beispielsweise sind die schwarzen Formen der Kobra, des Leoparden und des Jaguars notorisch schlecht gelaunt.

„Das gibt es", schreibt Col. Cunningham auf S. 344 von *Some Indian Friends and Acquantances* , „viele Unterschiede im Temperament verschiedener Kobraarten, und wie es bei anderen Tierarten oft so auffällt, scheint es einen deutlichen Zusammenhang zwischen dunkler Farbe und schlechtem

Temperament zu geben." Wahrscheinlich liegt es teilweise an dieser Erkenntnis, dass die Kobras, die man normalerweise in den Händen sogenannter Schlangenbeschwörer sieht, eine sehr helle Farbe haben, obwohl die Wahl auch in gewissem Maße ästhetischen Ursprungs sein kann, da sie blasser sind Sorten sind aufgrund der Brillanz ihrer Zeichnung und der großartigen Entwicklung ihrer Hauben besonders dekorativ." Es scheint also, dass es auch einen Zusammenhang zwischen der Farbe der Kobra und der Größe ihrer Haube gibt.

Hesketh Pritchard informiert uns in „ *Through the Heart of Patagonia* ", dass die Gauchos behaupten, dass ein „Picaso"-Fohlen – also ein schwarzes mit weißen Punkten – das Gegenteil von fügsam sei. Auch schwarze Mäuse sollen sehr schwer zu zähmen sein.

Wir haben bereits darauf aufmerksam gemacht, wie wichtig Mut und die Kraft sind, den Strapazen des Klimas im Kampf ums Dasein zu widerstehen. Da Schwarz so häufig mit Mut in Verbindung gebracht wird, kommt es offenbar in der Natur vergleichsweise häufig vor, obwohl es sich um eine sehr schlechte Farbe für den Schutz vor Feinden handelt. Die schwarzen Vögel und Tiere sind normalerweise blühende Arten. Die Dominanz des Krähenstammes ist ein typisches Beispiel. Krähen sind zwar nicht wirklich mutig, aber aufgrund ihrer Herdengewohnheiten sind sie gefährlich und werden von anderen Lebewesen wegen ihrer Kombinationsgabe gefürchtet. In *Vögel der Plains* , D. Dewar berichtet von einem Fall mehrerer Krähen, die aus Rache einen so mächtigen Vogel wie den Drachen töteten.

Da sehr viele Arten melanistische Variationen hervorzurufen scheinen, könnte man sich vielleicht fragen: Wie kommt es, dass es nicht mehr schwarze Arten gibt?

Die Antwort ist zweigeteilt. Erstens ist es sehr wahrscheinlich, dass schwarze Varianten bei manchen Organismen nicht mit Mut oder extremer Kampfeslust einhergehen, und wenn dies der Fall ist, werden die melanistischen Varianten aufgrund ihrer Auffälligkeit eher von Feinden ausgerottet. Man muss bedenken, dass unter sonst gleichen Bedingungen der unauffällig gefärbte Organismus bessere Überlebenschancen hat als der auffällig gefärbte. Dies ist natürlich eine ganz andere Haltung als die, die darauf besteht, dass eine schützende Färbung für Tiere von größter Bedeutung ist. Zweitens ist es nicht schwer zu erkennen, wie zu viel Mut für ein Tier tödlich sein kann, wenn es dazu führt,

Risiken einzugehen, vor denen ein ängstlicheres Tier zurückschrecken würde. Dies ist, wie wir bereits angedeutet haben, wahrscheinlich der Grund, warum der schwarze Panther so selten ist. Die schwarze Farbe wird leicht vererbt, daher muss es eine Ursache geben, die dazu führt, dass die schwarzen Varianten des Panthers absterben.

Um nicht zu glauben, dass übermäßiger Mut und Kampfgeist schädlich seien, zitieren wir aus dem Bericht über die Nistgewohnheiten der Weißbüschelschwalbe (*Tachycineta leucorrhoa*) von Herrn WH Hudson auf S. 32 der *argentinischen Ornithologie* . Er sagt, dass es unter diesen Vögeln immer heftige Kämpfe um die besten Plätze gibt, egal wie viele Nistplätze zur Verfügung stehen. „Am rachsüchtigsten", schreibt er, „klammern sich die kleinen Dinger aneinander und fallen zwanzigmal in der Stunde auf die Erde, wo sie oft lange kämpfen, ohne auf die Alarmschreie zu achten, die ihre Artgenossen über ihnen ausstoßen; denn oft, während sie auf dem Boden liegen und sich gegenseitig bestrafen, werden sie eine leichte Beute für ein schlaues Kätzchen, das sich mit ihren Gewohnheiten vertraut gemacht hat."

Wir haben bereits betont, wie wichtig es für viele Arten ist, den Auswirkungen von Feuchtigkeit zu widerstehen. Bei einigen Organismen können günstige Variationen in dieser Richtung einen größeren Überlebenswert haben als solche in Form größerer Geschwindigkeit oder körperlicher Stärke.

Wenn nun ein Zusammenhang zwischen der Fähigkeit, Feuchtigkeit zu widerstehen, und der Farbe eines Tieres besteht, ist es sehr wahrscheinlich, dass Tiere dieser Farbe, unabhängig davon, ob sie auffällig ist oder nicht, besser überleben als solche mit einer schützenderen Farbe . Es gibt Hinweise darauf, dass die Klimaresistenz in bestimmten Fällen jedenfalls mit farblichen Besonderheiten zusammenhängt. Einige Züchter behaupten beispielsweise, dass gelbbeiniges Geflügel Kälte und Feuchtigkeit besser widersteht als solche, deren Beine nicht gelb sind. Hühner mit gelben Beinen haben auch eine gelbe Haut. In diesem Zusammenhang ist die fast universelle Annahme orangefarbener Füße bei Hausperlhühnern von Bedeutung. Normalerweise sind die Füße dieser Vögel schwarz und ihr natürlicher afrikanischer Lebensraum ist trocken.

Eine graue oder weiße Farbe scheint mit der Kälteresistenz verbunden zu sein. Bei Vögeln kann dies möglicherweise dadurch erklärt werden, dass die Federn einiger heller Arten länger sind als die Federn normal gefärbter. Daher haben mehlig gefärbte Kanarienvögel längere Federn als hell gefärbte.

Da die Arktische Raubmöwe keine Feinde zu fürchten hat, benötigt sie keine schützende Färbung. Es scheint daher, dass die weißbrüstige Form dieses Vogels zahlreicher wird, wenn er sich dem Nordpol nähert, nicht weil sich sein Gefieder besser an die Farbe der schneebedeckten Umgebung anpasst, sondern weil der Vogel in größerem Maße Widerstand leisten muss Je weiter nördlich es liegt, desto kälter wird es. Ebenso kommt in der Südpolregion die Albinoform des Riesensturmvogels (*Ossifraga gigantea*) häufig vor. Beide Vögel sind selbst Raubvögel und können nicht gejagt werden.

Die merkwürdigen porzellanweißen Beine einiger Wüstenvögel – wie zum Beispiel Renner und Lerchen – deuten offenbar darauf hin, dass sie den heißen Strahlen des Sandes, auf dem diese Tiere leben, widerstehen können.

Weiße Federkiele tragen sich weder bei Hausvögeln noch bei wilden Albinos gut. Dies könnte erklären, warum, wenn eine weiße Wildvogelart Schwarz im Gefieder hat, dieses Schwarz fast ausnahmslos an den Flügelspitzen zu finden ist.

Weiße Federkiele sind eine der häufigsten Variationen, die bei domestizierten Vögeln beobachtet werden, dennoch sind sie bei Vögeln in ihrem natürlichen Zustand ebenso selten wie völliges Weiß.

Eine kastanienbraune oder braune Farbe scheint bei Säugetieren mit einer hohen Geschwindigkeit verbunden zu sein, wie beim Vollblutpferd. Dies erklärt vielleicht, warum so viele der schnellsten Antilopenarten, wie die Kuhantilopen und der Hartebeest (*Damaliscus lunatus*), eine kastanienbraune Farbe haben. Bemerkenswert ist weiterhin die Tatsache, dass beim Schwarzbock (*Antilope cervicapra*) und beim Nilgai (*Boselaphus tragocamelus*) die Weibchen, die schneller sind als die Männchen, nicht schwarz oder grau wie ihre jeweiligen Männchen, sondern rötlich sind.

Wildtruthähne sind aus Bronze; Zahme sind häufiger schwarz als jede andere Farbe. Dies mag daran liegen, dass bei ihnen Nigritude mit der Fähigkeit, Feuchtigkeit zu widerstehen, korreliert. Unter den Menschen sind die Rassen, die in sehr sumpfigen Gebieten leben, oft stark schwarz.

Es ist eine bedeutsame Tatsache, dass Haustiere, die für Schnelligkeit oder Kampfzwecke gezüchtet werden, nicht alle unterschiedlichen Farbtöne annehmen, die diejenigen charakterisieren, die sich wahllos fortpflanzen dürfen. Beispiele hierfür sind Rennpferde, Windhunde und Brieftauben. Noch bemerkenswerter ist der Fall des indischen Aseel oder Kampfhahns. Er wird ausschließlich zu Kampfzwecken gezüchtet und erfordert eine außergewöhnliche Ausdauer, da die Sporen abgeschnitten werden, um den Kampf zu verlängern. Daher weist diese indische Rasse von Wildhähnen im Vergleich zur englischen Rasse, die auf natürlichere Weise kämpft, kaum Unterschiede auf. Die Hühner der indischen Form scheinen nie die Färbung des wilden Dschungelgeflügels zu zeigen, obwohl dies bei den Hähnen der Fall sein kann. Es scheint, dass Hühner mit der Färbung ihrer wilden Vorfahren keine Hähne mit dem erforderlichen Mut züchten können. Nur wenn die Beine, der Schnabel und die Iris weiß sind, gilt der Aseel als besonders mutig.

Wir glauben, dass es nicht den geringsten Zweifel daran gibt, dass viele andere Zusammenhänge zwischen Farbe und verschiedenen Eigenschaften noch entdeckt werden müssen. Es ist höchste Zeit, dass sich kompetente Naturforscher mit diesem Thema befassen. Eine Untersuchung dieser Frage wird mit ziemlicher Sicherheit viel Licht auf viele Phänomene der Tierfärbung werfen, die bisher nicht zufriedenstellend erklärt wurden. Es ist sehr wahrscheinlich, dass der sandige Farbton, den Vögel und Tiere in Wüstenregionen zeigen, eher auf die Fähigkeit zurückzuführen ist, intensiver trockener Hitze zu widerstehen, als darauf, dass sie dadurch für ihre Feinde unauffällig werden.

Als weitere Beispiele für Korrelationen können wir die Korrelation anführen, die zwischen kurzen Eckzähnen und dem Fehlen einer Haarbedeckung am Körper zu bestehen scheint. Dieses Phänomen wird sowohl bei Männern als auch bei Schweinen beobachtet. Bei haarlosen Hunden sind die Zähne fast ausnahmslos schlecht entwickelt.

Darwin machte auf den Zusammenhang zwischen einem kurzen Schnabel und kleinen Füßen bei Tauben aufmerksam; Das gleiche Phänomen beobachten wir bei der Zwergentenrasse, den sogenannten Rufenten.

Es besteht ein merkwürdiger Zusammenhang zwischen Hühnereiern mit brauner Schale und der Brutgewohnheit. Lange Zeit haben Züchter vergeblich versucht, eine Henne zu züchten,

die braune Eier legt, ohne zu bestimmten Jahreszeiten „brütend"
zu werden.

Bei Geflügel gehen lange Beine immer mit einem kurzen Schwanz
einher, wie man bei der malaysischen Rasse gut beobachten kann.
Dieser Zusammenhang könnte die kurzen Schwänze der
Watvögel erklären. Kurzbeinige Hühner haben wie japanische
Zwerghühner lange Schwänze, und es ist bezeichnend, dass die
kurzbeinigen Weka Rails (*Ocydromus*) Neuseelands für die Familie
ungewöhnlich lange Schwänze haben. In diesem Zusammenhang
können wir sagen, dass die schwanzartigen Federn der Kraniche
keine Schwanzfedern, sondern die Tertiärfedern der Flügel sind.
Da Reiher auch lange Federbüschel tragen, die aus dem Rücken
wachsen, kann nicht gesagt werden, dass der kurze Schwanz der
überwiegenden Mehrheit der Watvögel darauf zurückzuführen
ist, dass diese Vögel im Nachteil wären, wenn ihre Schwanzfedern
lang wären.

ISOLIERUNG

Isolation ist ein äußerst wichtiger Faktor bei der Entstehung von
Arten. Es ist ein Faktor, dem Darwin nicht genügend Bedeutung
beimaß, und der von den Wallaceianern weitgehend
vernachlässigt wurde.

Divergenz des Charakters

Wir haben gesehen, wie eine Art durch natürliche Selektion
verbessert oder verändert werden kann. Alle Individuen, die sich
in einer günstigen Richtung verändert haben, sind erhalten
geblieben und haben die Möglichkeit, Nachkommen zu
hinterlassen, die ihre Besonderheiten erben, während diejenigen,
die sich nicht so stark verändert haben, ausgestorben sind, ohne
Nachkommen zu hinterlassen. Dadurch hat sich die Art der Art
verändert. Der alte Typus ist einem neuen gewichen. Anstelle von
Art A existiert Art B. Dies ist es, was Romanes als *monotypische*
Evolution bezeichnet hat – die Umwandlung einer Art in eine
andere. Aber jede Theorie über den Ursprung der Arten muss in
der Lage sein, die Frage zu beantworten: Warum haben sich die
Arten vermehrt? Wie kommt es, dass Art A die Arten B, C und
D hervorgebracht hat oder, während sie selbst weiter existierte,
die Schwesterarten B und C abgestoßen hat? Wie kommt es, dass
Arten im Laufe der Evolution nicht in lineare Reihen
umgewandelt wurden, anstatt sich in Zweige zu verzweigen?
Diese Verzweigung einer Art in Zweige wurde von Romanes als
polytypische Evolution bezeichnet. Es ist leicht zu erkennen, wie

natürliche Selektion eine monotypische Evolution herbeiführen kann, aber wie kann sie die polytypische Evolution beeinflusst haben? Wie kommt es, um Darwins Ausdrucksweise zu verwenden, zu dieser Charakterdivergenz? Darwins Antwort auf diese Frage lautet (*Origin of Species* , S. 136): „Aus dem einfachen Umstand, dass die Nachkommen einer Art umso besser ernähren können, je vielfältiger sie in Struktur, Konstitution und Gewohnheiten werden." an vielen und sehr unterschiedlichen Orten im Naturgebilde anzusiedeln und so in die Lage zu versetzen, ihre Zahl zu erhöhen.

„Bei Tieren mit einfachen Gewohnheiten können wir das deutlich erkennen. Nehmen wir den Fall eines fleischfressenden Vierbeiners, dessen Zahl, die in jedem Land ernährt werden kann, längst den vollen Durchschnitt erreicht hat. Lässt man seine natürliche Vermehrungskraft wirken, so kann es nur dadurch erfolgreich sein, dass sich das Land vermehrt (das Land erfährt keine Veränderung seiner Bedingungen), indem seine verschiedenen Nachkommen Plätze einnehmen, die derzeit von anderen Tieren besetzt sind: einige von ihnen zum Beispiel befähigt, sich von neuen Arten toter oder lebendiger Beute zu ernähren; Einige bewohnen neue Stationen, klettern auf Bäume, gehen häufig ans Wasser und andere werden möglicherweise weniger fleischfressend. Je vielfältiger die Gewohnheiten und Strukturen der Nachkommen unseres fleischfressenden Tieres werden, desto mehr Plätze können sie einnehmen. Was für ein Tier gilt, gilt zu allen Zeiten für alle Tiere – das heißt, wenn sie variieren –, denn sonst kann die natürliche Selektion nichts bewirken." Darwin war daher der Meinung, dass natürliche Selektion eine polytypische Evolution herbeiführen kann. Darwin geht in der von ihm gegebenen Illustration stillschweigend davon aus, dass die verschiedenen Rassen des fleischfressenden Tieres auf irgendeine Weise an der Kreuzung gehindert werden; denn wenn sie sich wahllos kreuzen, werden diese Rassen tendenziell ausgelöscht.

Isolierung

zwischen einzelnen oder allen Individuen einer bestimmten Tiergruppe ", schreibt Professor Lloyd Morgan (auf Seite 98 von *Animal Life and Intelligence*), „*ist so lange möglich, wie die Charaktere der Eltern miteinander verschmelzen.* " Die Nachkommenschaft, die für die Divergenz des Charakters tödlich ist, ist unbestreitbar. Durch die Eliminierung ungünstiger Varianten können Schnelligkeit, Stärke und List einer Rasse schrittweise verbessert werden. Aber keine Form der Eliminierung kann die Gruppe möglicherweise in schnelle, starke und listige, voneinander verschiedene Sorten differenzieren, solange sich alle drei Sorten frei kreuzen und die Charaktere der Eltern mit denen der Nachkommen verschmelzen. Eliminierung kann und wird in jeder gegebenen Gruppe, *als Gruppe,* zu Fortschritt führen ; es führt nicht zu Differenzierung und Divergenz und kann dies auch nicht sein, solange die Kreuzung mit der daraus resultierenden Vermischung von Charakteren frei erlaubt ist. Daraus ergibt sich aus einfacher Logik unweigerlich, dass Kreuzungen und Züchtungen in den Fällen, in denen Divergenzen aufgetreten sind, auf irgendeine Weise verringert oder verhindert worden sein müssen.

„Damit wird ein neuer Faktor eingeführt, der der *Isolation* oder *Segregation*. Und es besteht kein Zweifel daran, dass es von großer Bedeutung ist. Ihre Bedeutung kann in der Tat nur geleugnet werden, indem die überwältigenden Auswirkungen der Kreuzung geleugnet werden, und eine solche Leugnung impliziert die stillschweigende Annahme, dass Kreuzungen und Vermischungen durch irgendeine Form der Segregation in Schach gehalten werden. Die explizit verneinte Isolation wird implizit vorausgesetzt.“

Dies ist eine sehr fundierte Kritik, die jedoch nicht wesentlich durch die Tatsache beeinflusst wird, dass die Kreuzung von Sorten nicht notwendigerweise eine Vermischung ihrer Merkmale in den Nachkommen mit sich bringt; denn wie wir gesehen haben, passen manche Charaktere nicht zusammen. Unabhängig davon, welche Form die Vererbung annimmt, muss die natürliche Selektion, damit sie eine polytypische Evolution hervorrufen kann, durch Isolierung in irgendeiner Form unterstützt werden.

Daher ist Isolation ein wichtiger Faktor in der Evolution, wenn auch wahrscheinlich nicht so wichtig, wie ihre extremeren Befürworter uns glauben machen wollen. Wagner, Romanes und Gulick haben der biologischen Wissenschaft wertvolle Dienste geleistet, indem sie auf der Wichtigkeit des Isolationsprinzips bestanden, aber wie die meisten Männer mit einer neuen Theorie haben sie ihre Schlussfolgerungen ins Absurde getrieben.

Wie Romanes betont hat, kann Isolation diskriminierend oder wahllos sein. „Wenn“, schreibt er auf S. 5 von Bd. iii. von *Darwin und nach Darwin*: „Ein Hirte teilt eine Schafherde ohne Rücksicht auf ihren Charakter, er isoliert wahllos einen Teil vom anderen; aber wenn er alle weißen Schafe auf ein Feld und alle schwarzen

Schafe auf ein anderes Feld setzt, isoliert er einen Abschnitt unterschiedslos vom anderen. Oder wenn eine Art durch geologische Senkung in zwei Teile geteilt wird, erfolgt die Isolierung wahllos; aber wenn die Trennung darauf zurückzuführen ist, dass einer der Abschnitte sich entwickelt, zum Beispiel eine Änderung des Instinkts, der die Migration in ein anderes Gebiet bestimmt, oder die Besetzung eines anderen Lebensraums auf demselben Gebiet, dann wird die Isolierung diskriminierend sein, soweit die Ähnlichkeit zwischen ihnen besteht Der Instinkt ist besorgt."

Diskriminierung diskriminieren

Andere Namen für wahllose Isolation sind getrennte Zucht und Apogamie. Diskriminierungsisolation wird auch als Rassentrennung und Homogamie bezeichnet. Der menschliche Züchter greift auf die diskriminierende Isolation zurück, indem er alle Geschöpfe, mit denen er sich fortpflanzen möchte, von denen trennt, mit denen er nicht fortpflanzen möchte. Die natürliche Auslese selbst ist daher eine Art diskriminierender Isolator, da sie die Geeigneten isoliert, indem sie alle Ungeeigneten zerstört, und da sie alle Geschöpfe tötet, die sie nicht isolieren kann, unterscheidet sie sich von anderen Formen der Isolierung dadurch, dass sie verhindert Kreuzung der nicht isolierten Formen und deren Entstehung einer anderen Rasse. Somit ist klar, dass die natürliche Selektion, sofern sie nicht durch eine andere Form der Isolation unterstützt wird, nur zur monotypischen Evolution führen kann. Dies ist ein Punkt, auf dem Romanes zu Recht stark betont.

Es gibt mehrere andere Formen diskriminierender Isolation. Sexuelle Selektion wäre eine davon. Nehmen wir zum Beispiel an, dass bei jeder Art große und kleine Varietäten gebildet werden und Gleiches dazu neigt, sich mit Gleichem zu vermehren, dann werden sich die kleinen Individuen mit anderen kleinen Individuen fortpflanzen, während die großen sich mit den großen paaren; So werden sich zwei Rassen – eine große und eine kleine – nebeneinander entwickeln , vorausgesetzt natürlich, dass die natürliche Auslese nicht eingreift und eine von ihnen zerstört.

Eine andere Art der diskriminierenden Isolierung kann auf die Tatsache zurückzuführen sein, dass eine Sorte vor der anderen zur Paarung bereit ist; Daher ist es wahrscheinlich, dass zwei Rassen entstehen, die zu unterschiedlichen Jahreszeiten brüten. Es ist unnötig, dass wir weiter auf das Thema der diskriminierenden Isolation eingehen. Wer sich für das Thema interessiert, sollte Bd. iii. von *Darwin und nach Darwin* , von Romanes.

Wahllose Isolation

Es ist unmöglich, die Bedeutung der diskriminierenden Isolation als Faktor der Evolution zu leugnen. Darüber kann es unter Biologen keinen Raum für Meinungsverschiedenheiten geben. Wenn wir zum Thema wahllose Isolation kommen, betreten wir eine Region zoologischen Konflikts.

Ist wahllose Isolation *per se* ein Faktor der Evolution? Romanes, Gulick und Wagner behaupten, dass dies der Fall sei, Wallace und seine Anhänger behaupten, dass dies nicht der Fall sei.

Da die Beweislast bei ersteren liegt, haben sie Anspruch auf die erste Anhörung.

„Auf den ersten Blick könnten wir durchaus geneigt sein", schreibt Romanes (*Darwin und nach Darwin* , S. 10), „zu dem Schluss zu kommen, dass diese Art der Isolation im Prozess der Evolution nichts wert sein kann." Denn wenn die grundlegende Bedeutung der Isolation bei der Produktion organischer Formen auf der Trennung von Gleichem mit Gleichem beruht, folgt daraus dann nicht, dass jede Form der Isolation, die unterschiedslos ist, nicht genau die Bedingung erfüllen muss, auf der alle Formen der diskriminierenden Isolation beruhen? Sind sie auf ihre Wirksamkeit bei der Verursachung der organischen Evolution angewiesen? Oder, um auf unser konkretes Beispiel zurückzukommen: Ist es nicht selbstverständlich, dass der Bauer, der seine Herde wahllos in zwei oder mehr Teile aufteilt, keine größere Veränderung in seinem Bestand bewirken würde, als wenn er sie alle zur gemeinsamen Fortpflanzung gelassen hätte? Nun, obwohl dies auf den ersten Blick selbstverständlich erscheint, ist es tatsächlich unwahr. Denn wenn es sich bei den wahllos isolierten Individuen nicht um eine sehr große Zahl handelt, wird sich ihre Nachkommenschaft früher oder später von der des Elterntyps oder dem nicht isolierten Teil des Elternstamms unterscheiden. Und sobald dieser Typwechsel beginnt, hört die Isolation natürlich auf, wahllos zu sein; die frühere Apogamie wurde in Homogamie umgewandelt, mit dem üblichen Ergebnis, dass es zu einer Divergenz des Typs kam. Der Grund dafür, dass die Nachkommenschaft eines wahllos isolierten Teils eines ursprünglich einheitlichen Bestands – *z. B.* einer Art – irgendwann vom ursprünglichen Typ abweicht, ist, um

Herrn Gulick zu zitieren, folgender: „Keine zwei Teile einer Art haben genau den gleichen Durchschnitt." Charakter, und die anfänglichen Unterschiede wirken sich immer auf die Umwelt und aufeinander aus, so dass eine zunehmende Divergenz gewährleistet ist, solange die Individuen der beiden Gruppen von der Intergeneration abgehalten werden.'"

Die Worte von Herrn Gulick erfordern eine genaue Prüfung. Wir können zugeben, dass „keine zwei Teile einer Art genau den gleichen durchschnittlichen Charakter besitzen", aber warum sollten die beiden, wenn sie an der Kreuzung gehindert werden und dennoch ähnlichen klimatischen und anderen Bedingungen ausgesetzt sind, das Phänomen einer „zunehmenden Divergenz" aufweisen? Der von Romanes angegebene Grund ist das „Gesetz" von Delbœuf, das lautet: „ *Eine konstante Ursache der Variation* , so unbedeutend sie auch sein mag, verändert die Einheitlichkeit des Typs nach und nach und diversifiziert ihn *bis ins Unendliche* ." Aus diesem „Gesetz" folgt, sagt Romanes, auf S. 13 von Bd. iii. *Darwin und nach Darwin* , dass „egal wie verschwindend klein der Unterschied zwischen den durchschnittlichen Eigenschaften eines isolierten Abschnitts einer Art im Vergleich zu den durchschnittlichen Eigenschaften des Rests dieser Art sein mag, wenn die Isolation ausreichend lange andauert, kann es zu einer Differenzierung eines bestimmten Typs kommen." wird zwangsläufig dazu führen."

Diese Schlussfolgerung beinhaltet zwei wichtige Annahmen. Das erste ist, dass es in jedem der getrennten Teile der gegebenen Art eine konstante Ursache für Variation gibt, die im Fall des einen Teils in einer Richtung und im Fall des anderen in einer anderen Richtung wirkt. Diese Annahme ist leider nicht sachbezogen. Wenn wir einhundert Rennpferde nehmen und sie in einem Park einsperren würden und einhundert Karrenpferde und sie in einem anderen Park einsperren und die Kreuzung der beiden Bestände verhindern würden, würden wir, wenn Romanes' stillschweigende Annahme zutrifft, Ich sehe, dass die beiden Typen immer mehr voneinander abweichen. Wir wissen, dass sie tatsächlich von Generation zu Generation dazu neigen werden, einander immer ähnlicher zu werden. Galtons Regressionsgesetz, über das wir bereits gesprochen haben und das durch zahlreiche Beweise gestützt wird, widerlegt diese stillschweigende Annahme von Romanes und Gulick eindeutig. Die zweite Annahme, auf der ihre Argumentation basiert, ist, dass es keine Grenze für das Ausmaß der Veränderung gibt, die durch die Anhäufung schwankender

Variationen bewirkt werden kann; Aber wie wir bereits gesehen haben (S. 70), gibt es eine ganz bestimmte Grenze, und diese Grenze ist schnell erreicht.

Daher sind die Argumente von Romanes und Gulick grundsätzlich unhaltbar.

Molluske der Sandwichinseln

Es bleibt jedoch die Tatsache bestehen und muss berücksichtigt werden, dass in der Regel zwei Teile einer Art, wenn sie getrennt werden, so dass sie an der Kreuzung gehindert werden, beginnen, in ihrem Charakter zu divergieren, und zwar umso länger, je länger sie so getrennt bleiben desto größer wird diese Divergenz. Dies ist eine beobachtete Tatsache, die nicht bestritten werden kann.

Es war die Beobachtung dieser Tatsache, die Gulick dazu veranlasste, mit so viel Nachdruck auf der Bedeutung der geografischen Isolation als Faktor der Evolution zu betonen. Er entdeckte, dass es bei den Landmollusken der Sandwichinseln eine große Vielfalt gibt.

Diese Inseln sind sehr hügelig, und Gulick fand heraus, dass jede der Sorten nicht nur auf eine Insel, sondern auf ein Tal beschränkt ist. „Außerdem", schreibt Romanes auf S. 16 von *Darwin und nach Darwin* : „Wenn man diese Fauna von Tal zu Tal verfolgt, ist es offensichtlich, dass eine leichte Variation bei den Bewohnern von Tal 2 im Vergleich zu denen des angrenzenden Tals 1 im nächsten Tal, Tal 3, ausgeprägter wird.", noch mehr in 4 usw. usw. Somit war es möglich, wie Herr Gulick sagt, das Ausmaß der Divergenz zwischen den Bewohnern zweier gegebener Täler grob abzuschätzen, indem man die Anzahl der Meilen zwischen ihnen maß. . . . Die Variationen, die zahlreiche Arten betreffen und schließlich selbst zu völlig spezifischen Unterscheidungen führen, sind alle mehr oder weniger fein abgestuft, wenn sie von einer isolierten Region zur nächsten wandern; und sie beziehen sich auf Form- oder Farbänderungen, die in keinem Fall den Anschein von Nützlichkeit erwecken."

Bisher wurden drei verschiedene Versuche unternommen, dieses und verwandte Phänomene zu erklären:

1. Dass es das Ergebnis der Isolation ist.

2. Dass es das Ergebnis natürlicher Selektion ist.

3. Dass es das Ergebnis der Einwirkung der Umwelt auf den Organismus ist.

Betrachten wir diese in umgekehrter Reihenfolge.

Lokale Arten

Bei einigen Organismen, insbesondere bei Pflanzen, Wirbellosen und Fischen, hat die Umwelt einen direkten Einfluss auf deren Färbung. Aber wie wir gesehen haben, scheinen die dadurch hervorgerufenen Veränderungen in der Farbe usw. niemals auf die Nachkommen der so betroffenen Organismen übertragen zu werden . Sie verschwinden, wenn die Nachkommen in eine andere Umgebung gebracht werden.

Andererseits behalten lokale Rassen oder Arten – wie zum Beispiel die in Indien vorkommende weißwangige Spatzenart – normalerweise ihr äußeres Erscheinungsbild, wenn sich die Umwelt ändert. Im einen Fall wird die Besonderheit nicht vererbt; im anderen wird es vererbt.

Die Wallacesche Erklärung lautet natürlich, dass das Phänomen das Ergebnis natürlicher Selektion ist. Es muss, sagen Wallace und seine Anhänger, einige Unterschiede in der Umwelt geben, Unterschiede, die wir armen Menschen nicht wahrnehmen können und die die Divergenz zwischen den verschiedenen isolierten Teilen der Art verursacht haben. Im Falle einiger einheimischer Arten ist diese Erklärung wahrscheinlich die richtige, aber wir können ohne zu zögern sagen, dass die natürliche Selektion in einer beträchtlichen Anzahl von Fällen keine zufriedenstellende Erklärung liefern kann. Nehmen wir zum Beispiel den Fall der Landmollusken der Sandwichinseln. Herr Gulick arbeitete fünfzehn Jahre lang dort und gibt an, dass die Umwelt in den fünfzehn Tälern, soweit er es beurteilen kann, im Wesentlichen gleich ist. „Zum Argumentieren", schreibt Romanes auf S. 17 von Bd. iii. von *Darwin und nach Darwin* , „dass jedes einzelne von etwa zwanzig aneinandergrenzenden Tälern im Gebiet derselben kleinen Insel notwendigerweise solche Unterschiede in der Umgebung aufweisen muss, dass alle Muscheln in jedem davon unterschiedlich verändert werden, während in keinem der Hunderten von." Fälle von Modifikationen in winzigen Aspekten von Form und Farbe kann daher jeder Mensch einen adaptiven Grund vorschlagen – so zu argumentieren bedeutet lediglich, ein an sich unwahrscheinliches Dogma angesichts einer großen und konsistenten Reihe gegensätzlicher Tatsachen zu bestätigen."

Männer der Wissenschaft beschuldigen den Klerus nicht selten, angesichts widersprüchlicher Tatsachen am Dogma festzuhalten; Es scheint uns, dass viele der Apostel der Wissenschaft in dieser Hinsicht schlimmere Übeltäter sind als die orthodoxesten Kirchenmänner.

Das Beispiel der Mollusken der Sandwichinseln ist keineswegs ein Einzelfall. D. Dewar zitierte einige interessante Fälle in einem kürzlich vor der Royal Society of Arts verlesenen Artikel (S. 103 von Bd. lvii. des Journals der Society):

„Die Rotkehlchen stellen diejenigen, die ihren Glauben an die Allgenügsamkeit der natürlichen Auslese knüpfen, vor noch größere Schwierigkeiten. Rotkehlchen kommen in fast allen Teilen Indiens vor und werden in zwei Arten unterteilt: das Braunrückenrotkehlchen (*Thamnobia cambaiensis*) und das Schwarzrückenrotkehlchen (*Thamnobia fulicata*). Ersteres kommt nur in Nordindien vor und letzteres ist auf den südlichen Teil der Halbinsel beschränkt. Die Henne jeder Art ist ein sandbrauner Vogel mit einem Fleck ziegelroter Federn unter dem Schwanz, so dass wir beim bloßen Betrachten einer Henne nicht erkennen können, zu welcher der beiden Arten sie gehört. Der Hahn der südindischen Form ist im Winter ein glänzend schwarzer Vogel mit einem weißen Streifen im Flügel und dem charakteristischen roten Fleck unter dem Schwanz. Der Hahn der nördlichen Art hat, wie sein Name schon sagt, einen sandbraunen Rücken, der einen starken Kontrast zum glänzenden Schwarz seines Kopfes, Halses und der Unterseite bildet. Im Sommer gleichen sich die Hähne beider Arten aufgrund der Abnutzung der äußeren Ränder ihrer Federn immer mehr an; aber es ist immer möglich, sie auf einen Blick zu unterscheiden. Die beiden Arten treffen etwa auf der Breite von Bombay aufeinander. Oates gibt an, dass in einer bestimmten Zone, von Ahmednagar bis zur Mündung des Godaveri-Tals, beide Arten vorkommen und sich offenbar nicht kreuzen.

„Es scheint unmöglich zu sein, zu behaupten, dass die natürliche Selektion, die auf winzige Variationen einwirkt, die Divergenz zwischen diesen beiden Arten verursacht hat. Selbst wenn behauptet wird, dass der Unterschied in der Farbe der Rückenfedern der beiden Hähne in irgendeiner Weise mit der Anpassungsfähigkeit an ihre jeweilige Umgebung zusammenhängt, wie lässt sich dann die Tatsache erklären, dass in einer bestimmten Zone beide Arten gedeihen?

„Ein ähnliches Phänomen bietet der Rotflügelbulbul. Diese Gattung zerfällt in mehrere Arten, von denen jede einem bestimmten Fundort entspricht und sich nur in Details von den verwandten Arten unterscheidet, beispielsweise in der Entfernung bis zum Hals, bis zu dem sich das Schwarz des Kopfes erstreckt. Es gibt einen Punjab-Rotflügelbulbul (*Molpastes intermedius*), einen Bengalen (*Molpastes bengalensis*), einen Burma (*Molpastes burmanicus*) und einen Madras (*Molpastes hæmorrhous*).

„Es scheint nicht möglich zu sein, die Behauptung aufrechtzuerhalten, dass diese verschiedenen Arten das Produkt natürlicher Selektion sind, denn das würde bedeuten, dass der Vogel in diesem Land nicht leben könnte, wenn das Schwarz des Kopfes der Punjab-Arten weiter in den Hals reichte."

Daher ist die natürliche Selektion eindeutig nicht in der Lage, einige Fälle von Charakterunterschieden aufgrund der geografischen Isolation zu erklären.

Bleibt noch die dritte Erklärung, dass die Divergenz das Ergebnis der einfachen Tatsache der Isolation ist.

Wir haben bereits gezeigt, wie unüberwindbar die Einwände gegen die von Romanes und Gulick vertretene Ansicht sind.

Es scheint uns, dass die Erklärung darin liegen muss, dass es bei einigen Arten hin und wieder zu Mutationen kommt. Wenn zwei Teile einer Art getrennt werden und in einem Teil eine Mutation auftritt und in dem anderen nicht, und wenn es der mutierenden Form gelingt, die Elternform in dem isolierten Teil der Art, in dem sie aufgetreten ist, zu verdrängen, sollte es zu diesem Phänomen kommen von zwei Rassen oder Arten, die sich im Aussehen unterscheiden, obwohl sie einer scheinbar identischen Umgebung ausgesetzt sind.

Das ist natürlich reine Vermutung. Derzeit lässt sich davon nur sagen, dass es nicht im Widerspruch zu beobachteten Tatsachen steht. Dass es Mutationen gibt, muss man zugeben. Über die Ursachen tappen wir derzeit völlig im Dunkeln. Sie entstehen zu den unerwartetsten Zeiten.

Für die auf „Mutation" basierende Erklärung spricht die interessante Tatsache, dass geografische Isolation keineswegs immer zu Charakterunterschieden führt. Dies gibt Romanes mit großer Fairness frei zu. „Es gibt", schreibt er auf S. 133 von Bd.

iii. von *Darwin und nach Darwin* „vier Arten von Schmetterlingen, die zu drei Gattungen gehören (*Lycæna donzelii* , *L. pheretes* , *Argynnis pales* , *Erebia manto*), die in den Polarregionen und den Alpen identisch sind, ungeachtet der geringen Populationen in den Alpen." vermutlich seit der Eiszeit von ihren Mutterbeständen getrennt." Auch hier gibt es „bestimmte Arten von Süßwasserkrebstieren (*Apus*), deren Vertreter gewöhnlich dazu gezwungen sind, kleine isolierte Kolonien in weit voneinander entfernten Teichen zu bilden, und dennoch keine charakterlichen Unterschiede aufweisen, obwohl die Apogamie wahrscheinlich schon seit Jahrhunderten andauert."

Kormorane

Zu diesen Beispielen können wir das der Kormorane hinzufügen. Diese Vögel haben ein fast weltweites Verbreitungsgebiet. Eine Art – unser Kormoran (*Phalacrocorax carbo*) – kommt in jeder erdenklichen Umgebung vor. Durch die Isolierung hat sich das Aussehen dieser Art nicht verändert. Dennoch gibt es in Neuseeland nicht weniger als vierzehn weitere Kormoranarten. Neuseeland ist ein Land mit vergleichsweise einheitlichen klimatischen Bedingungen, dennoch gibt es hier nicht weniger als fünfzehn der siebenunddreißig bekannten Kormoranarten. Eine mögliche Erklärung für dieses Phänomen könnte in den vergleichsweise einfachen Bedingungen liegen, unter denen Kormorane in Neuseeland leben. [10] Unter solchen Umständen können Mutanten durch natürliche Selektion überleben , während solche Mutanten in anderen Teilen der Welt nicht in der Lage waren, sich zu behaupten.

Prof. Bateson hat die natürliche Selektion mit einer Wettbewerbsprüfung verglichen, der sich jeder Organismus unterziehen muss. Die Strafe für ein Scheitern ist der sofortige Tod. Der Standard der Untersuchung kann je nach Ort variieren.

Isolation ist also ein sehr wichtiger Faktor bei der Entstehung von Arten, denn ohne sie ist die Vermehrung von Arten in irgendeiner Form unmöglich.

Lassen Sie uns abschließend kurz zusammenfassen, was wir jetzt über die Methode zur Entstehung neuer Arten wissen. Wir haben die verschiedenen Faktoren der Evolution untersucht – Variation und Korrelation, Vererbung, natürliche Selektion, sexuelle Selektion und die anderen Arten der Isolation. Wie kommen diese zusammen, um neue Arten hervorzubringen und zu etablieren?

Betrachten wir zunächst den Faktor, der als natürliche Selektion bekannt ist, da Darwin so großen Wert auf diesen Faktor gelegt hat. Die natürliche Selektion ist zwar ein äußerst wichtiger Faktor in der Evolution, aber kein unverzichtbarer. Evolution ist ohne natürliche Selektion möglich.

Nehmen wir an, dass es keine natürliche Auslese gibt; dass die Zahl der existierenden Arten durch die Eliminierung aller Individuen, die über die Zahl hinaus geboren werden, die zur Erhaltung der bestehenden Art erforderlich ist, konstant gehalten wird und dass die Eliminierung des Überschusses nicht durch natürliche Selektion, sondern durch Zufall erfolgt, durch Auslosung. Unter solchen Umständen kann es zu einer Evolution kommen, bestehende Arten können sich verändern, aber die Evolution wird ausschließlich durch die Linien bestimmt, entlang derer Variationen auftreten.

Wenn Mutationen entlang bestimmter festgelegter Linien stattfinden und dazu neigen, sich in den vorgegebenen Richtungen anzuhäufen, wird die Evolution entlang dieser Linien verlaufen, völlig unabhängig vom Nutzen der auftretenden Mutationen für den Organismus. Eine ungünstige Mutation hat genau die gleichen Überlebenschancen wie eine günstige.

Wenn andererseits Mutationen wahllos auf allen Seiten des Mittelwerts auftreten, dann haben die Mutationen, die zufällig am häufigsten auftreten, die besten Überlebenschancen und markieren die Linien der Evolution. Nehmen wir jedoch an, dass keine Mutation häufiger auftritt als die anderen. Unter solchen Umständen wird es keine Evolution geben, es sei denn, aus irgendeinem Grund werden Teile der Art isoliert, denn auf lange Sicht werden sich die Mutationen gegenseitig neutralisieren.

Nehmen wir nun an, dass die natürliche Selektion ins Spiel kommt. Die alte Methode, durch das Los zu bestimmen, welche Formen bestehen bleiben sollen, wird durch eine Auswahl nach dem festen Prinzip ersetzt, dass der Stärkere überleben soll. Die Mutationen treten nach wie vor auf, und von der großen Zahl, die auftritt, dürfen nur wenige überleben. Aber jetzt sind die Überlebenden keine bunte Masse mehr, sondern eine ausgewählte Gruppe, bestehend aus Individuen mit vielen Gemeinsamkeiten – ein homogenes Unternehmen. Ein Ergebnis der natürlichen Selektion besteht also darin, die Evolution zu beschleunigen, indem bestimmte Klassen von Individuen ausgesondert und verhindert werden, dass sie sich mit den von ihr ausgewählten Individuen vermehren. Andererseits führt die natürliche Selektion tendenziell dazu, die Zahl der durch Mutation entstandenen Arten zu verringern, da sie viele Mutanten aussortiert, die ausgestorben wären, wenn ihr Überleben durch das Los bestimmt worden wäre.

Ursprung des Stärksten

Daraus sollte ersichtlich sein, welche Art von Arbeit die natürliche Selektion leistet. Durch natürliche Selektion entstehen keine neuen Arten. Diese entstehen bzw. entstehen nach den Gesetzen der Variation.

„Man kann", heißt es in einem alten Sprichwort, „ein Pferd zum Trinkbrunnen bringen, aber man kann es nicht zum Trinken bringen." Sie können vielleicht ein Kind auf die Welt bringen, aber Sie können sein Überleben nicht sichern. Durch Variation entstehen Mutanten, bei denen es sich um beginnende Arten handelt, deren Überleben jedoch nicht durch Variation bestimmt werden kann. In diesem Stadium setzt die natürliche Selektion ein.

Da jedoch die natürliche Selektion das Fortbestehen bestimmter Mutationen zulässt, ist es nicht korrekt zu sagen, dass die natürliche Selektion diese Mutationen verursacht oder die Arten, die sie hervorbringen, geschaffen oder hervorgebracht hat.

Die Kommissare für den öffentlichen Dienst stellen keine indischen Beamten ein: Sie legen lediglich fest, welcher aus einer Reihe von vorgefertigten Männern Beamte werden soll. Ebenso bringt die natürliche Selektion keine neuen Arten hervor, sie entscheidet lediglich, welche aus einer Reihe vorgefertigter Organismen überleben und sich als neue Arten etablieren. Auch die natürliche Auslese bewirkt nicht immer so viel; denn es ist nicht der einzige entscheidende Faktor für das Überleben. Seine Position ist manchmal mit der des Medical Board vergleichbar, das bereits von einer anderen Behörde ausgewählte Kandidaten prüft und ablehnt, wenn sie körperlich ungeeignet sind.

Die durch natürliche Selektion durchgeführte Prüfung kann mit einer Wettbewerbsprüfung verglichen werden. Für jeden einzelnen Ort wird eine separate, unabhängige Prüfung durchgeführt; Folglich variiert die Intensität des Wettbewerbs je nach Ort.

In jedem Wettbewerb bestehen einige Kandidaten mit Leichtigkeit: Sie erzielen eine unnötig hohe Gesamtpunktzahl. So scheinen in der Natur bestimmte Organismen, wie zum Beispiel die Blattschmetterlinge (*Kallimas*), übermäßig an ihre Umgebung angepasst zu sein. Andere Kandidaten schaffen es nur knapp, zu bestehen: In der Natur gibt es solche Arten, die kaum in der Lage sind, sich selbst zu erhalten, und die in dem Moment aussterben, in dem die Konkurrenz zunimmt.

Der Großteil der Kandidaten erreicht nicht genügend Noten, um unter die wenigen Auserwählten zu gelangen; Diese erfolglosen Kandidaten entsprechen den mutierenden Formen, die im Kampf ums Dasein zugrunde gehen, den Individuen, die zufällig in ungünstige Richtungen mutiert sind.

So wie sich viele Kandidaten Kenntnisse über Themen angeeignet haben, in denen sie nicht geprüft werden, besitzen auch viele Organismen Eigenschaften, die ihnen im Kampf ums Dasein nichts nützen.

Wallaceianer investieren viel Zeit und Energie in fehlgeleitete Versuche, die Existenz solcher Charaktere durch natürliche Selektion zu erklären.

Die Nature-Prüfung ist ebenso wie die für die Aufnahme in den indischen öffentlichen Dienst eine liberale Prüfung, so dass die Qualifikationen der erfolgreichen Kandidaten erheblich variieren. Sofern ein Kandidat in der Lage ist, für eine freie Stelle mehr Noten als die anderen Kandidaten zu erreichen, spielt es keine Rolle, in welchen Fächern die Noten erzielt werden. So ist es in der Natur. Die natürliche Selektion erfasst einen Organismus als Ganzes. Eine Art hat sich vielleicht wegen ihrer Flinkheit durchgesetzt, eine zweite wegen ihres Mutes, eine dritte wegen ihrer starken Konstitution, eine vierte wegen ihrer schützenden Farbe, eine fünfte wegen ihrer guten Verdauungskraft und so weiter.

Wir erkennen somit die Rolle, die natürliche Selektion und andere Formen der Isolation bei der Entstehung von Arten spielen. Es ist offensichtlich, dass diese ebenso wenig Arten hervorbringen wie die Beamten des öffentlichen Dienstes indische Beamte.

Die wahren Schöpfer von Arten sind die inhärenten Eigenschaften des Protoplasmas und die Gesetze der Variation und Vererbung. Diese bestimmen die Natur des Organismus; Natürliche Selektion und ähnliche Faktoren entscheiden lediglich für jeden einzelnen Organismus darüber, ob er überleben und eine Art hervorbringen soll.

Die Art und Weise, wie die natürliche Auslese ihre Wirkung entfaltet, ist vergleichsweise leicht zu verstehen. Aber das ist nur der Rand des Gebiets, das wir Evolution nennen.

Wir scheinen einer Lösung des Problems der Ursachen für das *Überleben* einer bestimmten Mutation einigermaßen nahe zu sein. Dies ist jedoch nur ein Randthema. Das eigentliche Problem ist die Ursache von Variationen und Mutationen, oder mit anderen Worten, wie Arten *entstehen* . Derzeit ist unser Wissen über die Ursachen von Variation und Mutation praktisch gleich *Null* . Wir wissen nicht einmal, in welcher Richtung Mutationen auftreten.

Wir müssen noch herausfinden, ob eine Mutation unweigerlich zu einer anderen in derselben Richtung führt – mit anderen Worten, ob sich mutierende Organismen so verhalten, als ob sie eine Kraft hinter sich hätten, die in eine bestimmte Richtung wirkt. Die Lösung dieser Probleme scheint in weiter Ferne zu liegen. Die Hoffnung, sie zu lösen, liegt nicht in den Spekulationen, denen sich die Biologen von heute so gerne hingeben, sondern in der Beobachtung und dem Experiment, insbesondere im letzten.

Die Zukunft der Biologie liegt weitgehend in den Händen des praktischen Züchters.

FUSSNOTEN

[1] Die weißen, gescheckten und „japanischen" Individuen unterscheiden sich nicht stärker vom Typ als einige Variationen, die bei Wildvögeln vorkommen.

[2] Dieser kurzbeinige Hundetyp ist manchmal unter den herrenlosen und nicht ausgewählten Paria-Hunden indischer Städte zu sehen; und eine kurzbeinige Variante des Geflügels kann in Sansibar sporadisch vorkommen, wo das langbeinige Malaysier die vorherrschende Rasse ist.

[3] „Effected" erscheint in den früheren Ausgaben, ist aber in den späteren Ausgaben durch „affected" ersetzt worden, wahrscheinlich ein Druckfehler.

[4] Einige Reiher, wie zum Beispiel die Felsenreiher (*Demiegretta*) der östlichen tropischen Küsten, sind normalerweise grau, können aber auch weiß sein, und dieses Weiß kann bei Individuen auf junge oder erwachsene Tiere beschränkt sein.

[5] Nach Jahren der Beobachtung dieser indischen Gänse ist Finn überzeugt, dass es sich nun auf jeden Fall um reine Chinesen handelt; Es ist möglich, dass es sich zu Blyths Zeiten tatsächlich um Hybriden handelte, aber dass Neuimporte von Gänsen aus China, wie sie noch heute vorkommen, letztendlich das Blut der gewöhnlichen Gans überschwemmt haben könnten. Die Fruchtbarkeit der Hybridgänse war jedoch bereits frühen Schriftstellern wie Pallas und Linné bekannt. Darwin selbst züchtete zu einem späteren Zeitpunkt fünf Junge aus einem Paar solcher Hybriden (*Nature* , 1. Januar 1880, S. 207).

[6] In diesem Kapitel verwenden wir das Wort Neodarwinismus in seinem allgemein akzeptierten Sinne, *dh* als Bezeichnung für das, was man Wallaceismus nennen sollte, für die Lehre von der Allgenügsamkeit der natürlichen Auslese.

[7] *Tierfärbung*, S. 125. Ein Buch voller wertvoller Fakten und Ideen zu diesem höchst interessanten Thema.

[8] Sogar diese Eier werden von Möwen entdeckt und gefressen, wie Herr AJR Roberts in „The Bird Book" darlegt, auch wenn sie in ihrer Farbe den Kieselsteinen usw., auf die sie gelegt werden, sehr *ähneln* .

[9] *Journal of the Bombay Natural History Society* , Bd. xv. (1903-4), S. 454.

[10] Weitere Beispiele hierfür verzeichnen Hutton und Drummond in dem wertvollen Werk mit dem Titel „*The Animals of New Zealand*" .